金属矿山露天转地下开采理论与实践

王运敏 著

北 京

冶 金 工 业 出 版 社

2015

内 容 提 要

本书是根据作者多年的研究成果，参考国内外相关文献，系统地介绍了金属矿山露天转地下开采的理论研究成果与工程实践。内容包括露天转地下开采合理时机，露天转地下开采隔离层地质力学采矿特征和开采工艺以及覆盖层控制参数，露天转入地下开采过渡阶段采场稳定性安全评价，矿山防灾变微震监测与预报技术，露天转地下开采适用条件和技术经济指标等理论和工程实践应用技术。

本书可供从事矿山工程技术研究、设计、教学与生产技术管理的人员阅读，也可作为高等学校相关专业教学参考用书。

图书在版编目（CIP）数据

金属矿山露天转地下开采理论与实践／王运敏著 . —北京：冶金工业出版社，2015.9
ISBN 978-7-5024-7013-5

Ⅰ.①金…　Ⅱ.①王…　Ⅲ.①金属矿开采—研究　Ⅳ.①TD85

中国版本图书馆 CIP 数据核字（2015）第 226364 号

出 版 人　谭学余
地　　　址　北京市东城区嵩祝院北巷 39 号　邮编　100009　电话　(010)64027926
网　　　址　www. cnmip. com. cn　电子信箱　yjcbs@ cnmip. com. cn
责任编辑　杨秋奎　美术编辑　彭子赫　版式设计　孙跃红
责任校对　李　娜　责任印制　牛晓波
ISBN 978-7-5024-7013-5
冶金工业出版社出版发行；各地新华书店经销；北京博海升彩色印刷有限公司印刷
2015 年 9 月第 1 版，2015 年 9 月第 1 次印刷
787mm×1092mm　1/16；19.75 印张；478 千字；302 页
100.00 元

冶金工业出版社　投稿电话　(010)64027932　投稿信箱　tougao@cnmip. com. cn
冶金工业出版社营销中心　电话　(010)64044283　传真　(010)64027893
冶金书店　地址　北京市东四西大街 46 号(100010)　电话　(010)65289081(兼传真)
冶金工业出版社天猫旗舰店　yjgycbs. tmall. com
（本书如有印装质量问题，本社营销中心负责退换）

序　言

　　王运敏教授等多位学者所著的《金属矿山露天转地下开采理论与实践》一书，全面总结了我国近十年来有关金属矿山露天转地下开采技术研究成果和工程实践。

　　作者依据国内外相关研究技术成果和工程实践，凝练成露天转地下开采技术，在内容取舍、理论论述、技术评述等方面，具有独特观点，书中系统归纳和阐明了露天转地下开采合理时机，露天转地下开采隔离层地质力学采矿特征和开采工艺以及覆盖层控制参数，露天转入地下开采过渡阶段采场稳定性安全评价，矿山防灾变微震监测与预报技术，露天转地下开采适用条件和技术经济指标等理论和实践工程应用技术。

　　作者结合海南铁矿、杏山铁矿、石人沟铁矿、峨口铁矿、眼前山铁矿等露天转地下开采工程实例，从突出理论分析、公式计算和优缺点评价等方面，重点叙述了露天转地下开采生产能力衔接、露天转地下开采安全风险评估、露天转地下开采工艺顺序等技术参数。

　　本书可作为非煤矿山行业工程技术人员工程应用参考，也可作为矿业类高校教学辅导教材。

中国工程院院士　　古德生

中南大学教授

2015 年 1 月

前　　言

埋藏浅且延伸较大的矿床可分为三个阶段开采，即沿垂直方向将矿体分为上、中、下三层，上层用露天方式开采，中层（又称过渡层）用露天转地下方式开采，下层用地下方式开采。

完全露天生产　　　露天开采

露天开采阶段———露天转地下过渡阶段———地下开采阶段

地下开采　　　完全地下生产

为了使矿床露天开采阶段向地下开采阶段的平稳过渡，设计时应将矿床开采周期的三个阶段进行整体规划、统一全面规划。在露天向地下开采过渡时，不仅要考虑利用露天开采的开拓运输系统，而且还应尽可能利用露天开采的相关工程和设施。

露天转地下开采是指在一段时间内露天开采与地下开采同时在同一矿床中进行，即过渡层开采。由于大型露天采场已形成 300~400m（甚至 500~600m）高的陡峭边坡，在其下部进行大规模采矿，尤其是当地下开采采用的大产能的崩落采矿法时，地采崩落区和深凹露天采场贯通连成一体，给地下采矿带来了严重的安全问题：一是露天采场与地下采场之间的安全境界矿柱的失稳，将会对地下采场造成灾难性事故；二是地下开采形成的采空区围岩失稳，引发露天边坡的连贯失稳滑坡，严重威胁地下采矿的安全；三是露天采场大面积汇水或地下采场突水，将会造成严重的淹井矿难事故。这些问题严重制约露天矿下部资源的开发。同时，由于这些矿山在设计时没有对矿床进行统筹规划，何时转为地下开采，如何实现平稳转换，怎样保证露天、地下开采的产量均衡，露天地下工程如何相互利用，这些关键技术难题都没有得到解决。因此，何时过渡，怎么过渡，安全性如何，是过渡层主要的技术内涵。对于露天开采役龄 10~20 年的中小型矿山，露天开采设计和地下开采设计应同时进行；对于露天开采役龄 20~30 年的大型矿山，在露天开采设计时要进行矿床整体规划；在露天矿闭坑前 8 年左右（特大型矿山 15 年左右）时间，矿山应编制过渡规划和地下开采设计。

因基建施工与生产相互干扰，增加了露天转地下阶段开采的复杂性，主要表现在：

（1）过渡期开采的建设周期和生产衔接。露天转地下过渡阶段，地下矿建设，采矿工艺更替，矿山安全类型变化，各种开采因素的不确定性增强，如不提前对矿山编制统筹兼顾的过渡规划，确定过渡开采的建设周期，选择过渡方案，矿山露天和地下生产无法有效衔接，矿山将面临停产过渡。

（2）过渡期的回采顺序。除应遵循地下开采的回采顺序外，露天转地下开采矿山过渡期开采，还应注意解决如下问题：

1）为满足矿山产量要求，维持矿山持续生产，应超前进行边坡下矿体开采。

2）避免形成地压集中，影响露天与地下的生产安全，一般应采用两端矿体向边坡（或中央）方向后退式回采顺序。

3）多品种的矿山，应使各品种的矿石产量和品位能保持均衡出矿。

4）采用崩落法回采的露天转地下矿山，初期生产应与露天开采的回采顺序一致，保持一定的安全距离（80~100m），尾随露天矿进行回采。

（3）过渡期的安全。

1）为防止露天爆破对地下井巷和采场的破坏作用，在地下工程与露天坑底之间应保持足够的距离；临近露天底的穿爆作业不要超深；控制露天爆破的装药量；采用分段微差爆破、挤压爆破等减震措施；避免使用硐室爆破，防止露天与地下爆破的相互影响。

2）为防止过渡期的地下作业影响露天作业的安全生产和正常进行，应注意与露天采场作业的密切配合，研究合理的开采顺序。露天矿边坡下的回采，采用由两端向边坡推进的开采顺序，露天坑底与地下采场之间留有必要的境界顶柱和矿柱。

3）建立必要的岩石移动观测队伍，掌握一定的岩移观测手段，掌握地下采空区上覆岩层的移动规律，确保作业安全。

4）在地表应采取措施如布设防洪堤、截水沟等拦截地表水，防止其经露天坑涌入井下；连通露天与地下的井巷或采空区要采取封堵等措施；必要时，设置防水闸门；确保水泵正常运转和防止泥沙水突然溃入井下。

过渡期是指矿山从露天开采全面过渡到井下开采之间的这段时间，过渡期生产既要充分利用露天现有开拓系统，又要尽量减少对露天生产的影响。露天开拓运输系统、过渡期开拓运输系统及转入井下开拓系统的合理衔接，露天转地下开采的安全等问题，都是过渡期必须解决的重要技术问题。其核心观点是在开发一个矿床过程中将不同的工艺与技术最有效地结合起来，解决用地下或露天单独开采都不合理的矿床开采技术，构建露天和地下两种开采工艺为一体的综合性技术。

我国大中型铁矿多数为倾斜和急倾斜矿体，过去一般将矿床分成露天开采或地下开采单元，而对露天向地下开采过渡开采的合理时机和技术经济指标缺乏矿床开采独立的整体考虑，造成矿山投资增加，开采效能低。

露天转地下开采技术在国外研究较早，取得了一些可借鉴的经验，如瑞典的基鲁纳铁矿、南非的科菲丰坦金刚石矿、加拿大的基德格里克铜矿、芬兰的皮哈萨尔米铁矿、俄罗斯的阿巴岗斯基铁矿、澳大利亚的蒙特莱尔铜矿等，主要是根据矿床地质条件、生产能力衔接、经济和环境要求等因素，选择最优的开拓系统和转入地下采矿时机，以及露天与地下开采作业的顺序方法及安全措施等。表现在两个方面：一是采矿技术，包括开拓方案及系统、开采顺序、采矿方法、工艺参数、装备水平等；二是转入地下开采过渡期间的安全技术，包括地质力学研究、采空区应力应变关系及发展变化、露天边坡稳定分析、隔离层厚度计算、露天边坡加载技术和充填技术参数等。

我国从20世纪开始露天转入地下开采的矿山不断增加，如海南铁矿、杏山铁矿、石人沟铁矿、峨口铁矿、眼前山铁矿等，积累了丰富的经验，特别是在露天转地下开采过渡合理时机和产能平稳衔接、露天转地下开采应力场分布及边坡沉陷机理、微震监测技术与方法、露天转地下开采安全风险评估、露天转地下开采地质灾害治理、露天转地下开采工艺参数等关键技术方面成果斐然。国内外露天转地下开采矿山的经验表明，当矿山充分利用露天与地下开采的有利工艺特点时，统筹规划露天与地下开采的工程布置，可以使矿山的基建投资降低25%~50%，生产成本降低25%左右。

　　本书总结了国内外相关研究技术成果和工程实践，凝练成露天地下三阶段开采技术体系，系统地阐明露天转地下开采技术，露天转地下开采平稳过渡合理时机，采矿地质力学特征和开采工艺技术，覆盖层参数与安全控制，转入地下过渡期工艺参数与采场稳定性安全评价，灾变防控监测与预报技术，使用条件和技术经济指标等内容。

　　本书在编撰过程中，得到了"十二五"国家科技支撑计划课题"特大型露天铁矿高效开采技术研究"（编号：2011BAB07B01）和"缓倾斜薄矿体铬矿开采关键技术及装备研究"（编号：2011BAB07B02）的理论和技术支持。

著　者

2015 年 1 月

目　　录

1 露天开采概要

1.1 露天开采境界与优化

1.1.1 露天开采境界圈定

露天开采境界由露天采场底平面边界、最终边坡及开采深度三个要素组成，由露天采矿设计根据地质资料及合理的技术经济指标在矿体中圈出。

遵循不同的境界圈定原则，可以圈定各种形态、大小不一的露天开采境界，反映在矿山开采年限、基建投资、建设期限、生产经营费用也各不相同。露天开采境界一旦确定之后，境界内的矿石量、剥离量即确定，露天矿的生产能力、开采年限、矿床开拓及总图运输也会受到影响，对整个矿床开采的经济效果产生深远影响。因此，合理确定露天开采境界，是露天采矿的一项重要工作。

露天开采境界，受许多因素影响，大体上为以下三大类：

（1）矿体产状及自然条件等因素。

（2）基建投资，基建期限，矿石成本，设备供应情况，以及经济因素。

（3）矿山附近的河流、公路和铁路干线、重要建筑和构筑物、自然生态保护对露天开采境界的影响等组织技术因素。

上述诸因素，对露天开采境界大小的影响程度，各不相同，应综合考虑。一般情况下，露天开采境界主要是根据经济因素确定。

露天开采，随着矿石的不断采出，要不断地剥离大量废石。如图 1-1 所示，随着露天开采境界由 $abcd$ 扩展到 $a'b'c'd'$，可采矿量从 A_1 增加到 $A_1 + A_2$，需要剥离的岩石量也从 V_1 增加到 $V_1 + V_2$，可见，露天开采境界与岩石剥离量和可采矿量密切相关。

剥离岩石量和可采矿石量之比叫剥采比，表示露天采矿场采出单位矿石需要剥离的岩石量，以 m^3/m^3、m^3/t 或 t/t 为单位。

剥采比是反映露天采矿的重要经济指标，用于确定露天开采境界。下面介绍的几种剥采比，从不同角度反映了露天开采的剥离关系。

（1）平均剥采比 n_p（图 1-2a）：露天开采境界内岩石剥离总量与矿石总量之比。

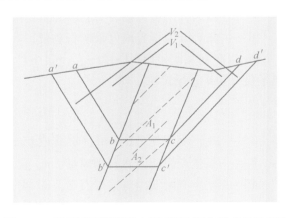

图 1-1 露天开采境界影响岩石剥离量和采矿量示意图

$$n_p = \frac{V_p}{A_p} \qquad\qquad (1-1)$$

式中　n_p——平均剥采比，m^3/m^3、m^3/t 或 t/t；

　　　V_p——露天开采境界内岩石剥离总量，m^3 或 t；

　　　A_p——露天开采境界内矿石总量，m^3 或 t。

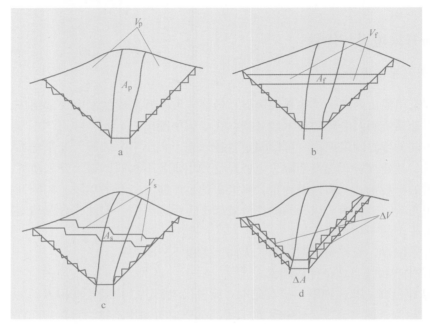

图 1 - 2　各种剥采比示意图

a—平均剥采比；b—分层剥采比；c—生产剥采比；d—境界剥采比

（2）分层剥采比 n_f（图 1 - 2b）：露天开采境界内分层岩石剥离量与分层矿石总量之比。

$$n_f = \frac{V_f}{A_f} \qquad\qquad (1-2)$$

式中　n_f——分层剥采比，m^3/m^3、m^3/t 或 t/t；

　　　V_f——露天开采境界内岩石剥离总量，m^3 或 t；

　　　A_f——露天开采境界内可采矿石总量，m^3 或 t。

（3）生产剥采比 n_s（图 1 - 2c）：一定生产时期内（如一年内）露天开采境界内岩石剥离量与可采矿石量之比，即

$$n_s = \frac{V_s}{A_s} \qquad\qquad (1-3)$$

式中　n_s——生产剥采比，m^3/m^3、m^3/t 或 t/t；

　　　V_s——某生产时期内岩石剥离量，m^3 或 t；

　　　A_s——某生产时期内可采矿石量，m^3 或 t。

（4）境界剥采比 n_j（图 1 - 2d）：露天矿不改变最终边坡角条件下，延深 ΔH 深度（一般为一个台阶高度）后增加的岩石剥离量和可采矿石量之比，叫深度 H 的境界剥采比。

$$n_j = \frac{\Delta V}{\Delta A} \tag{1-4}$$

式中　n_j——境界剥采比，m^3/m^3、m^3/t 或 t/t；

　　　ΔV——露天开采境界延深后增加的岩石剥离量，m^3 或 t；

　　　ΔA——露天开采境界延深后增加的可采矿石量，m^3 或 t。

随着露天开采境界的延深与扩大，可采矿石量虽然可随之增加，但岩石剥离量也相应增加，而且增加幅度比前者大，也就是说，随着露天开采境界的扩大，上述各种剥采比也增大。

确定露天开采境界的基本原则是确定一个剥采比不超过经济合理剥采比的开采境界。在露天采矿设计中，普遍采用境界剥采比不超过经济合理剥采比作为确定露天开采境界的原则。按照这个原则确定的露天开采境界通常也能满足平均剥采比不大于经济合理剥采比的要求。但是对于某些覆盖层很厚或不连续的矿体，则需要用平均剥采比不大于经济合理剥采比的原则去校核。

1.1.2　剥采比的计算方法

1.1.2.1　用地质横剖面图法确定境界剥采比

对于走向长度大的倾斜、急倾斜矿体，一般按地质横剖面图计算境界剥采比。其计算方法有面积比法和线段比法。

A　面积比法

如图 1-3 所示，在地质横剖面图上作通过境界深度 H 和 $H-h$ 的水平线。通常取 h 等于台阶高度。按照确定的露天矿底宽和顶、底盘帮坡角，绘出开采境界线，初期境界 $ABCD$，延深 Δh，境界变为 $IJKL$，矿石面积增量 ΔS，岩石面积增量为 $\Delta S_1 + \Delta S_2$，且 $\Delta S = m\Delta h$、$\Delta S_1 = L_1 h_1$、$\Delta S_2 = L_2 h_2$。

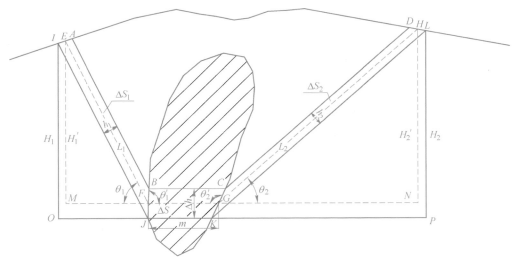

图 1-3　面积比法求境界剥采比

计算境界剥采比 $n_j(m^3/m^3)$。

$$n_j = \frac{\Delta S_1 + \Delta S_2}{\Delta S} \tag{1-5}$$

在 $\triangle EMF$ 中

$$L_1 = \frac{H'_1}{\sin\theta_1} \qquad (1-6)$$

在 $\triangle HNG$ 中

$$L_2 = \frac{H'_2}{\sin\theta_2} \qquad (1-7)$$

根据平行线原理，可推出

$$h_1 = \frac{\Delta h\sin(\theta_1 + \theta'_1)}{\sin\theta'_1} \qquad (1-8)$$

$$h_2 = \frac{\Delta h\sin(\theta_2 + \theta'_2)}{\sin\theta'_2} \qquad (1-9)$$

将式 (1-6) ~ 式 (1-9) 代入式 (1-5) 得出境界剥采比计算公式。

$$n_j = \frac{L_1 h_1 + L_2 h_2}{\Delta h \cdot m} = \frac{\dfrac{H'_1}{\sin\theta_1} \cdot \dfrac{\Delta h\sin(\theta_1 + \theta'_1)}{\sin\theta'_1} + \dfrac{H'_2}{\sin\theta_2} \cdot \dfrac{\Delta h\sin(\theta_2 + \theta'_2)}{\sin\theta'_2}}{\Delta h \cdot m}$$

$$= \frac{H'_1(\cot\theta_1 + \cot\theta'_1) + H'_2(\cot\theta_2 + \cot\theta'_2)}{m} \qquad (1-10)$$

面积比法求算面积的工作繁琐，为简化计算过程，可用线段比法来计算境界剥采比。

B 线段比法

单一矿体的境界剥采比计算如图 1-4 所示，在地质横剖面图上作通过境界深度 H 和 $H-h$ 的水平线，确定开采深度由 E' 降至 E。连接开采深度为 H 和 $H-h$ 的坡底线 $E'E$（或顶、底盘边坡线交点 $O'O$），作为基线（投射方向线）；按照选取的最终边坡角和露天底宽，绘出深度 H 和 $H-h$ 的底 EF 和 $E'F'$ 以及顶、底盘边坡线。一般力求底盘边坡线 AO 上的矿岩线段长度比等于顶盘边坡线 DO 上的矿岩线段长度比。通过地表境界点 A、D 的边坡线与矿体交点 B、C，分别作 $E'E$（或 $O'O$）的平行线 AA'、DD'、BB'、CC' 与深度为 H 的水平线相交于 A'、D'、B'、C'，则

$$n_j = \frac{A'B' + C'D'}{B'C'} \qquad (1-11)$$

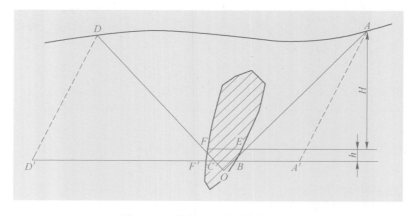

图 1-4 线段比法求境界剥采比

主矿体顶、底盘有小矿体或有夹层时，境界剥采比计算如图1-5所示，作图方法与单一矿体相同。境界剥采比计算公式为

$$n_j = \frac{A'G' + I'B + KQ + F'H' + J'D'}{BK + QC + CF + G'I' + J'H'} \tag{1-12}$$

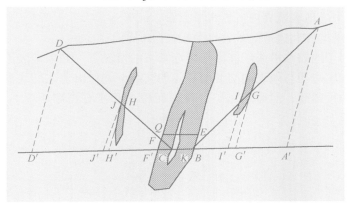

图1-5 有夹层和有小矿体时线段比法求境界剥采比

缓倾斜或水平矿体境界剥采比的求法如图1-6所示。

$$n_j = \frac{AB}{BC} = \frac{H\sin(\gamma + \theta)}{\sin\gamma} - 1 \tag{1-13}$$

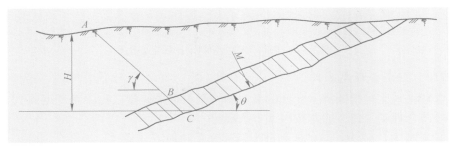

图1-6 用线段比法求缓倾斜矿体的境界剥采比

1.1.2.2 用平面图法确定境界剥采比

走向短深度大的露天矿，端部剥离量占比重较大，用地质横剖面图不能正确确定矿床境界剥采比，可应用平面图法确定，其步骤如下：

（1）选择几个可能的开采深度，绘制每个开采深度的平面图。按平面图上的矿体形状，根据运输线路要求，初步确定露天矿底平面周界；

（2）在平面图上确定地面境界线，在可利用的地质横剖面图上绘出开采境界，并将边帮上矿岩界线和地表境界线投到平面图上；

（3）无地质剖面图可利用的区段，在平面图上选有代表性的各点，作垂直于底平面周界的辅助剖面，如图1-7中的Ⅰ、Ⅱ、Ⅲ、…；

（4）根据已知的境界深度和边帮坡面的水平投影距，确定各辅助剖面的地表境界点，如图1-7Ⅰ中的1点；

（5）连接平面图上各剖面图的地表境界点1，2，3，…，得出地表境界线；

（6）在平面图上分别计算出地表境界线内矿岩总面积和矿石面积，按式（1-14）计算境界剥采比。

$$n_j = \frac{S - S_P}{S_P} - 1 \tag{1-14}$$

式中　S——露天采场地表境界内矿岩水平投影，m^2；

　　　　S_P——露天采场底和边帮上矿石水平投影，m^2。

上述方法适用于地表水平或矿体倾角接近垂直的情况下。如果地表不水平、矿体倾角又不垂直时，需作出边帮与地表的交线及矿体的交线，并作出上述交线沿露天矿体的延深方向在平面图上的投影线，然后求出矿岩投影面积 S 和矿石投影面积 S_P，按式（1-14）计算境界剥采比。

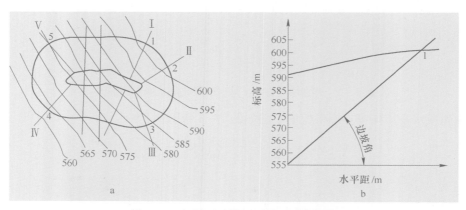

图 1-7　短露天矿境界剥采比确定方法

1.1.2.3　经济合理剥采比

经济合理剥采比是指经济上允许的最大剥岩量与可采矿量之比，是确定露天开采境界的依据。经济合理剥采比，通常按以下方法确定。

（1）原矿成本比较法：当矿床划分为露天开采和地下开采时，经济合理剥采比根据露天采矿成本不超过地下采矿成本确定，即

$$n_{jh} \leqslant \frac{c - a}{b} \tag{1-15}$$

式中　n_{jh}——经济合理剥采比，m^3/m^3；

　　　　c——地下采矿成本，元$/m^3$；

　　　　a——露天开采纯采矿成本，元$/m^3$；

　　　　b——露天采矿剥离成本，元$/m^3$。

（2）精矿成本比较法：以露天开采和地下开采 1t 精矿的成本相等为计算基础。

$$n_{jh} = \frac{c_d - a_1}{T_1 b}$$

$$c_d = (c + f_d) T_d$$

$$a_1 = (a + f_1) T_1 \tag{1-16}$$

$$T_d = \frac{\beta_d}{[\alpha(1 + \rho_d) + \rho_d \alpha_d] \varepsilon_d}$$

$$T_1 = \frac{\beta_1}{[\alpha(1 - \rho_1) + \rho_1\alpha_1]\varepsilon_1}$$

式中　c_d——地下开采 1t 精矿的成本，元/t；

　　　a_1——露天开采 1t 精矿的成本，元/t；

　T_d，T_1——分别为地下开采和露天开采 1t 精矿需要的原矿量，t/t；

　f_d，f_1——分别为地下开采和露天开采 1t 原矿的选矿加工费用，元/t；

　β_d，β_1——分别为地下开采和露天开采的精矿品位，%；

　　　α——地质品位，%；

　α_d，α_1——分别为地下开采和露天开采混入的废石品位，%；

　ρ_d，ρ_1——分别为地下开采和露天开采的废石混入率，%；

　ε_d，ε_1——分别为地下开采和露天开采的选矿回收率，%。

（3）价格法：以露天开采单位产品的全部成本等于该类产品的价格为计算基础，计算时可考虑一定的利润指标。

按原矿产品计算

$$n_{jh} = \frac{a_1'p\varepsilon_1 - D_1 - e_1}{b} \tag{1-17}$$

按精矿产品计算

$$n_{jh} = \frac{A_1 - a_1 - e_2}{T_1 b} \tag{1-18}$$

式中　a_1'——露天开采采出矿石品位，%；

　　　A_1——露天开采时精矿价格，元/t；

　　　T_1——露天开采 1t 精矿需要的原矿量，t/t；

　　　p——矿石中单位品位价格，元；

　　　D_1——露天开采每吨原矿的采、选费用，元/t；

　e_1，e_2——利润指标，元/t。

（4）盈利比较法：以露天开采和地下开采相同矿石储量获得的总盈利相等为计算基础。

按原矿产品计算

$$n_{jh} = \frac{n_1'(B_1 - a) - n_d'(B_d - c)}{b} \tag{1-19}$$

$$n_1' = \frac{n_1}{1 - \rho_1}$$

$$n_d' = \frac{n_d}{1 - \rho_d}$$

式中　B_d，B_1——分别为地下开采和露天开采每吨原矿的销售价格，元；

　n_d'，n_1'——分别为地下开采和露天开采的视在回采率，%；

　n_d，n_1——分别为地下开采和露天开采的实际回采率，%。

按精矿产品计算

$$n_{jh} = \frac{M_1 - M_d}{b} \tag{1-20}$$

$$M_1 = \frac{\alpha_1' \varepsilon_1}{\beta_1} P_1 - n_1'(a + f_1)$$

$$M_d = \frac{\alpha_d' \varepsilon_d}{\beta_d} P_d - n_d'(c + f_d)$$

式中　M_d，M_1——分别为地下开采和露天开采每吨加工成精矿获得的盈利，元；

　　　α_d'，α_1'——分别为地下开采和露天开采的采出矿石品位，%；

　　　P_d，P_1——分别为地下开采和露天开采的每吨精矿价格，元。

用盈利法确定多金属矿床的经济合理剥采比，应按式（1－19）或式（1－20）分别计算出各金属品种用露天和地下开采的单位盈利后累加求得。

1.1.3　露天境界优化

露天采矿分为 4 个步骤：境界优化、开采设计、进度计划和品位控制。确定最优露天开采境界是露天矿设计的一个重要步骤，它的目标是实现矿山生产利润最大化。传统的人工境界优化方法是通过逐渐增大境界尺寸来计算平均剥采比和境界剥采比，当境界剥采比等于经济合理剥采比且平均剥采比小于经济合理剥采比时，即认为该境界为最优境界。可以看出，这种方法确定一个境界需要耗费大量的人力和时间，而且很难找到真正意义上最优境界。随着计算机技术的发展，产生了多种基于矿体块段模型的境界优化方法，这些方法首先将矿体剖分成一定尺寸的六面体，即块段，通过地质统计学方法推估出每一块段的矿石品位，计算出每一块段的经济价值和生产成本，最终形成优化开采境界。目前，确定露天矿开采境界的方法很多，根据优化算法的不同，可以分为两大类，第一类方法称为模拟法，主要包括：断面法、平面投影法和浮动圆锥法等。第二类方法称为数学优化法，主要包括线性规划法、图论法、三维动态规划法和网络流法等。本节主要介绍浮动圆锥法、Lerchs－Grossmann 优化方法（L－G 法）。

1.1.3.1　浮动圆锥法

浮动圆锥法是一种用系统模拟技术来解决露天矿开采境界的方法，它的基本出发点是将最简单的圆形露天矿近似地看成一个截头倒圆锥。它锥立在矿石方块之上，上部直通地表，圆锥的母线与水平线夹角等于露天矿的边帮角。由于组成露天矿边帮的岩性、节理、裂隙性质不同，故露天开采境界的边帮角亦随之变化。所以露天矿实际上是由不同锥度的许多相互交错和重叠的可采圆锥体来模拟。圆锥体越密，越逼近真实的露天矿。

图 1－8a 是一个二维块段模型的示意图，图中每一模块中的数值为模块的净价值。除地表的模块外，由于几何约束条件的存在，要开采某一模块，就必须采出以该模块为顶点、以最大允许帮坡角为锥面倾角的倒锥内的所有模块。以图 1－8b 中第二行第四列上的模块（记为 B2，4）为例，如果左右帮最大允许帮坡角均为 45°，且模块为正方形，那 B2，4 的开采只有当 B1，3、B1，4 和 B1，5 全被采出后才能实现。因此，在确定是否开采某一模块时，首先要看该块的净价值是否是正值，若该块的净价值为负，那么最好不予开采，因为它的开采会减少境界的总值。但有时为了开采负块下面的正块，不得不将负块开采。另一方面，开采一个正块不一定能使境界的总价值增加，因为以该正块为顶点的倒锥中的负块很可能抵消正块的开采价值。因此，在考察是否开采某一块时，必须将倒锥的顶点置于该块的中心，以锥体的净价值（即落在锥体内包括顶点块的所有块的净价值之

和）作为根据。这就是浮动圆锥法的基本原理。以图1-8a为初始价值，浮动圆锥法的算法步骤如下：

第一步：将位于地表的正模块B1，6采出。由于地表模块没有其他模块覆盖，不需使用倒锥。开采B1，6后，价值模型变为图1-8b。

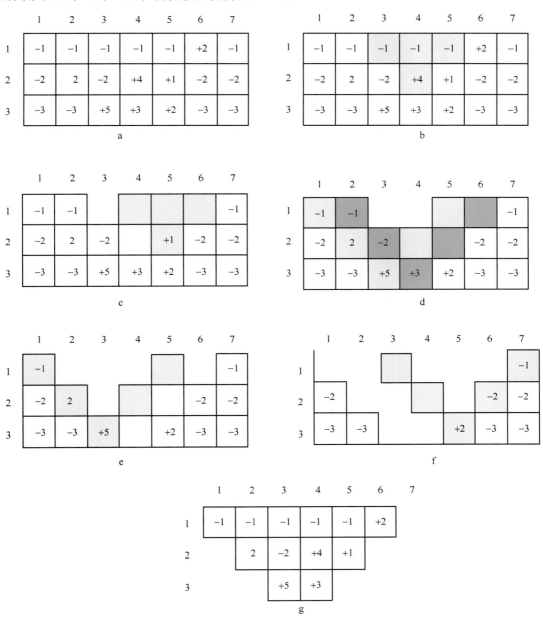

图1-8 浮动圆锥法境界优化步骤

第二步：将倒锥的顶点从左至右依次置于第二层的正块上，找出落在锥内的模块并计算锥体价值。若锥体价值大于或等于零，则将锥体内的所有模块采出；否则，将倒锥的顶点"浮动"到下一正块。以B2，4为顶点的锥体价值为+1，将锥体内的模块采去后，价值模型变为图 1 - 8c，以 B2，5 为顶点的锥体只包含 B2，5 一块，将其采出后，模型如图 1 - 8d 所示。

第三步：逐层向下重复第二步，直至所有价值大于（或等于）零的锥体全部被采出。从图 1 - 8d 可以看出，以 B3，3 为顶点的锥体价值为 - 1，故不予采出。以 B3，4 为顶点的锥体价值为 0，采取后得图 1 - 8e。这时以 B3，3 为顶点的锥体价值变为 + 2，开采后得图 1 - 8f。虽然 B3，5 为正块，但其锥体价值为 - 1，故不予采出。模型中不再存在正锥，计算结束。

将浮动圆锥法用于图 1 - 8a 所示的价值模型得到的最终开采境界，由上述过程中所有被采出的块组成（图 1 - 8e），若按照此境界进行开采，开采终了的采场现状如图 1 - 8f 所示。境界总价值为 + 10。若岩石与矿石比重相等，境界平均剥采比为 7 : 5 = 1.4。在这一简单算例中，应用浮动圆锥法确实得到总价值为最大的最终境界。

1.1.3.2 Lerchs - Grossmann 图论法（LG 图论法）

L - G 法则是结合了图论法和动态规划法的一种最能真实反映露天矿实际的优化方法，只要给定价值模型，在任何情况下都可以求出总价值最大的最终开采境界。

A 基本概念

在图论法中，价值模型中的每一块用一节点表示，露天开采的几何约束用一组弧表示。弧是从一个节点指向另一节点的有向线。例如，图 1 - 9 说明要想开采 i 水平上的那一节点所代表的块，就必须先采出 $i + 1$ 水平上那五个节点代表的 5 个块。为了便于理解，以下叙述在二维空间进行。

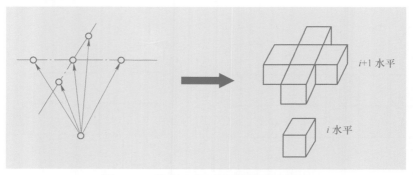

图 1 - 9 露天开采几何约束的图论表示

图论中的有向图是由一组弧连接起来的一组节点组成。图用 G 表示，图中节点 i 用 x_i 表示。所有节点组成的集合称为节点集，记为 X，即 $X = \{x_i\}$；图中从 x_k 到 x_l 的弧用 a_{kl} 或 $(x_k，x_l)$ 表示，所有弧的集合称为弧集，记为 A，即 $A = \{a_{ij}\}$；由节点集 X 和弧集 A 形成的图记为 $G(X，A)$。如果一个图 $G(Y，AY)$ 中的节点集 Y 和连接 Y 中节点的弧集 AY 分别是另一个图 $G(X，A)$ 中 X 和 A 的子集，那么 $G(Y，AY)$ 称为图 $G(X，A)$ 的一个子图。子图可能进一步分为更多的子图。

图 1 - 10a 是由 6 个模块组成的价值模型，$x_i(i = 1，2，\cdots，6)$ 表示第 i 块的位置，块中的数字为块的净价值。若模块为大小相等的正方体，最大允许帮坡角为 45°，那么该模型的图论表示如图 1 - 10b 所示。图 1 - 10c 和图 1 - 10d 都是图 1 - 10b 的子图。模型中模块的净价值在图中称为节点的权值。

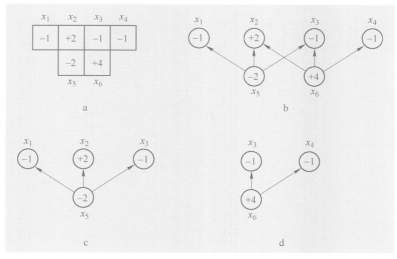

图 1 – 10　方块模型与图和子图

从露天开采的角度，图 1 – 10c 构成一个可行的开采境界，因为它满足几何约束条件，即从被开采节点出发引出的弧的末端的所有节点也属于被开采之列。子图 1 – 10d 不能形成可行开采境界，因为它不满足几何约束条件。形成可行的开采境界的子图称为可行子图，也称为闭包。以闭包内的任一节点为始点的所有弧的终点节点也在闭包内。图 1 – 10b 中，x_1，x_2，x_3 和 x_5 形成一个闭包；而 x_1，x_2，x_5 不能形成闭包，因为以 x_5 为始点的弧 (x_5, x_3) 的终点节点 x_3 不在闭包内。闭包内诸节点的权值之和称为闭包的权值。G 中权值最大的闭包称为 G 的最大闭包。求最佳开采境界实质上就是在价值模型所对应的图中求最大闭包。

树是一个没有闭合圈的图。图中存在闭合圈是指图中至少有一个这样的节点，从该节点出发经过一系列的弧（不计弧的方向）能够回到出发点。图 1 – 10b 不是树，因为从 x_6 出发，经过弧 (x_6, x_2)、(x_5, x_2)、(x_5, x_3) 和 (x_6, x_3) 可回到 x_6，形成一个闭合圈。图 1 – 10c 和图 1 – 10d 都是树；根是树中的特殊节点，一棵树中只能有一个根。

如图 1 – 11 所示，树中方向指向根的弧，即从弧的终端沿弧的指向可以经过其他弧（其方向无关）追溯到树根的弧，称为 M 弧；树中方向背离根的弧，即从弧的终端追溯不到根的弧，称为 P 弧。将树中的一个弧 (x_i, x_j) 删去，树变为两部分，不包含根的那部分称为树的一个分支。在原树中假想删去弧 (x_i, x_j) 得到的分支是由弧 (x_i, x_j) 支撑着，由弧 (x_i, x_j) 支撑的分支上诸节点的权值之和称为弧 (x_i, x_j) 的权值。在图 1 – 11 所示的树中，由弧 (x_3, x_1) 支撑的分支节点只有 x_1，故该弧的权值为 -1。由 (x_8, x_5) 支撑的分支节点有 x_2、x_5、x_6 和 x_9，该弧的权值为 $+5$。权值大于 0 的 P 弧称为强 P 弧，记为 SP；权值小于或等于零的 P 弧称为弱 P 弧，记为 WP；权值小于或等于零的 M 弧称为强 M 弧，记为 SM；权值大于零的 M 弧称为弱 M 弧，记为 WM。图 1 – 11 是一个具有全部四种弧的树。强 P 弧和强 M 弧总称为强弧，弱 P 弧和弱 M 弧总称为弱弧。强弧支撑的分支称为强分支，强分支上的节点称为强节点。从采矿的角度来看，强 P 弧支撑的分支

（简称强 P 分支）上的节点符合开采顺序关系，而且总价值大于零，所以是开采的目标。虽然弱 M 分支的总价值大于零，但由于 M 弧指向树根，不符合开采顺序关系，故不能开采，由于弱 P 分支和强 M 分支的价值不为正，所以不是开采目标。

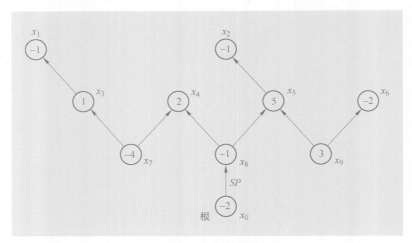

图 1-11　具有各种弧的树

B　树的正则化

正则树是一个没有不与根直接相连的强弧的树。正则化步骤如下：

第一步：在树中找到一条不与根直接相连的强弧 (x_i, x_j)，若 (x_i, x_j) 是强 P 弧，则将其删除，代之以 (x_0, x_j)；若 (x_i, x_j) 是强 M 弧，则将其删除，代之以 (x_0, x_i)。

第二步：重新计算第一步得到的新树中弧的权值，标注弧的种类。以新树为基础，重复第一步。这一过程一直进行下去，直到找不到不与根直接相连的强弧为止。

C　图论法境界优化定理及算法

图论法境界优化定理：若有向图 G 的正则树的强节点集合 Y 是 G 的闭包，则 Y 即为最大闭包。根据该理论的图论算法如下：

第一步：依据最大允许帮坡角的几何约束，将价值模型转化为有向图 G（图 1-12）。

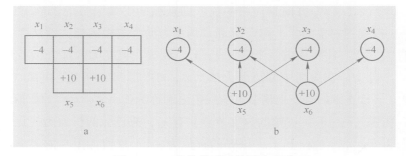

图 1-12　价值模型及其图论表述

第二步：构筑图 G 的初始正则树 T^0（最简单的正则树是在图 G 下方加一虚根 x_0，并将 x_0 与 G 中的所有节点用 P 弧相连得到的树），根据弧的权值标明每一条弧的种类（图 1-13）。

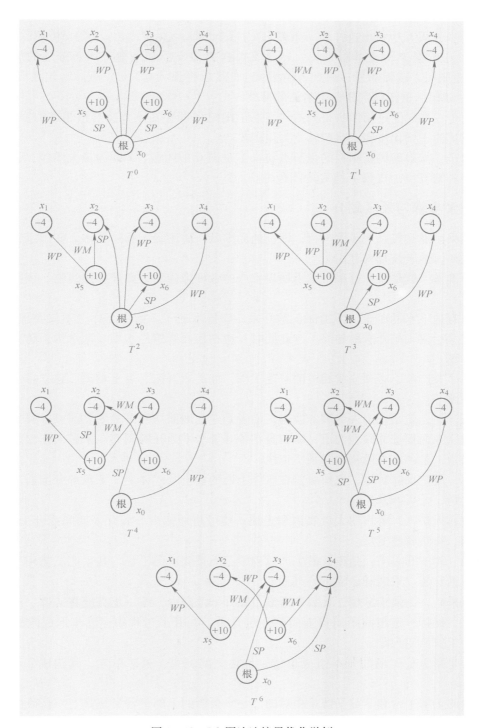

图1-13 LG图论法境界优化举例

第三步：找出正则树的强节点集合 Y（T^0 的强节点集合为 $Y = \{x_5, x_6\}$），若 Y 是 G 的闭包，则 Y 为最大闭包，Y 中诸节点对应的块的集合构成最佳开采境界，算法停止；否则，执行下一步。

第四步：从 G 中找出这样的一条弧 (x_i, x_j)，即 x_i 在 Y 内、x_j 在 Y 外的弧，并找出树中包含 x_i 的强 P 分支的根点 x_r，x_r 是支撑强 P 分支的那条弧上属于分支的那个端点（由于是正则树，该弧的另一端点为树根 x_0）。然后将弧 (x_0, x_r) 删除，代之以弧 (x_i, x_j)，得一新树。重新标定新树中诸弧的种类。

第五步：如果经过第四步得到的树不是正则树（即存在不直接与根相连的强弧），应用前面所述的正则化步骤，将树转变为正则树。

第六步：如果新的正则树的强节点集合 Y 是图 G 的闭包，Y 即为最大闭包；否则，重复第四步和第五步，直到 Y 是 G 的闭包为止。

1.2　开采步骤与采区划分

露天采矿通常按以下步骤进行，即：地面准备，矿床疏干和防排水，矿山基建，日常剥离和采矿，地表恢复与利用。

地面准备，就是排除开采范围内妨碍生产的各种障碍物，如迁移建筑物，道路和河流改道等。

开采有地下水的矿床，为确保正常开采，应排水疏干。此项工作，不仅要预先进行，而且要贯穿于露天矿开采的始终。与此同时，应在地面修筑挡水坝、截水沟，防止地表水流入采矿场。

露天矿投产前，必须完成相应的基建工程，如矿床开拓、表土剥离、建立排土场、铺设运输线路等。

矿床开拓，就是掘出入沟和开段沟，前者是建立地面与开采水平之间或各开采水平之间的运输联系而掘进的倾斜沟道；后者是在各开采水平为开辟剥离、采矿工作台阶而掘进的水平沟道，是各水平的初始开采工作线。

剥离，就是揭露矿体，挖掉覆盖在矿体上面的表土及矿体上、下盘部分围岩。只有表土剥离之后，才可回采矿石。

有些露天矿区，要占用大量农田和土地，使可耕地减少，故开采期间或开采结束时，应有计划、有步骤地复垦。

掘沟、剥离和采矿，是露天矿生产过程中三大重要矿山工程，其生产工艺环节基本相同，都包括穿爆、采装和运输工艺过程。

露天采矿，为便于穿爆、采装和运输，在开采范围内，按一定高度将矿体、围岩划成水平分层，保持一定超前距离自上而下逐层开采，在开采过程中，逐步形成阶梯状工作面，这种工作面叫台阶。

台阶是露天采矿场的基本组成单位，是独立的剥离、采矿单元。其构成如图 1 – 14 所示。

台阶的上部平台和下部平台是相对的，一个台阶的上部平台又是其上一台阶的下部平台。每个台阶通常以其下部平台标高命名，习惯上把台阶叫做××水平，如图 1 – 15 所示 +12m 水平、0m 水平等。

台阶的平台是采矿作业场地，开采时，根据挖掘机的挖掘半径、卸载半径和爆堆宽度，将其划分条带状采掘带依次开采。如果采掘带很长，可根据一台挖掘机所需的采掘工

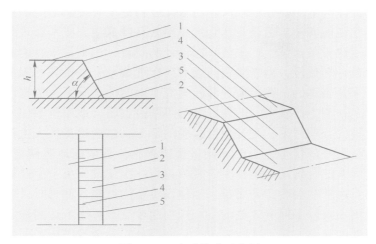

图 1 - 14 台阶构成示意图

1—上部平台；2—下部平台；3—台阶坡面；4—台阶坡底线；5—台阶坡顶线

α—台阶坡面角；h—台阶高度

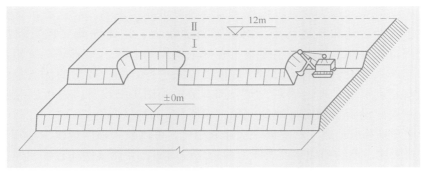

图 1 - 15 台阶开采顺序示意图

作线长度再划为采区，各采区独立开采。

采区长度，又称挖掘机工作线长度；一般是指工作台阶上，划归一台挖掘机采装的工作范围长度。

台阶的坡面，是台阶的临空倾斜面，其坡面角的大小，关系着采矿作业的安全，一般为 55° ~ 75°，视矿岩稳固程度与台阶高度而定。

露天采矿场的工作帮，由正在进行和将要进行的采矿和剥离台阶组成的边帮，其水平部分叫工作平台，是穿爆、采装、运输的作业场地。工作帮的位置，随采矿作业的进行不断变动。

连接工作帮最上部台阶和最下部台阶坡底线所作的假想斜面叫工作帮坡面，该坡面与水平面之夹角叫工作帮坡面角，其大小一般为 7° ~ 17°。

1.3 分期开采

露天矿分期开采是将一个矿床在其最终开采境界范围内，在时间和地质空间上划分成不同期，分区依次进行开采的开采方式。

一般地说在合理的生产服务年限内矿山的设计和建设应按矿山能够达到的最大生产规模考虑，这样往往能够使矿山企业达到规模经营且降低生产成本实现规模效益，但并非所有的矿床都适合于按最佳生产规模一次设计和建设，也不是所有的矿山都能够按最佳生产规模一次设计和建设，由于融资问题和矿床埋藏及开采条件的限制，对某些矿床施行分期分区开采是合理的，在地质资源没有完全探明的情况下，依据已探明和控制部分的地质资源确定初期生产规模，随着资源的不断被查明，地质资源储量的增加，实行由小规模到大规模的分期开采，先开发已探明的部分，尔后逐步扩大生产规模，可以使资源优势尽早转换为经济优势，当矿床储量规模很大，若依据地质储量开采技术条件、矿山服务年限等因素综合确定的最佳生产规模进行一次建设，由于生产规模大所需的建设投资也大，项目融资往往会碰到困难，当建设资金的筹集不理想时，需要对矿床实行分期开采，经采用相对较小但有效益的生产规模起步后，再逐步达到最终规模，以解决建设资金暂时短缺的问题。对于埋藏较浅，呈面型分布的金属矿床和非金属矿床，其特点常常是矿体埋藏浅，走向及倾向延长大，不仅可以在时间上进行分期开采，而且可以按照不同的区段进行分区开采，通常是一个固定的规模，不一定按最佳生产规模开采，这时往往是选择矿石品质较好、剥采比较小、投资和开采成本较低的某一区段进行集中强化开采，先期采完的露天坑可以用作为后续露天坑的排土场。对这类矿床采用分期分区开采减少了工业占地和环境污染，对于矿石储量大，矿体埋藏又相对较深，剥采比大，矿体上部覆盖层厚，岩石量主要集中在开采境界的上部，深部废石量相对很少的矿山，采用分期开采建设，分期扩大生产规模的方式进行开采，突出的优点是：可以减少初期生产的基建剥离量，推迟剥离，充分和有效地利用采掘设备，并可以克服一次建设周期过长，解决建设资金暂时短缺的问题，取得较好的经济效益。

由于分期开采和按最终生产规模一次建成相比，可以较大幅度地减少初期基建剥离量及初期生产剥采比，节约初期建设投资，缩短建设周期，并能够使建设项目早投产、早达产，因此，常能使矿床得到及时开发，并及早产生经济效益。

1.3.1 应注意的问题

分期开采虽然可以推迟剥离，节约项目初期投资，使矿山尽早产生经济效益等，但项目投产后需要有计划地逐步向最终生产规模过渡，过渡期间涉及矿山已有规模的持续稳定生产、安全生产等问题，需要有效及合理地组织生产和过渡时期的基建工作。因而，无论在矿山设计规划和生产建设阶段，分期开采的技术难度比项目一次设计和建设要大一些。为了实现从起步规模到最终规模的过渡，在设计阶段，分期分区开采和最终开采一定要进行有机的结合，统一规划，分期实施，使工程布局合理，建设有序，避免建设工程的重复和浪费，使建设和生产阶段能够按统一规划实施，确保矿山能够正常过渡。

1.3.2 统一规划并分期实施

分期开采应在总体规划和设计的基础上进行，这样才能确定分期开采境界与最终开采境界的关系并验证分期境界的合理性，做出切实可行的分期过渡设计，对与过渡有关的采矿工程在时间和空间上做出安排，使分期开采能够按设计正常过渡，生产中指导进行开拓和采剥工作，有计划地为开采境界的过渡做准备。在分期开采的设计和建设中，与采矿工程相配套的工程有的可以一次建成，有的则要分期建设。采用一次建设还是分期建设，除与项目的工艺特性有关外，还与投资效果有关，需要在统一规划和设计中进行综合分析比较后确定。

1.3.3 境界圈定和开拓运输系统

合理确定分期开采境界和开拓运输系统，做到使矿山总体建设投资少（生产运行成本低是露天矿设计重要的工作之一），分期开采设计和建设应遵循节约投资和降低生产成本的原则，应在确定最终开采境界的基础上确定分期开采境界，为了体现分期开采的优点，在确保采剥工作不失调的情况下，做到能推迟剥离的废石要尽可能地推迟，最终开采境界和分期境界及其开拓运输系统要同时考虑，这样可以使矿岩运输公路、采矿工业场地、供电供水等初期工程的布置尽量兼顾到后期的过渡发展，减少重复建设和投资。

分期开采境界是最终开采境界中优先开采的部分，通常也是矿体完整性较好，品位较高的部分，其平均剥采比小于最终境界的剥采比，开采的经济效果比最终境界好，但是在矿山设计阶段确定分期境界时应注意均衡剥采比，既要照顾初期生产的效益，又要顾及以后的正常过渡，尽可能避免剥离高峰期出现，避免一段时期需要大量设备进行扩帮剥离和生产，剥离高峰期过后又造成设备闲置的状况，使分期境界能够稳步过渡到最终开采境界。工业场地和排土场露天开采是一个不断地搬走废石，采出矿石的过程，由于金属矿山剥采比普遍较大，矿岩运输成本占整个露天矿开采费用的40%，因此，废石场选择及排土规划的好坏明显影响矿山开采的经济效益，在最终排土场范围内合理规划初期排土和中长期排土方案（合理确定排土方案及段高、排土方式），可以减少后期运输道路工程量，使废石运输量最小。

1.3.4 安全生产

当分期开采的矿山向最终规模过渡时，就出现一边生产、一边扩建的现象，对于矿体埋藏深的矿床，往往出现下部生产，上部在扩帮剥离的现象，为了保证安全生产和建设，设计时要注意在临时边帮上每隔一定高度设置一个宽平台，接渣平台，并尽量使上部扩帮台阶与下部作业台阶在垂直方向上错开，尽可能使主要矿岩公路离开将来的扩帮区，以保证下部台阶正常生产作业的安全及矿岩公路的畅通，生产中要做好近期及中长期采掘计划，通过有计划的开采来保证安全生产。

采用分期陡帮开采，降低了基建剥离量，缩短了建设期，投资得到了有效控制，从而使建设项目的总体效益最好。

分期开采项目在实施过程中，应注意强化采剥计划管理，以实现向最终规模的平稳过渡。

1.3.5 技术实例

分期开采的发展与分期过渡技术和采装运设备发展是分不开的。例如爆破技术的发展为窄平台扩帮工作提供了方便；汽车工业的发展，为采场运输提供了机动灵活的运输工具；电子计算机技术的发展，为精确地安排矿山设计和生产计划、选定合理的矿山布置和完善矿山生产管理、奠定了科学基础。

这里按不同的分期开采特点，介绍澳大利亚惠尔巴克山露天铁矿、美国皮马铜矿、俄罗斯英古列茨铁矿以及中国南芬铁矿、金堆城钼矿的分期设计和建设情况。

1.3.5.1 澳大利亚惠尔巴克山露天铁矿

惠尔巴克山矿为纽曼山矿业公司的主要矿山，自 1967 年建设以来，矿石量从每年数百万吨到超过 3000 万吨，总采剥量已达 1 亿吨。露天矿初期采用分期分区开采方法进行，然后逐期延深和扩大。

A 矿山的分期规划

由于高品位矿石在山上有大面积露头，剥采比很低，初期规划在很短时期内完成，进行基建和投产。随着矿体勘探的继续进行，地质剖面图的逐步完成和质量控制在开采作业中占的地位日益重要。对矿山进行了分期开采的设计规划，初期规划就成为第一期设计。

按整个设计最终境界内的剥采比来分，矿山第一期平均剥采比为 1.22；第二期为 1.78；第三期剥采比最高，达 2.22；第四期下降到 1.44；最终将达 0.71。第一期开采上部（图 1-16），分期矿石量约 2 亿吨。经过分期规划和平衡，1990 年前的剥采比小于 1.7，90 年代剥采比达 2.0，2000 年后剥采比逐年下降。

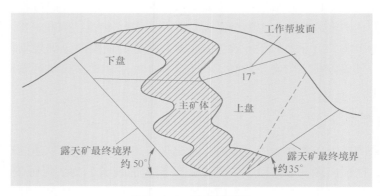

图 1-16 开采断面图

整个矿按分期开采沿纵向分段建设、分段投产，首先开采有利部位，逐步扩大开采规模。故全采场沿走向 5.5km 范围内划分为东、中和西三个采场。东采场矿石质量好、剥采比小；中采场矿体厚度大，但剥岩量大；西采场还得进一步勘探。首先于 1967 年开采东采场，中采场滞后两年基建，西采场 1977 年才建设。在东采场矿石产量逐步扩大的同时，以矿石收入支付中采场剥岩和西采场补充勘探。到 70 年代中期，三个采场联成一体，但开采深度不一样，还有各自的采矿段和剥离段。到 80 年代后期，东采场已下降到 21 号台阶，90 年代开采结束，作为容纳中采场岩石的内部排土场，从而大大缩短岩石的运距。中、西采场 80 年代后期也相应采到 19 号和 15 号台阶（图 1-17）。

在沿倾向矿山横断面上，按分期开采，逐步推进到最终境界。矿石台阶首先下降，逐期用组合台阶进行扩帮剥离上下盘的围岩。有关采场和分段情况及边坡设计参数见表 1-1。

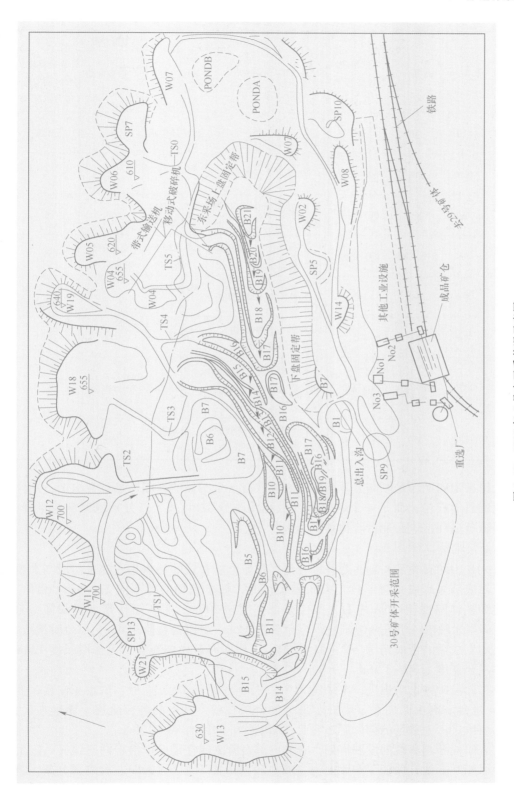

图 1-17　1988 年 5 月末开采状况示意图

B5~B21—台阶编号，对应标高 730~490m；W02~W21—排土场编号；SP5~SP13—低品位矿石贮矿场编号；PONDA，PONDB—储水
池编号；—→台阶推进方向；———开采境界；No1，No2，No3—三段破碎系统编号；TS0~TS5—上盘运岩出入沟编号

表 1 - 1　各采场分段及边坡设计参数

序号	位置	长度/m	高度/m	电铲作业平台宽度/m	主要岩石类型	边帮参数		
						最终边帮角/(°)	台阶坡面角/(°)	台阶高度15m时安全平台宽度/m
1	东采场东帮	610	150	60	页岩	按矿体形状	60	变化的
2	东采场南帮	1220	310	60~150	页岩（夹些矿石）	55	70	5
3	中采场西南帮	760	260	90~120	页岩，有些碧玉铁质岩	45，部分按矿体形状	60	6
4	西采场南帮	1830	240~360	150~300	页岩（夹些赤铁矿矿石）和似白云岩	上部边坡55，底部45	60，有些断面为45	6
5	西采场两帮	310	300	245	页岩、矿石和赤铁矿	35 和 45 间变化		4 和 6 之间变化
6	西采场西北帮	760	470	305	页岩（有断层相交，边帮下部有赤铁矿）	35	60	12
7	中采场西北帮	1220	270~430	90~240	赤铁矿、碧玉铁质岩和页岩（有断层相交，仅在边帮上部有页岩）	35	60	12
8	东采场北帮	1830	250	60~150	碧玉铁质岩、赤铁矿和页岩（有断层相交）	分期境界为35	60	12

该矿无论在走向上还是倾向上，期与期之间没有一个明显的界限，也没有由上一期向下一期过渡的具体安排，而是一个斜分条（或称为小分期）、一个斜分条地间断式下降，将矿体随斜分条循环推进而逐台阶地揭露出来。

　　B　矿山开采的总体布置

由图 1 - 18 中的有关采场剖面图就可看出，作业台阶布置的特点是底部采矿段与上盘剥岩段分开。底部采矿段垂直矿体走向布置工作面，如东采场的深部的 21～17 号台阶，工作线长度即矿体厚度，120m 左右，工作平台宽度达 200m，采矿工作帮坡角很缓，只 4°～5°。上部剥岩段由一组或两组剥岩组合台阶组成，一组组合台阶由 4～6 个台阶组成，作业开始前和完成后的帮坡角为 34°～41°。剥岩工作面亦是横向布置，工作线长度 120m 左右，工作平台宽度为 80～120m。

矿石工作面沿矿体走向推进，东采场 21～17 号、中采场 19～16 号台阶由东向西，西采场 15～14 号台阶则由西向东。剥岩段最上的台阶在前，其下的各台阶逐一尾随在后，大部由东向西推进。中采场的相邻尾随台阶之间的作业间距为 80～120m。

为了使采矿段和剥离段的发展协调，它们内部台阶之间在平面上沿走向已错开一定的距离，避免了相互干扰，保证了作业安全。剥离段由上而下扩开 120m 左右的斜分条，将矿体揭露出来，满足下部采矿段发展的需要。采矿段的推进又为剥离段作业提出了时间、

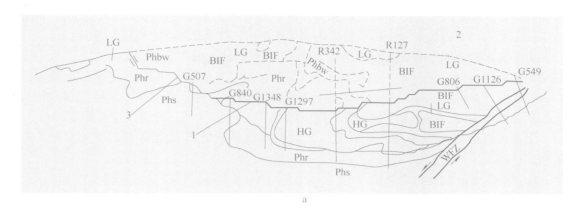

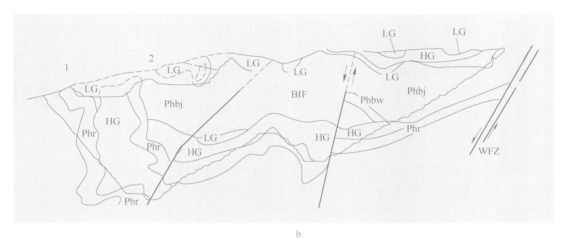

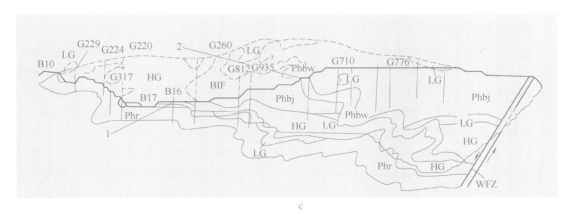

图 1 - 18　三个采场剖面图

a—东采场Ⅰ-Ⅰ（7320E）剖面图；b—中部采场Ⅱ-Ⅱ（6400E）剖面图；

c—西采场Ⅲ-Ⅲ（5120E）剖面图

1—现有开采水平；2—陡帮剥岩组合台阶；3—固定帮；

R127—矿床勘探孔；G806—边坡工程地质钻孔；Phs—锡利维亚页岩；Phr—姆克雷页岩；

Phbw—惠尔巴克页岩；Phbj—若夫尔页岩；BIF—上盘混合岩；WFZ—惠尔巴克断层破碎带；

LG—低品位矿石（Fe 54% ~61.99%）；HG—高品位矿石（Fe 62% ~68%）

空间和进度上的要求。一个斜分条扩完后，这一临时非工作帮坡角达 40°，再按采矿需要由上而下扩另一个斜分条。这样，使生产剥采比最小，并为矿石生产做好了准备。

由于惠尔巴克断层将矿体由上断开 300m，在上盘排土就不会压深部的矿石，故在采场境界外除西南部有矿处外，在东端帮、西端帮和上下盘外围共布置了 21 个排土场（图 1 – 18）。排土场的标高尽可能地与剥离台阶标高一致。这种分散的排土场可实现就近排土，从而缩短运距、减少上下坡行驶。排土段高 30～300m 不等，依地形条件而定。

下盘矿石破碎系统东西两侧设置，上盘和东端帮设有低品位矿石贮矿场，作为配矿用。

C 开拓运输系统的布置

全矿运输系统按机动灵活、经济合理的原则布置。总出入沟由位于下盘境界外中部的三个系列三段破碎系统粗破卸矿平台处引线，掘双壁沟进入采场。总出入沟沟底标高 595m，此沟挖掘量虽较大，但为 10 余亿吨矿石的运出改善了运输条件，缩短了汽车运距。由此节省的汽车运营费除补偿双壁沟工程支出外，还有一定的节余。

运矿系统从总出入沟引线，沿下盘矿岩接触带设移动线路，分别向东西展线到达每个采矿台阶。该线路上有数段 7.5%～7.9% 的坡道，坡道相当于段间联络线，同时每隔 15m 高差设一段长 40～50m 的平道连接进入采矿台阶作业处线路。这样的运输系统是汽车运行最短的线路，使矿石运输在采场内平均 1.5km、采场外 0.5km。低品位矿石和下盘围岩经该系统分流至贮矿场和排土场。

排岩运输系统与排土场分散布置相适应，沿采场走向每隔 0.7～1.0km 布置一条运岩出入沟，将上盘 14 个排土场与上盘各剥岩台阶连接起来。运岩线路也由纵坡 7.5%～7.9% 的坡道和与台阶标高一致的、长 40～50m 的平道组成，由平台进入各剥岩台阶。运岩线路设置在上盘最终开采境界之内的临时边帮上，没有境界外工程量，岩石运距大大缩短，平均为 1.8km。

D 生产计划

惠尔巴克山矿分期开采是边采矿、边进行生产准备的过程。因而缓帮采矿和陡帮剥岩在空间上应协调发展，实质上即是剥采比问题。处理采剥比例关系的原则和目标的衡量标准是陡剥岩帮与采矿段相互空间发展合理。而要准确预见二者空间的变化，只能通过编排采剥进度计划来实现。故该矿全部采用计算机，来定期编排长、中、短期采掘计划，设计、安排排岩与采矿的正常衔接，协调其空间上、时间上和数量上的比例。

（1）长期计划。设计安排 15 年的采矿和剥离，研究开采方案与设备更新等重大技术决策。为适应不断变化的技术经济新情况，往往 3～5 年就得重编或修改一次。该规划主要内容有：多方案设计规划陡帮采场发展最佳状态和剥采比的均衡。研究选择新的运输方式，如扩大间断连续运输工艺在矿山运输的范围。研究露天矿设备发展趋势，拟定适应分期开采的设备更新步骤，如预备用 27m³ 斗容电铲和载重 240t 汽车。

（2）中期计划。设计规划 5 年分期开采中采场发展与设备配置、质量控制等计划。通常是年年编排，编 5 年用 1 年的滚动式计划。内容有：为揭露出矿量而必须进行扩帮剥离的台阶，生产矿石所需的采矿台阶，修筑主要运输道路、规划排土场和低品位矿石堆置场，修建或重新布置有关供水、供电网路等。

（3）短期计划。为保证 3 个月内的供应矿石量和相应需剥出的岩量，要制订季度计划，安排钻机、电铲的位置和汽车的最短运输线路及编制季度的台阶品位。月采掘进度计划也采用滚动式，每月编排 3 个月计划，但只用 1 个月，这可避免计划失误而影响剥岩与采矿的正常衔接。为进行生产和控制质量，每周要按采掘顺序制定双周矿岩采掘进度生产计划。同时选出下两周开采和剥离的确切位置。这些计划由各专业主管工程师签审后，矿长签发执行。

E 矿山开采设备

穿孔设备为 BE60R Ⅱ 和 BE60R Ⅲ 型牙轮钻机，孔径为 310～380mm。孔网参数根据矿岩硬度不同而变化，由 7.1m×6.4m 到 11m×11m 不等。每周进行一次大爆破，每次爆破量 200 万吨，每吨矿岩炸药耗量为 0.35kg。全部炮孔均由装药车装药，炸药以铵油炸药为主，全天工作。

采掘设备用 7.6～22m³ 斗容的电铲，在扩帮剥离区段均用大型电铲。运输用载重 120t 级和 200t 级汽车进行，前者运矿，后者运岩，并正在向全部改用 200t 级车过渡。道路最大坡度为 7%。汽车运矿到破碎设施的一个往返平均时间为 12min。还有一套移动式破碎机和胶带运输机系统，以后将其移至采场上盘的中央部分承担矿石运输，同时还将在上盘剥岩系统建立胶带运输机系统。

1.3.5.2 美国皮马铜矿

美国皮马铜矿位于亚利桑那州塔克森城西南 35km，是很早以前就开采的深凹型露天铜矿。在早期小规模开采的基础上，于 1955 年末开始大露天剥离，1957 年初正式投产。矿石产量由初期的每日 3000t 增至以后的 5.4 万吨。该矿的特点是经过几次扩建逐年增大的，每次扩建就是一次分期过渡。

A 设计情况

皮马铜矿采用"逐步开采、逐步勘探、逐步发现新矿体，达到以矿养矿"的原则，初期小露天，为了提早采出富矿，用来混匀，降深要求就很快，作业台阶平台宽度曾采用到 15～20m，从而出现较陡的工作帮坡角。在二、三期扩帮中，在富矿体的上部围岩区曾考虑用 33.6°的工作帮坡角，由于作业非常紧凑，设置了 24m 宽的道路来调节，从而使工作帮坡角减缓到 27°。

工作帮陡，必将造成设备生产效率下降，作业成本增加；但为符合产品质量的要求，故设计上只能采用较陡的工作帮，在牺牲部分设备效率的条件下，采出混匀用的富矿。而且可以通过加强每天、每周的计划工作改善作业条件，一旦揭露出富矿，再逐步恢复分期设计工作帮。可以说只要加强管理制度，就能改善设备在分期开采中的生产效率，满足设计和生产的要求。

皮马矿分期开采完全适应市场经济矿山开采状况与矿石市场价格波动紧紧相关这一特点。如 1977 年，由于铜矿价格的下跌，正常生产基本停止，只维持 37% 的剥离工程。随后铜需要量一旦增加，就能立即恢复生产，不因为多剥离而资金花得不适当。

B 分期开采状况

a 矿山初期开采

1955 年 11 月露天矿初期开采基建剥离，1957 年 1 月露天矿正式投产。地表以下 60m 内为表土层，主要采用铲运机采剥和短途搬运，就近排弃。生产后的矿岩在采场内以 12%

的最大坡度由汽车运至箕斗道,经载重为 22t 的箕斗提升到地表运出。

矿体呈东西走向,向南倾斜 30°～50°,为早日采出富矿,沿矿体底板开拓,故位于下盘露天矿北帮自然就为固定帮。其余三面均为工作帮。初期开采的设计深度为 120m 左右。图 1－19 所示为初期开采断面图。

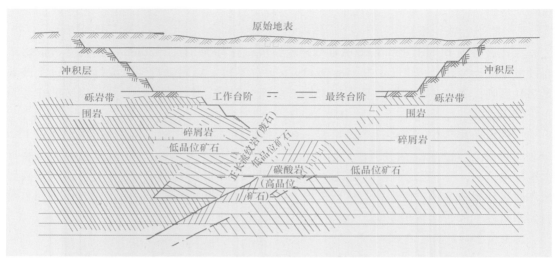

图 1－19　露天矿初期开采断面图

在表土层以高度 7.6m 的小台阶作业,工作帮坡角保持在 37°,台阶坡面角为 60°。到最终边帮(或分期边帮)两个台阶合并成一个 15.2m 的台阶,并预留保安平台宽 9m,清扫平台宽 15m,最终边帮坡度 40°。在岩层中台阶高度为 15.2m,台阶坡面角 63°,平台宽度 15.2～18.3m,工作帮坡角为 27°。到最终边帮时台阶坡面角达 70°,保安平台与清扫平台交叉布置,宽度分别为 3m 和 12m,最终边帮坡度达 45°。

矿岩运输在初期开采时采用汽车—箕斗—汽车联合运输方式。双箕斗道设于露天矿北帮、坡度为 38°,轨距为 3.2m,载重量为 22t。采场内用 22t 汽车经转载台把矿岩卸入箕斗,提至地表后再转载入 50t 半拖车运到破碎站、排土场或低品位矿石堆置场。

b　第一次分期扩建

第一次分期扩建是按局部发现有高品位铜矿降低剥离系数的条件下进行的。1963 年完成扩帮工程,这期设计的开采深度增到 230m。

该期工作帮有关要素与初期设计没有作变动,只是从初期日产 3000t 增至 6000t,从而把原用的 22t 汽车加高车帮增大到 27t,为减少装箕斗的冲击力和适应箕斗的容量,也相应增加箕斗计量容器及 46t 缓冲调节仓,并改进了转载设施。

c　第二次分期扩建

由于埋藏于露天矿东侧、深度为 210～300m 的倾角 10°左右的富矿体被发现,提高了赋存有大量低铜矿石的整个东部及东北部区域内的平均品位,从而增加了矿量,进行第二次分期扩建。使日产量提高到 1.5 万吨。露天矿开采范围和深度进一步扩大。

在初期设计的最终边帮角为 45°的情况下,生产过程中曾发生过局部塌落的现象,有时在 40°的条件下边坡稳定还有问题,最终边坡角这一期设计中改为 35°～37°。

在这一期，由于上部存有大量的低品位矿石，为此只得采用更陡的工作帮开采到揭露出富矿，以用来混均低品位矿石，使矿石符合品位质量的要求。工作帮坡角由初期设计的27°提高到33°40′。此种条件下作业将是非常紧凑的，因此用宽18m、坡度8%的运输道做一定程度的调节补偿。

在工作面的推进方向上，对于上部扩帮剥离台阶采用沿台阶工作线纵向推进的"端工作面"开采法，这是一种尾随式开采法。而矿石台阶则采用端工作面与正向工作面相结合的方式。这样在露天矿下部的采矿台阶，平台宽度可达60~76m，足够保持两年以上所需的开采矿量。

d 第三次分期扩建

在第二次扩建的基础上，为使矿石生产能力提到每日3万吨以上及改进运输系统。1966年完成第二次扩建后，立即进行第三次扩建。此时露天矿的设计深度达365m，设计的分期扩帮境界断面如图1-20所示。

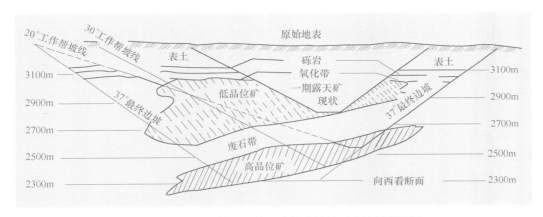

图1-20 露天矿第二、第三次扩建设计开采境界断面图

扩建后的露天矿运输系统将设置两处回头曲线：一处在露天矿的西南角，因为该处有可能成为固定边帮；另一处设在东北角采深180m处。同时把露天矿北帮的箕斗道全部撤除，完全换用电动轮汽车；在表土剥离中，铲运机由于过小而完全停止使用，改用电铲汽车作业方式剥离。

e 第四次分期扩建

随着第二富矿带的投产，低品位矿石开采品位趋向降低，生产矿量将增加和发挥潜在的碎矿能力。20世纪70年代初期露天矿进行了第四次分期扩建，使日产量提高到5.4万吨，露天矿的设计开采深度达415m。

在这次扩建中，增大了采掘和运输设备。矿岩运输道路坡度为7%~8%，矿石运距为4.1km、岩石为5.6km，坡道占全程长度的60%。设备的增大，为使用较陡的工作帮进一步创造条件。

C 矿山开采设备

皮马铜矿的五期开采中，为适应矿山采量的增加，设备逐期得到更新，并越来越大。有关各期的主要设备状况见表1-2。

表 1 - 2 各期的主要设备状况

项 目	初期开采	第一分期	第二分期	第三分期	第四分期
穿孔	40R 牙轮钻	40R、45R 牙轮钻	40R、45R、60R 牙轮钻	40R、45R、60R 牙轮钻	45R、60R 牙轮钻
装载	13.8m³ 铲运机 1.9m³ 柴油铲	13.8m³ 铲运机 1.9m³ 柴油铲 6m³ 电铲	6m³ 电铲	6m³、11.5m³ 电铲	6m³、7.6m³、11.5m³、13m³、15.3m³ 电铲
运输	22t 汽车 22t 箕斗 50t 半拖车	27t 汽车 22t 箕斗 50 ~ 60t 汽车	55 ~ 65t 汽车 85t 电动轮汽车	85 ~ 100t 电动轮汽车	100 ~ 200t 电动轮汽车

1.3.5.3 俄罗斯英古列茨铁矿

俄罗斯英古列茨铁矿在 20 世纪 80 年代前分三期进行设计和建设，80 年代后又进行了一次深部开拓和开采工程的设计和建设，是按长期规划、短期安排进行分期设计、分期建设和分期开采的。当第一期工程即将投产时，立即开始第二期工程的设计，以此类推。但需做到上一期的境界与下一期开采的自然衔接，前一期的运输系统一定要保证下一期采矿作业的发展，若需改变运输方式或增加新的运输系统，则必须有长远观点，以免引起露天矿深部强化开采的运输作业造成不便或困难。排土场的位置、排土方式和排土设施等的短期安排，也均符合长远规划。

该矿由于剥采比较小及开采规模较大，分期开采主要是扩大开采规模，改善采装运设备的经营指标。

A 露天矿第一期建设

第一期建设始于 1961 年，1966 年达到设计产量。年产规模 1800 万吨，剥采比平均为 0.164m³/t，建设期 2.5 年。山头部分只有 3 个台阶，台阶高度为 10m，所以矿山在这一期就转为深凹露天开采。0m 水平以上 3 个台阶，台阶高度为 12m，0m 以下台阶高度为 15m。该期的设计深度为 300m。

第一期穿孔主要使用 БС - 1 冲击式钻机和 СБШ - 250 牙轮钻，装载用 ЭКГ - 4 和 ЭКГ - 4.6 型电铲，运输设备主要是 БелА3 - 540 载重 27t 汽车。在这一期为提高工作帮坡角，使用高阶段爆破 0m 标高以上的岩石，即 20m 和 24m 高一段爆破，分两段采掘。1965 年还使用过 СБО 系列火钻，因磁铁石英岩和磁铁硅酸盐类石英岩常常有夹杂，火钻很难发挥效用，故从 1966 年起就开始应用牙轮钻机。

B 露天矿第二期建设

第二期建设始于 1967 年，1972 年达到设计产量，年产铁矿石 3000 万吨，建设期 5 年，平均剥采比 0.13m³/t、设计深度达 500m。图 1 - 21 表示了该期的开拓运输设计系统。

第二期的主要设备有 СБШ - 250 和 СБШ - 250МН 牙轮钻，ЭКГ - 4、ЭКГ - 4.6 和 ЭКГ - 8И 电铲，БелА3 - 540、БелА3 - 548 和 БелА3 - 549 汽车。在二期建设期间，设计和修建了露天矿南侧非工作帮东部 -60m 集运水平上的长 424m 平硐与倾角 16°、长 467m 的胶带机斜井。这样矿石就可在 -60m 水平破碎站 ККД1500/180 型破碎机破碎后，经平硐和斜井内胶带机运到地表胶带机，再送到选矿厂。

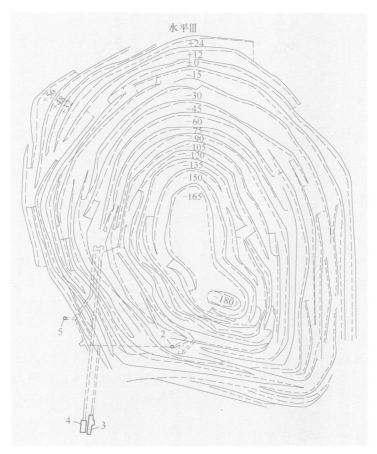

图 1-21 第二期开拓运输系统示意图

1，2—西部和东部线的转载站；3，4—东部斜井和西部斜井；5—通风井

在这一期间，冲击钻机完全被淘汰了，并逐渐使用了 СБШ-320 型牙轮钻。在-15m 水平以上的剥离岩石改用铁路运输运至排土场。

第一期的排土场利用露天矿附近的沟地。第二期就开辟了专用的排土场，分别堆置汽车和铁路运输的矿岩。

C 露天矿第三期建设

第三期建设于 1973 年开始，1975 年基本建完。年产矿石量 3640 万吨，设计深度达 700m，平均剥采比为 0.317m³/t。第二期建设的胶带机运输系统也在该期正式运转，投入生产。

该期使用的主要设备有 СБШ-250МН 和 СБШ-320 型钻机，ЭКГ-4.6 和 ЭКГ-8И 电铲，БелАз-548、БелАз-549、БелАз-7519 型汽车。在这期内 БелАз-548 型汽车将逐年减少而被淘汰。

在第三期开采期间，在露天矿的西帮上布置了第二条胶带机系统，并于 1983 年投产。为使修筑的胶带机系统能保证正常生产，除掘凿胶带机平硐外，还掘凿了通风井、通风巷道、施工巷道等。这些井巷工程将随着采场下降而延深，并规定每延深 60m，建设一个集运水平如图 1-22 所示。

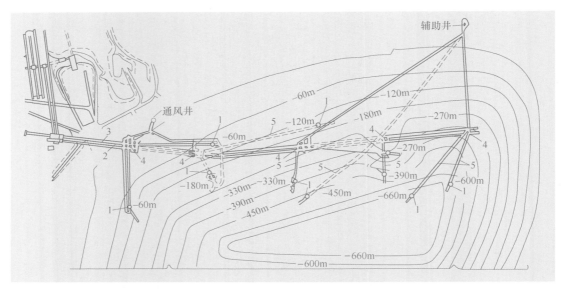

图 1 – 22   露天矿间断连续工艺系统示意图

1—全套装载破碎装置；2—东部斜井；3—西部斜井；4—转载站；5—运输机平硐

上部剥离用的铁路线在该期也将延深到 – 90m 水平。

从总的开拓方式看，该期以外部出入堑沟从西侧和南侧进入采场，使用汽车和胶带机联合运矿石，汽车或铁路单独运岩的运输方式。汽车的运距最大也只到 2.5km。为缩短开拓深部水平的运距和不影响生产，东西两条胶带机线斜井工程，则必须从它们的转载处分别交错延深到下一转载处。

D   露天矿深部开拓设计和建设

为保持矿山的设计产量，随着上部矿石量的减少，每年深部都应有 200 万吨的备采矿量投入生产。为此，20 世纪 80 年代初就进行了深部开拓设计，1982 年开始了深部建设，并于 1984 年起逐年投产。

前三期的剥采比较小，作业台阶的平台宽度为 50 ~ 52m，年水平推进速度 46 ~ 60m，降深 7.5m。1982 年深部开拓后，剥离量呈直线上升，1983 年剥离量为 1000 万立方米、1990 年为 1400 万立方米、1995 年将达 1600 万立方米。这样为完成 3600 万吨左右的设计矿量，势必加速剥离台阶的下降速度。

穿孔设备该期以 СБШ – 320 型牙轮钻机为主，另外为克服采场深部坚硬和韧性岩石，加大孔径以提高爆破效率，于 1987 年开始使用 СБШ – 250МНР 型火力牙轮联合钻机。

在装载设备上，已全部用 8m³ 以上斗容的电铲。装岩的 ЭКГ – 8И 电铲则配 10m³ 的铲斗，ЭКГ – 12.5 型电铲逐年增多，在转载场地使用很合适。

从这一期起，英古列茨矿 – 60m 水平以下的全部矿石均由两套胶带运输机运至地表。岩石由三套运输系统运到排土场；在 80 年代末，由汽车直接运到排土场的岩石量为 450 万立方米，由汽车铁路联合运输运到排土场的岩石量为 620 万立方米，由铁路直接运到排土场的为 210 万立方米。

1.3.5.4   南芬露天矿

南芬露天铁矿是本钢的主要铁矿石基地之一，开采优质鞍山式铁矿床，矿体呈似层状产出, 共三层, 总厚度平均 108m, 最大达 250m, 近南北走向, 向西倾斜, 平均倾角 45°, 矿体延长 3.4km, 赋存标高上自地表 +760m, 下至 -330m, 矿石平均含铁 31.43%。

A 露天矿一期建设

南芬铁矿第一期工程 1953 年开工, 1956 年投产, 设计开采 +470m 标高以上的山坡矿体, 1996 年矿石产量扩大到 530 万吨/a, 采剥总量为 1746 万吨/a。

B 露天矿二期建设

1974 年编制的二期开采设计, 生产规模扩大到矿石 1000 万吨/a, 矿岩 3700 万吨/a。露天开采境界走向延长达 2600m, 底标高 +190m。设计规定 1977 年达产, 由于种种原因, 直到 1989 年底止矿石产量仍徘徊于 700 万~830 万吨/a, 采剥总量则波动于 2600 万~2850 万吨/a。当开采最低水平降至 +406m 时, 因山体地形的影响在封闭圈以上, 上、下盘分别形成了高达 185m 和 240m 的二期最终边坡。采用沿矿体上盘岩石接触带掘沟的纵向工作线、横向推进、双工作帮的采剥方法, 岩石用汽车运输开拓, +340m 以上的矿体, 采用汽车—溜井—平硐铁路运输开拓。工作台阶高 12m, 工作平台一般宽 60m, 工作帮坡角变化于 7°~10°。采用分散排岩, 上盘剥离岩石排弃到上盘 Ⅱ、Ⅲ 号排岩场, 下盘剥离岩石排弃到 Ⅳ、Ⅴ 号排岩场。

C 露天矿三期工程

(1) 采场要素。采场的平面、纵剖面、部分横剖面的状况如图 1-23 所示。

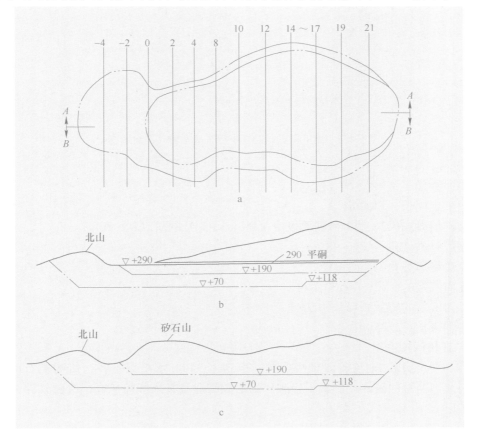

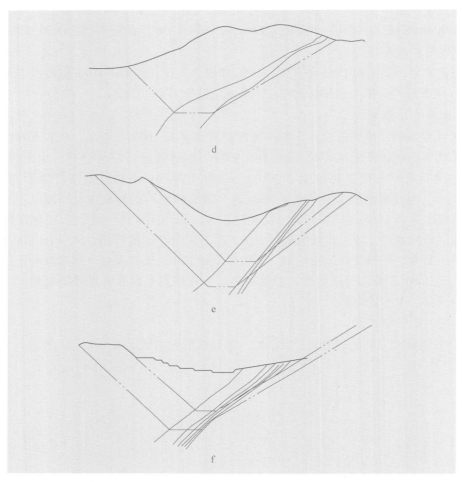

图 1 - 23　南芬露天矿三期工程采场平面、剖面示意图
a—采场平面图；b—A—A 剖面；c—B—B 剖面；d— -4 剖面；e—4 剖面；f—14 剖面

主要参数如下：

露天矿走向长：3300m；

露天矿境界底标高：17 号剖面以南 +118m，17 号剖面以北 +70m；

上盘最终边坡角：46°~48°；

下盘最终边坡角：33°~38°；

境界内圈定的矿量：46500 万吨；

境界内圈定的岩量：125260 万吨；

平均剥采比：2.75t/t。

（2）开拓运输方案。

1）除继续沿用二期工程设计决定外，确定了 346m 水平以下各台阶的矿石应用 154t
电动轮向北山西端的破碎站卸载，经破碎后由胶带通廊装入圆筒矿仓向准轨铁路列车转载
运往选矿厂。

2）在上盘 7 号剖面附近三期境界上 +382m 标高处设置第一级上盘岩石间断连续运输

的破碎转载站，半固定破碎机设在地下硐室中，破碎后的岩石经斜井胶带运输机提升到 +600m 标高的上盘排岩场，再由胶带排岩机排弃。

3）+322m 水平以上的下盘废石，由汽车运输直接排入各相应的废石场，+322m 水平以下的下盘废石，先由汽车运至界外 +322m 的半固定破碎转载站，经过破碎后转载给斜井胶带提升到下盘胶带排岩机排岩场。

4）从第一级上、下盘胶带运输破碎转载站到三期开采终了高程差分别为310m 和252m。此时，岩石汽车运距已超过公认的经济范围，设计预计了破碎转载站的延深。

（3）采剥工艺与开采参数。

1）继续沿用二期的开采程序。即纵向工作线横向推进和双工作帮开采。

2）上、下盘扩帮应用组合台阶和倾斜分条开采法，组合台阶开采参数为：

分台阶高度：12m，组合台阶全高72m，安全平台宽 $B_2 = 15$m，循环推进宽度 $B_1 = 65$m，组合台阶开采周期 $T = (2 \sim 3) \sim (3 \sim 5)$ 年，对应的工作平盘宽度 $B = 80 \sim 110$m，陡帮工作帮边坡角 $\varphi = 15°$，陡帮非工作帮坡角31°。延深步距24m，陡帮超前沟底 130 ~ 150m。

（4）扩帮工艺。

1）按自然地形，共有四个独立的扩帮区：铁山上盘区、铁山下盘区、矽石山区、北山区。铁山区与矽石山区同时扩帮，两者扩帮完成后进行北山扩帮。

2）铁山上盘扩帮宽度大，分2~3个条带用组合台阶采出，铁山下盘用倾斜分条一次采出到位，矽石山 430~382m 水平以下用两个倾斜分条采出，北山是独立山包，310m 水平以上，单台阶轮流开采一次靠帮到位，310m 以下各水平用两个组合台阶开采。

3）上、下盘扩帮工作与二期正常开采工作帮统一时，二期开采的矿山工程的最低标高为398m。

4）三期工程设计实施后，其生产剥采比分布情况如图 1-24 所示。

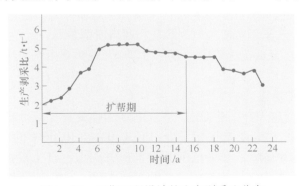

图 1-24 三期工程设计的生产剥采比分布

（5）三期工程的主要工艺设备和效率，见表 1-3。

表 1-3 三期工程主要工艺设备和效率

主要工艺设备	数 量	台 年 效 率
YZ-55 牙轮钻机	17	420（矿）~450（岩）万吨
SMS 装药机	3	230~240kg/min
TTT 装药机	2	240~450kg/min

主要工艺设备	数 量	台 年 效 率
P&H * 2300 × P16.8m^3 电铲	5	750 万吨
WK - 10B10m^3 电铲	7	400 万吨
MARK - 36 电动轮	41	315 万吨·km
108t 电动轮	15	
60'×86' 破碎机	2	1800 万吨
胶带运输机 (1600mm, v = 3.15m/s)	2	1800 万吨
胶带排岩机	2	1800 万吨

1.3.5.5 陕西金堆城钼矿

金堆城钼业集团有限公司露天矿是我国大型露天矿山,年生产钼矿石 900 万～1000 万吨。矿山自 1965 年建矿以来,一直在小北露天境界内生产,至 2007 年 4 月末共采出矿岩量 3.191 亿吨(其中矿石量 1.907 亿吨,岩石量 1.284 亿吨),小北露天采坑由 + 1362m 水平下降至 + 1032m 水平。

A 南露天扩帮过渡开采

公司于 2003 年委托鞍山冶金设计研究院在南扩开采规划研究的基础上,依据当时的经济情况进行初步设计。

设计将该矿扩帮分为北小扩—南中扩—南大扩三个阶段,按照统筹规划、分步实施的原则,先实施南中扩方案,并完成了该方案开采设计,其主要设计参数为:南扩距离 250m;采场最高标高 + 1406m;最低标高 + 840m;境界内表内矿 20728.3 万吨,表外矿 2118.6 万吨,岩石量 11790.2 万吨;矿山服务年限 26 年,稳产年限 22 年。

采场开拓运输采用公路开拓运输系统,采场外部运输分为铁路运输和汽车运输,采场约 650 万吨矿石由 42t 汽车运至堑沟口倒装场和西川河倒装场,经电铲倒装,由 150t 电机车牵 12 辆 60t 翻斗车运至百花选矿厂,另有约 250 万吨矿石由汽车从采场直接运至三十亩地选矿厂。

B 南露天开采 II 期南大扩工程

(1)采场要素。南露天开采 II 期南大扩工程是对南露天扩帮过渡开采设计方案进行了调整,II 期工程南大扩方案恢复了钼工业品位 0.03%～0.06% 的矿山工业指标,南扩 475m,表内矿量达 4.16 亿吨,开采范围为沿走向方向上,自 I 勘探线至 X、XII 勘探线,长约 2200m,垂直走向方向上,为矿体宽度约 500～700m。露天坑底标高保持与小北露天坑底 + 840m 水平一致。

(2)开拓运输方案。开拓运输方案,即采场 + 1008m 水平以上矿岩全部采用汽车运输。+ 1008m 水平以下矿石用汽车—破碎—胶带联合运输,岩石量很少仍用汽车运输。采场设两个运输出入口,分设在采坑南端东西两帮 + 1164m、+ 1152m 地平面处。西出入口沿南帮 - 东帮延深,东出入口沿东帮向北 - 北帮西端折返向东 - 东帮向南延深,与西出入口下延公路在东帮 + 1020m 水平相交会合,继续沿东帮延深折返下延至 + 840m 坑底。胶带移动式破碎站设在采场 + 1008m 水平,每下延两个台阶移设一次,至 + 900m 水平后不再下延,下部仍由汽车运输。开拓运输系统如图 1 - 25 所示。

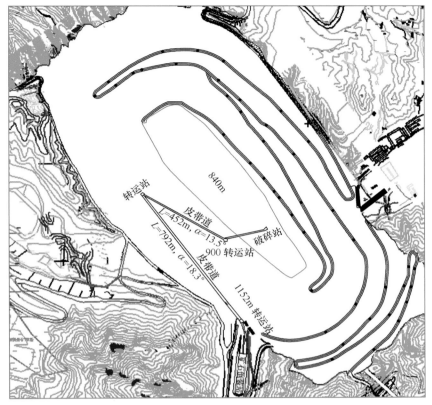

图 1 - 25 开拓运输系统图

（3）采剥工艺。Ⅱ期南大扩工程分别安排三个采剥区。即南扩山坡剥离为第一个采剥区，称为南扩上；改造后的东川河下面的位置，为第二个采剥区，称为南扩中；目前正在生产的小北露天为第三采剥区，称为南扩下。第一个采剥区，按自上而下逐水平分层的开采方法进行采剥，至 +1176m 水平。降到 +1164m 水平后和第 6 年开始生产的第二个采剥区同时进行生产，进入深凹露天开采后，设计采用陡帮组合台阶开采工艺，第二个采剥区，在百花公路处预留 40m 宽的接渣平台，以截住上部扩帮平台掉下来的滚石。然后，自上而下的逐水平分层开采，三个台阶为一组（图 1 - 26）。安全平台宽 10m，工作平台宽 60m；第三采剥区，在采矿场中间开沟，横向推进，沟底宽 20m，开采水平阶段高度 12m，

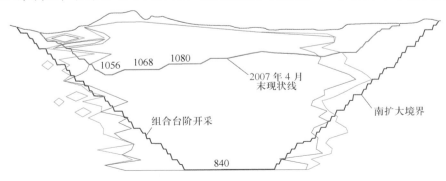

图 1 - 26 金堆城钼矿第Ⅸ勘探线横剖面图

工作阶段坡面角65°，采场同时工作3~4个水平，最小工作平台宽度40m，电铲工作线长度为300m，各个水平的矿岩由电铲装入42t自卸汽车运输。矿石的损失率和废石混入率均按5%考虑，围岩品位为0.030%，平均采出矿石品位为0.1045%，个别年份稍高或稍低。

1.4 陡帮开采

1.4.1 工艺原理

陡帮开采是加陡露天矿剥岩工作帮所采用的工艺方法、技术措施和采剥程序的总称。它是针对露天矿初期剥岩量比较大，生产剥采比大于平均剥采比这一技术经济特征，为了均衡整个生产期的剥采比，推迟部分剥岩量，节约基建投资而发展的一项有效的工艺措施。

陡帮开采与缓帮开采不同的是，在露天境界内把采矿与剥岩的空间关系在时间上做了相应的调整。在保持相同采矿量的前提下，用加陡剥岩工作帮坡角的工艺方法把接近露天境界圈附近的部分岩石推迟到后期采出，它与分期开采的目的相同，而比分期开采更加有效、灵活。陡帮开采把剥岩帮上的台阶分为工作台阶和暂不工作台阶，只要求工作台阶的工作平盘宽度不小于最小工作平盘宽度，而暂不工作的台阶则可按保证安全及运输通道的要求，尽量减小宽度。因此，陡帮开采是通过控制暂不工作台阶数并减小它们的宽度来减小整个剥岩工作帮上台阶所占平盘宽度，实现加陡剥岩工作帮坡角。

工艺特点：

（1）开采参数优化，即陡帮开采的工艺、参数与设备效率、作业成本之间的内在联系。

（2）工作帮坡角优化，即确定合理的工作帮坡角以及生产剥采比的合理分配，为矿山实施陡帮开采的中短期生产计划，提出理论依据。

（3）均衡生产剥采比，即为矿山实行陡帮开采时提供技术上可能、经济上有利的生产剥采比宏观控制的依据。

陡帮开采特点是工作场地紧凑和分散，下降速度快，汽车运输方式，大型高效采装运输设备。矿山一般是大设备用于陡帮剥离，小设备用于缓帮采矿，从而避免出现剥离落后于采矿的"压死"现象。

工艺顺序：陡帮开采工艺方式有组合台阶开采、倾斜分条开采、追尾式开采和高台阶开采。就其工艺实质而言，倾斜分条是组合台阶开采的特例，追尾式开采是横向推进方向的组合台阶开采。

1.4.2 陡工作帮的形成

陡帮开采的实质是工作帮不是每个台阶都布置电铲，而是其中只有1个或几个台阶作业，其余的均为临时非作业台阶。作业台阶和临时非作业台阶依次交替作业，形成陡工作帮。陡帮开采时，只有作业台阶保留最小工作平台，临时非工作台阶只留安全平台或并段不留平台。作业台阶依次交替是形成陡工作帮的主体，或者采用高台阶加陡工作帮的实施。

（1）采用大型设备，提高设备作业效率。采用大型设备的优点是设备效率高，台数少，这样就可增加开采台阶的高度、减少作业台阶数和简化运输系统布置，尽可能地缩减作业场地的平面宽度，以增大工作帮的坡角。

加强设备管理，做好设备维护计划和执行预检制度等，使设备保持在良好的作业状态。另外，设备调度现代化，按最短最需要这一原则来调度设备，以具有最佳的有效作业率，把设备量减到最少的程度。

（2）加大爆破进尺。当临时非工作台阶一旦恢复作业，通过加大爆破进尺的宽度，使采掘后的平台宽度大一些，便于电铲装载和调车作业。这样减少采掘前作为临时非作业台阶安全平台的宽度，从而加陡工作帮坡角。

增加穿孔深度，采用两台阶一起穿爆，分段尾随采掘工艺。这种方式用于两台阶并段的分期境界，有的临时非作业台阶可不设安全平台，工作帮坡角自然地可更大一些。智利丘基卡马塔铜矿就是双台阶一次钻孔，先采上台阶 13m，后采下台阶 13m，进行陡帮开采的。

（3）实行横向采掘，纵向爆破。按正常的开采方式，爆堆占作业台阶平台宽度很大，为了减小平台宽度，将爆堆方向转 90°，这时电铲处于爆堆的一边，成横向采掘姿态。

用这种方式，爆堆所占位置与电铲作业场地沿工作面布置，对工作台阶作业平台宽度互相之间没有影响，而且采掘时的作业空间和调车线路也只在一端进行。这样工作平台宽度可以尽可能小，工作帮坡角可尽量大些。但该法增加爆破次数，对采装运的设备效率均有一定影响。

1.4.3 陡工作帮的作业方式

陡工作帮作业受到一定的约束，为使采剥作业顺利进行，采用如下几种工艺：倾斜分条开采、组合台阶开采、电铲尾随开采。

1.4.3.1 倾斜分条开采

倾斜分条开采实质是露天矿整个剥岩工作帮由一台或几台电铲在一个工作台阶上从上而下依次开采，直到最下的采矿台阶而止，然后再转到最上的台阶进行第二次从上到下的作业。这种开采条带较窄，帮角较陡，形似削切，故称削帮开采（图 1 - 27）。

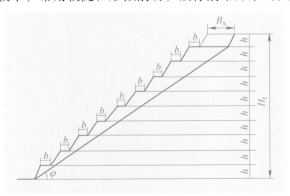

图 1 - 27　倾斜分条开采剖面图

电铲的总生产能力 Q 须满足下述条件：

$$Q \geqslant B_s H_t L \tag{1-21}$$

式中　B_s——陡帮开采带工作台阶宽度，m；

　　　H_t——陡帮开采带总高度，m；

　　　L——陡帮开采区的长度，m。

地下运输的倾斜分条开采法（图 1-28）。这种方法汽车只在作业平台上运行，为此每一削帮区均设一套溜井或明溜槽，矿岩通过它们进入露天底的溜井和运输巷道运出。

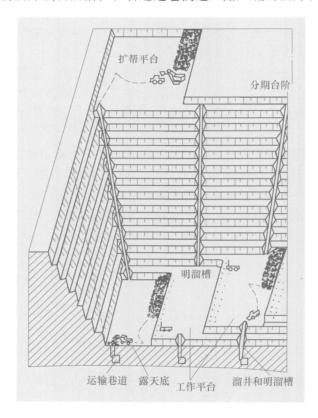

图 1-28　地下运输的倾斜分条开采法

1.4.3.2　组合台阶开采

组合台阶开采实质是一台电铲负责开采两个以上台阶，这几个台阶构成一组，电铲从上而下进行开采，到采完该组最下的一个台阶后返回到第一个台阶作业（图 1-29）。整个工作帮视高差大小，由两组以上这样的作业台阶所组成。

非作业台阶所留的安全平台宽度可较小或并段而不留平台。为了防止爆堆岩石滚落到下部，影响下部台阶的安全与作业，采取扩大孔距斜向爆破起爆技术，必要时采用留渣挤压爆破，以防爆石飞溅。

组合台阶结构参数（图 1-29）包括：台阶坡面角 α、台阶高度 h、临时非工作台阶宽度 b_2、一次推进宽度 b_1、一组台阶个数 N、工作帮坡角 φ。

当台阶高度和台阶坡面角选定后，工作帮坡角 φ 将随作业平台和安全平台而变化

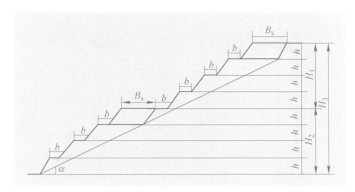

图 1 – 29　组合台阶开采

（图 1 – 30），可用下式表示：

$$\varphi = \arctan \frac{\sum\limits_{i-1}^{n} h_i \cot \beta_i + \sum\limits_{i-1}^{n-m} b_i + \sum\limits_{i-1}^{m} B_j}{\sum\limits_{i-1}^{m} H_j} \qquad (1-22)$$

式中　n——工作帮上的全部台阶数；

m——工作帮上的组合台阶组数；

h_i——各台阶的高度，m；

β_i——各台阶的坡面角；

b_i——非工作台阶的安全平台宽度，m；

B_j——工作台阶的作业平台宽度，m；

H_j——每组组合台阶的高度，m。

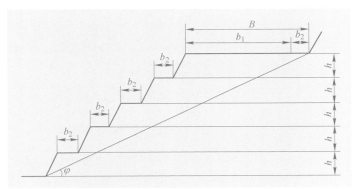

图 1 – 30　组合台阶结构示意图

　　组合台阶内的台阶数目越多，工作帮坡角就越陡。随着采掘设备的增大和生产管理的高度现代化，组合台阶中的台阶数将逐年增多，直到发展成削帮开采。

　　各参数的确定，主要取决于矿体赋存条件、规模、装备水平、新水平开沟位置、采剥推进方向、采剥延深方向等因素。

　　（1）台阶坡面角（α）和台阶高度（h）。台阶坡面角 α 的变化对工作帮坡角值影响不大，其值提高 10°，工作帮坡角仅提高 2° 左右；台阶高度是影响工作帮坡角较为敏感的参数，其值每提高 1m，工作帮坡角可提高 1°左右，台阶高度在 12~20m 之间影响工作帮坡角变化幅度较大，因此用提高台阶高度来加大工作帮坡角是一种很有效的措施（如高台阶开采工艺）。

（2）临时非工作平台宽度（b_2）。临时非工作平台宽度 b_2 与工作帮坡角 φ 存在着递减函数关系，从提高工作帮坡角的意义上讲，b_2 值越小越有利。该值的确定应依据其平台是否做运输通道和爆破旁冲距离的大小来决定。

（3）一组台阶数（N）和一次循环推进宽度（b_1）。一组内的台阶个数 N 和一次循环推进宽度 b_1 与矿体产状，新水平准备位置和推进方向以及一组内所需的电铲生产能力等因素有关。

此外，组合台阶不同的结构参数对设备效率影响不大，钻机、电铲、汽车的最大变化率分别小于 2.2%、3.6% 和 1.1%；不同的结构参数对穿孔、爆破、采装、运输、剥岩成本的影响也较小，一组内台阶数由 2 个变化到 8 个、临时非工作平台宽度由 5m 变化到 19m、一次循环推进宽度由 35m 变化到 80m，其剥岩作业成本的最大变化率约 4%。

一组台阶内自上而下逐台阶进行采掘。组合台阶的穿爆、采装、运输工艺配合的核心问题是开采过程中岩石运输系统、辅助设备的通路始终保持畅通。解决这一问题的方式不同，其开采工艺的方法也不尽相同。如果临时非工作平台作为辅助运输通路使用，其工艺方法较为简单，穿爆与采装工艺配合基本上同缓帮开采相同。如果临时工作平台不作为辅助运输道路，有分条穿爆分条采装工艺、分区穿爆分区采装工艺两种。

分条穿爆分条采装工艺是将工作台阶一次循环推进宽度，分两个纵向穿爆采装作业带，钻机在台阶的上部平盘作业，电铲在台阶的下部平盘采装，作业过程如图 1-31 所示。钻机在台阶坑线处以前进方式穿爆第一作业带至端部后再以后退式穿爆第二作业带。电铲在连接平台处，挖掘初始工作面，并在第一作业带采装。当电铲在第二作业带采掘到新坑线位置时，挖掘新坑线，待新坑线形成后，原坑线废除。此种方法适用于较大的工作平台宽度。

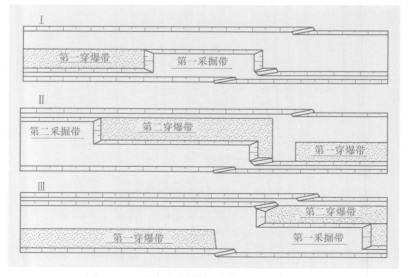

图 1-31　分条穿爆分条采装工艺配合示意图

分区穿爆分区采装工艺是以台阶坑线为界，将一次循环推进宽度在纵向划分成穿爆、采掘两个作业区，作业过程如图 1 – 32 所示，为了保证钻机在穿爆作业区与坑线系统有联络通道，穿爆作业自端部向坑线处按一次循环推进宽度进行穿爆。结束后转移到另一个区作业。为尽快沟通上下水平的运输通道，电铲首先在新坑线位置进行初始工作面准备，然后进行正常采掘作业，从一个区转移到另一个区。

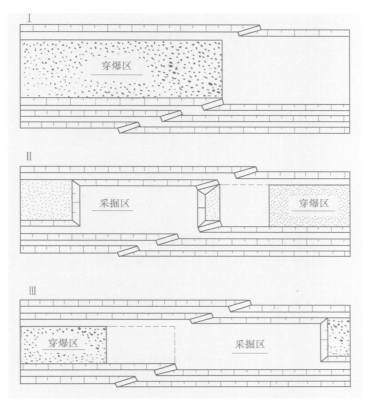

图 1 – 32 分区穿爆分区采装工艺配合示意图

1.4.3.3 电铲尾随开采

电铲工作面依次超前，并在超前段保留工作平台，两台电铲或多台电铲依次尾随同时作业，如图 1 – 33 所示。这样只要开采工作面的长度足够露天矿生产的要求，在同时向前尾随构成的一组电铲中，可以在每个台阶都布置一台电铲。这种开采方式从整个作业场地来看，露天矿此时每个台阶均作业，但从某一个区域或一个断面来看，仍然是组合台阶开采或倾斜分条开采。

这种开采方式适用在大而长的露天矿。露天矿的走向长度越大，工作面越长，根据尾随电铲之间的合理距离为 300m 的要求，一组内同时工作的电铲数越多，而尾随电铲的组数就越少，工作帮坡角就越陡，陡帮开采的效益就越好。

电铲生产能力 $Q(\mathrm{m^3/a})$ 须满足下式条件：

$$Q \geqslant LvH \tag{1-23}$$

式中　L——露天矿的走向长，m；

　　　v——工作面的水平推进速度，m/a；

　　　H——台阶高度，m。

这种陡帮开采工艺的生产工作面长，使用较易，但生产管理水平要高，严格地组织有节奏的尾随开采进度。

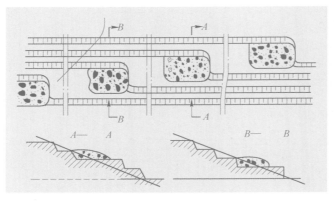

图 1 - 33　电铲尾随开采

1.4.4　应用陡帮开采的有关问题

陡帮开采过程中将出现一些难处，在实践中予以考虑和重视。

（1）陡帮开采与下降速度的关系。陡帮开采是通过调整工作帮坡角以达到均衡生产剥采比和具有必要的备采矿量。能做到这点，就需要一定的采矿强度。由于平面上陡帮开采受到一定局限，势必就与深度相关。那么矿山年下降速度 v 就成为矿山生产的决定因素，可通过下述关系式表示：

$$v = \frac{hU}{b + U + h(\cot\alpha + \cot\varphi)} \qquad (1 - 24)$$

式中　h——台阶高度，m；

　　　U——年陡帮工作面推进进尺，m；

　　　b——工作台阶必备的安全宽度，m；

　　　α——工作帮坡角；

　　　φ——沿分期境界垂直面的降深方向角。

为达到规定的下降速度，除提高工作帮推进速度外，主要是高台阶的高度和增大工作帮坡角。

（2）临时非作业台阶恢复到工作台阶的措施。通常临时非作业台阶所留的安全平台宽度要比工作平台宽度小得多，要恢复到采矿所要求的作业宽度，必须有一个非正常工作的过渡程序。在这过程中，势必平台窄小、爆破、采装和运输都比较困难，对设备的效率也将会有一定的影响。

平台越窄，工作帮越陡，恢复作业就越困难。这里就产生一个定量的问题，即安全平台和作业平台的最佳宽度是多少，恢复的最佳作业方式如何，需要对非作业台阶恢复到作业台阶过程进行仔细的分析研究，结合具体条件选择合理的穿爆孔网参数和爆破方法、采装的调车方式及运输线路的布置，以及对在陡帮开采产生的效益与恢复中设备效率下降造成的损失之间，进行综合的权衡，从中找出最合理的宽度和陡度。总之不应只强调陡，而限制了其他条件的优越性，这样会为恢复工作台阶的作业带来困难，以影响生产的连续性。

（3）设备调动频繁。陡帮开采设备逐台阶工作，当一个台阶推进到设计的扩帮宽度后，就调动到下一个台阶作业。所以设备的调动是频繁的，其调动频率与台阶的每次推进宽度成反比。尤其是大型设备，在台阶间上下调动不仅增加了行走时间，有时还要作专用斜坡道供其上下，调到新台阶后，还必须在较困难条件下进行台阶恢复作业。所以，对设备的效率影响是相当大的。

陡帮开采每次推进宽度越小，帮坡角就越陡，但设备的调动就越频繁，效率也越低。究竟陡帮开采的最佳进度是多少，需要对设备调动占用的时间进行统计分析，在利弊上进行综合的权衡，从中找出最佳的数据。那种为了使工作帮更陡一些，致使采掘设备往返奔波于台阶之间，可能会不合理。

陡帮开采在使用组合台阶方式时，上部组合台阶的故障，将直接导致下面一组或几组组合台阶不能正常生产。为了减少这种组际的干扰，在组合台阶的组际之间可预留一段保安采掘带，可以缓和这一矛盾，但将影响工作帮的陡度。因此，预留不预留保安采掘带和如何合理设置保安采掘带，要按各自的优缺点作统一的权衡。

2 露天转地下开采平稳过渡衔接

2.1 露天转地下开采分界线

合理确定矿床露天开采和地下开采的分界，对确定露天转地下平稳过渡的合理时机尤为关键。露天开采境界底确定后才能编制露天开采进度计划，从而确定露天开采结束的时间。而地下矿的建设时间既不能过早也不能太迟，过早，露天工程不能充分利用，增加井巷工程的建设和维修费；太迟，矿山需停产或减产过渡。一般是在露天开采进入产能递减阶段前，就要开始地下基建。露天开采减采，地下投产。露天开采结束，地下达产。

2.1.1 露天转地下开采分界线确定方法

露天转地下开采的分界实质就是综合利用露天采矿和地下采矿技术经济指标来确定露天矿的合理开采深度。

2.1.1.1 露天境界圈定原则

露天境界圈定原则主要有以下几种：

（1）境界剥采比不大于经济合理剥采比（$n_j \leqslant n_{jh}$）。在开采境界内边界层矿石的露天开采费用不超过地下开采费用，使全矿床开采的总费用最低或总盈利最大。

$n_j \leqslant n_{jh}$ 原则缺陷：

1）它只是概略地研究整个矿床的开采效果，并未细致分析露天开采各过程的经济状态。因此，按这一原则圈定出来的露天开采境界，只能使矿床开采的总经济效果最佳，而不能保证开采过程中任何时候的经济性都最好。

2）对于某些不连续的矿床或上薄下厚的矿床按该原则确定境界时，其境界剥采比可能符合要求，但初期剥岩量及平均剥采比都将会超过允许值。在经济上明显不合理，对这类矿床，不能单独用 $n_j \leqslant n_{jh}$ 原则确定开采境界，需要按其他原则进行修正。

（2）平均剥采比不大于经济合理剥采比（$n_p \leqslant n_{jh}$）。用露天开采境界内全部储量的总费用不超过地下开采该部分储量的总费用，$n_p \leqslant n_{jh}$ 原则是一种算术平均的概念。它既未涉及整个矿床开采的总经济效果，更没有考虑露天开采过程中剥采比的变化。因此，它是一种比较粗略、笼统的原则。用此原则圈定的露天开采境界，较用 $n_j \leqslant n_{jh}$ 原则所圈定的要大，由于露天开采境界过大，使矿床开采的总费用不能达到最小，并可能引起基建剥离量大、投资多、基建时间长；还可能使露天开采过程中某一时期的生产剥采比超过允许值，使企业长期处于亏损状态。对于某些贵重的有色、稀有金属矿床或中小型矿山，为了尽量采用露天开采以减少矿石的损失贫化，可以采用这一原则来确定境界，借此扩大露天开采矿量。

此外，该原则使露天开采的平均经济效果不低于地下开采，这也是露天开采的基本要求。故，$n_p \leqslant n_{jh}$ 原则常作为 $n_j \leqslant n_{jh}$ 原则的补充。即对于某些覆岩很厚或不连续的矿体，当用 $n_j \leqslant n_{jh}$ 原则确定出境界后，还要核算境界内的平均剥采比，看它是否满足 $n_p \leqslant n_{jh}$ 原则。

（3）生产剥采比不大于经济合理剥采比（$n_s \leqslant n_{jh}$）。露天矿任一生产时期按正常作业的工作帮坡角进行生产时，其生产成本不超过地下开采成本或允许成本。它反映了露天开采的生产剥采比的变化规律，用此原则圈定的露天开采境界，较 $n_j \leqslant n_{jh}$ 原则圈定的要大，较 $n_p \leqslant n_{jh}$ 原则圈定的要小，能较好地反映露天开采的生产剥采比的变化规律，保证各个开采时期的上次剥采比不超过允许值。

$n_s \leqslant n_{jh}$ 原则缺陷：

1）没有考虑整个矿床开采的总经济效果，它只顾及矿床上部的露天开采而不管剩余部分的开采。

2）对同一矿床，由于开拓方式和开采程序不同，最大生产剥采比出现的时间、地点、数值及其变化规律亦不相同，这对开采深度影响很大，也给开采境界的确定带来一定的困难。

在确定露天开采和地下开采的分界线中，普遍是采用 $n_j \leqslant n_{jh}$ 的原则确定境界，这样得出的境界通常也能满足 $n_p \leqslant n_{jh}$ 原则，但是对于某些矿体不规则、沿走向厚度变化较大，上部覆盖层较厚等，则需要用 $n_p \leqslant n_{jh}$ 原则进行校核，必要时需进行综合技术经济比较，以确定采用露天开采还是地下开采。对贵重的有色或稀有金属矿床，为了减少资源损失有时可考虑采用 $n_s \leqslant n_{jh}$ 原则确定开采境界；而采用 $n_j \leqslant n_{jh}$ 原则确定境界后，境界外余下的矿量不多，用地下开采这部分矿石经济效果较差时，应考虑扩大开采境界，将余下的矿量全部采用露天开采。

2.1.1.2 经济合理剥采比计算的评价和适用条件

A 经济合理剥采比计算的评价

（1）原矿成本比较法：需要的基础数据较少，计算简单，应用方便，但没有考虑露天和地下开采在矿石损失和贫化的差别，采出矿石的数量和质量不同对企业经济效益的影响，也没有涉及矿石的价值，只有在两种开采方法的矿石损失率和贫化率相差不大，且地下开采成本低于产品售价时才采用。

（2）精矿成本比较法：考虑了两种开采方式因废石混入率不同，采出矿石质量的差别对企业经济收益的影响，但未考虑两种开采方式因矿石回采率不同，影响到矿产资源利用的差别。因而只有在两种开采方式的废石混入率相差较大，损失率接近，且精矿成本低于市场售价时采用。

（3）盈利比较法：综合考虑了露天和地下两种开采方式对矿产资源的利用程度、产品的数量和质量等因素的差别。但使用该方法时需要基础数据较多，计算繁琐，且受产品价格影响。盈利比较法较全面地考虑了露天开采和地下开采之间技术经济因素的差别，对露采和地采均有盈利的富矿床，两种开采方法的回收率和废石混入率相差较大时，该方法比较适用。

（4）价格法：特点是计算所得的经济剥采比与矿产品的销售价格紧密连在一起。比较适合某些价值较低的矿床，如石灰石矿、白云石矿、金属贫矿床等以及某些由于技术条件不宜用地下开采而只能用露天开采的矿床，如砂矿、含硫较高易自燃的矿床等。

B 经济合理剥采比成本指标的选取

计算经济合理剥采比采用的成本指标，一般以邻近地区类似矿山的成本指标为基础。但影响成本变化的因素是多方面的，主要有：

(1) 矿岩性质，水文地质条件；

(2) 开采深度和矿岩运输距离；

(3) 矿山规模，采用的开采工艺和设备类型；

(4) 原材料消耗指标，设备效率，生产管理水平；

(5) 费用的时间因素等。

上述因素在选取成本指标时，应根据矿床具体条件综合考虑，对一个露天矿，在其采剥成本中，一部分费用不随开采深度而变化，如穿孔、爆破、装载、排土费等，可参照类似矿山的成本指标选取；另一部分费用则随开采深度而变化，如运输费和排水费。

C 露天转地下经济合理剥采比调整

露天转地下开采矿山在相当长的过渡期内，存在着两种开采工艺系统互相利用与结合，露天和地下技术经济指标不能用单一开采方法计算，这是因为露天的极限开采深度是按露天和地下每吨矿石的生产成本相等的原则确定的，随着采矿工作在时间和空间上的结合程度不同，该深度也不相同。很显然，当矿床三阶段开采时，相应地降低露天采矿费用，减少地下开采的投资费用等，露天开采的极限深度可以相应延深。

对于露天转地下开采矿床，在确定露天开采境界时，应根据矿床特点对传统经济合理剥采比 n_{jh} 计算公式做换算处理。

$$n_{jh} = \frac{a[1 + (\rho_1 - \rho_2)]\sum \zeta_2 - b[1 - (\zeta_1 - \zeta_2)]\sum \zeta_1}{c\sum \zeta} \tag{2-1}$$

式中 a，b——分别为露天（未包括剥离）和地下每吨矿石的开采成本，元/t；

c——每吨剥离废石的费用，元/t；

ρ_1，ρ_2——分别为露天和地下开采的矿石贫化率，%；

ζ_1，ζ_2——分别为露天和地下开采的矿石回采率，%；

$\sum \zeta_1$，$\sum \zeta_2$，$\sum \zeta$——分别为露天和地下联合开采工艺的露天和地下采出每吨矿石以及对每吨剥离的总作用系数。

当 $\zeta_1 > 1$ 和 $\zeta_2 > 1$ 时，n_j 增大，通过与境界剥采比比较计算，露采的极限深度可以提高 15% ~25% 。

2.1.1.3 矿床开采方式判别

在确定露天转地下分界线之前应首先判别矿床的开采方式，确定该矿床是完全采用露天开采、还是完全采用地下开采，或者是上部采用露天开采、下部采用地下开采。为了更好的判断，首先引进两个基本参数：矿体上部计算埋深 $H_{上埋}$ 和矿体下部计算埋深 $H_{下埋}$ （图 2 - 1），其中山坡露天矿和深凹露天矿的 $H_{上埋}$ 不同。

A 深凹露天矿的 $H_{上埋}$ 确定

如图 2 - 1 所示，当露天矿沿上盘境线开拓时，基建剥离量为 $\triangle AID$，当露天矿沿下盘境线开拓时，基建剥离量为 $\triangle BFE$；无论是随上盘还是下盘境线开拓，剥离量随开采境界的不同而变化，但露天开采使用移动坑线开拓时，基建剥离量最小，且不随境界而变，图

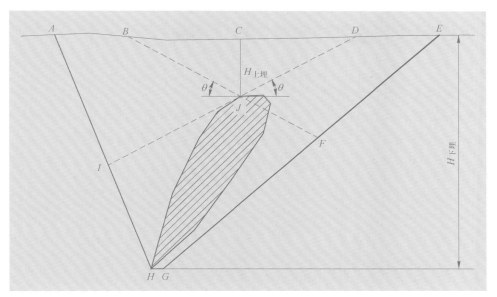

图 2-1 深凹露天矿矿体埋藏情况

中 $\triangle BJD$ 即为这种情况，它与矿体上部埋深有关。为了控制露天基建剥离工程量，将其与地下开采基建工程量进行比较。如果两种开采方式的基建工程费用相等，则应采用露天开采，因为无论从安全、施工条件、建设速度各方面比较，露天开采比井下开采更具有优势。当矿体上部埋深较深时，移动坑线开拓的最小基建剥离费用大于地下开采基建费用时（此时其他任何露天开拓方式的剥离费用更大于地下开采基建费用），则采用露天开采不合适。

因此，判断矿床的开采方式，需确定移动坑线开拓的最小基建剥离量 $\triangle BJD$ 及相应的矿体上部埋深 $H_{上埋}$。

假设露天最小基建剥离费用不大于地下开采基建工程费用。

令：矿山规模为 $Q(\text{t/a})$；

露天开采单位基建剥离费用 C_1，根据实际资料选取（元$/\text{m}^3$）；

地下开采吨矿投资指标 C_d，根据实际资料选取（元$/\text{m}^3$、元/t）；

矿体走向长度 $L(\text{m})$；

露天工作帮坡角 $\theta(°)$；

露天工作条件优越系数 K（由于露天工作条件比井下好，因此露天基建剥离量可以比地下开采基建工程量稍大，$K>1$，一般取 $1.2\sim1.3$）。

露天开采最小基建工程费用在 $\triangle BJD$ 范围内，沿矿体走向 L 方向的三角岩柱的剥离费用：

面积 $\qquad\qquad S_{\triangle BJD} = H_{上埋}^2 \cot\theta$

基建剥离工作量 $\qquad V_1 = S_{\triangle BJD}L = LH_{上埋}^2 \cot\theta$

基建剥离费用 $\qquad T_1 = V_1 C_1 = C_1 L H_{上埋}^2 \cot\theta \qquad\qquad (2-2)$

地下开采基建工程费用 $\qquad T_d = QC_d \qquad\qquad\qquad\qquad (2-3)$

露天最小基建剥离费用＝地下开采基建工程费用，考虑露天工作条件优越系数 K，则

$$T_1 = KT_d$$

即：
$$V_1 C_1 = C_1 L H_{上埋}^2 \cot\theta = KQC_d$$

深凹露天开采矿体上部埋藏的最大深度为

$$H_{上埋} = \sqrt{\frac{KQC_d}{C_1 L \cot\theta}} \qquad (2-4)$$

B　山坡露天矿 $H_{上埋}$ 的确定

如图 2-2 所示，山坡露天的最小基建剥离量为 ◇ABCD 范围内，沿矿体走向 L 的四棱柱岩体体积：山坡地下坡度为 β，工作帮坡角 θ，矿体上部埋深 $H_{上埋}$ 推导如下。

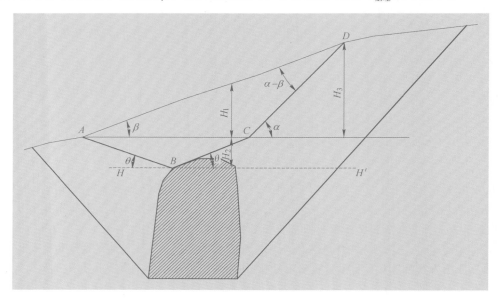

图 2-2　山坡露天矿矿体埋藏情况

$$H_{上埋} = H_1 + H_2 = \frac{AC}{2}\tan\beta + \frac{AC}{2}\tan\theta \qquad (2-5)$$

$$S_{ABCD} = S_{ACD} + S_{ABC} = \frac{AC}{2}H_3 + \frac{AC}{2}H_2 \qquad (2-6)$$

△ADC 中

$$\frac{AC}{\sin(\alpha-\beta)} = \frac{DC}{\sin\beta} = \frac{\dfrac{H_3}{\sin\alpha}}{\sin\beta} = \frac{H_3}{\sin\alpha \cdot \sin\beta}$$

则
$$H_3 = \frac{AC \cdot \sin\alpha \cdot \sin\beta}{\sin(\alpha-\beta)} \qquad (2-7)$$

△ABC 中

$$H_2 = \frac{AC}{2}\tan\theta \qquad (2-8)$$

将式（2-7）、式（2-8）代入式（2-6）中得出：

$$S_{ABCD} = \frac{AC}{2} \cdot \frac{AC \cdot \sin\alpha \cdot \sin\beta}{\sin(\alpha-\beta)} + \frac{AC}{2} \cdot \frac{AC}{2}\tan\theta \qquad (2-9)$$

露天开采单位基建剥离费用 C_1（元/m³），根据实际资料选取。

矿体走向长度 $L(\mathrm{m})$。

山坡露天基建剥离工作量

$$V_1 = S_{ABCD}L = \left[\frac{AC}{2} \cdot \frac{AC \cdot \sin\alpha \cdot \sin\beta}{\sin(\alpha - \beta)} + \frac{AC}{2} \cdot \frac{AC}{2}\tan\theta\right] \cdot L \qquad (2-10)$$

山坡露天基建剥离费用

$$T_1 = C_1 V_1 = \left[\frac{AC}{2} \cdot \frac{AC \cdot \sin\alpha \cdot \sin\beta}{\sin(\alpha - \beta)} + \frac{AC}{2} \cdot \frac{AC}{2}\tan\theta\right] \cdot L \cdot C_1 \qquad (2-11)$$

地下开采吨矿投资指标 C_{d}（元/m³、元/t），根据实际资料选取。

地下开采基建工程费用 $\qquad T_{\mathrm{d}} = QC_{\mathrm{d}}$

采用山坡露天矿开采的矿床上部最大埋藏深度应满足露天最小基建剥离费用＝地下开采基建工程费用，同样考虑露天工作条件优越系数 $K(K = 1.2 \sim 1.3)$，则

$$T_1 = KT_{\mathrm{d}}$$

即：

$$\left[\frac{AC}{2} \cdot \frac{AC \cdot \sin\alpha \cdot \sin\beta}{\sin(\alpha - \beta)} + \frac{AC}{2} \cdot \frac{AC}{2}\tan\theta\right]LC_1 = KQC_{\mathrm{d}}$$

则 $AC = \sqrt{\dfrac{KQC_{\mathrm{d}}}{C_1 L} \cdot \dfrac{4\sin(\alpha - \beta)}{2\sin\alpha \cdot \sin\beta + \sin(\alpha - \beta) \cdot \tan\theta}}$，将 AC 代入式（2-5）得出上坡山坡露天矿开采的矿床上部最大埋藏深度

$$H_{\text{上埋}} = \frac{1}{2}(\tan\beta + \tan\theta)\sqrt{\frac{KQC_{\mathrm{d}}}{C_1 L} \cdot \frac{4\sin(\alpha - \beta)}{2\sin\alpha \cdot \sin\beta + \sin(\alpha - \beta) \cdot \tan\theta}} \qquad (2-12)$$

C 露天开采矿床下部计算埋深 $H_{\text{下埋}}$

由露天境界剥采比公式（1-10）中可以得出（图1-3）：

$$H_1(\cot\theta_1 + \cot\theta_1') + H_2(\cot\theta_2 + \cot\theta_2') = N_j m \qquad (2-13)$$

当以露天开采极限境界剥采比作为境界控制时，即可得出矿床露天开采的下部计算埋深 $H_{\text{下埋}}$（当 $H_1 \neq H_2$ 时，可根据比例求出平均值）。

D 矿床开采方式判别

假设矿床在各剖面的上部平均埋深为 h，矿床埋藏深度为 H，根据前述的 $H_{\text{上埋}}$、$H_{\text{下埋}}$ 判断矿床的开采方式。

如图2-3a所示，当矿床上部平均埋深为 $h > H_{\text{上埋}}$，及矿床埋藏深度 $H > H_{\text{下埋}}$，该矿床采用地下开采。如图2-3b所示，当矿床上部平均埋深为 $h < H_{\text{上埋}}$，及矿床埋藏深度 $H < H_{\text{下埋}}$，该矿床采用露天开采。当 $h < H_{\text{上埋}}$，但 $H > H_{\text{下埋}}$，或 $h > H_{\text{上埋}}$，但 $H < H_{\text{下埋}}$，矿床前期采用露天开采，后期采用地下开采，即需要露天转地下开采的矿山。当然以上情况也不是绝对，有时虽然计算结果属于需要露天转地下开采的矿山，但若露天开采之后，所剩地下开采的矿量已很少，这是可以考虑将其作为完全露天开采的矿床处理。当判断矿床需要进行露天转地下开采后，以下将研究如何确定露天转地下的分界线。

2.1.1.4 露天转地下分界线的确定

采用露天开采的金属矿山，在设计时通常是用境界剥采比大于经济合理剥采比的原则来确定露天开采的界线。在露天开采境界以外的矿床，露天开采水平以上的矿床拟采用挂帮形式地下开采，而露天开采水平以下的矿床拟采用露天转地下开采。

当采用露天转地下开采的开采方式进行矿床开采时，在矿山设计时应考虑上述两种工

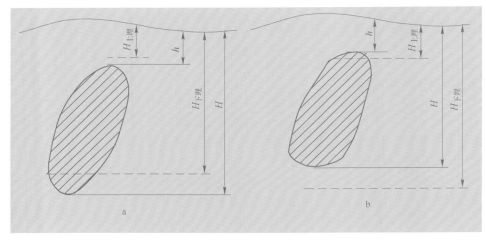

图 2 - 3　矿床开采方式判断

艺在相当长时期内其开采工艺系统相互利用与结合。因此，露天开采的合理境界就不能用原先单一采用露天开采的方式进行计算和确定，而是应对矿床开采进行整体的统筹规划，以使整个矿床开采获取最大利润为目标，来确定露天开采境界。

　　传统方法的确定露天境界时，经济合理剥采比指标是静态的，是按露天与地下每吨矿石的生产成本小于或等于原则确定的。对于露天转地下开采的矿山，经济合理剥采比指标计算需要综合考虑露天、地下开采技术经济指标，随着采矿工作在时间和空间上的程度不同，经济合理剥采比指标也不相同，是动态计算。

　　经济合理剥采比变量函数构造仍采用控制境界剥采比不大于经济合理剥采比的原则确定露天矿最佳静态深度，确定境界的步骤和方法也与常规设计时基本相同。所不同的是，传统的方法计算经济合理剥采比时所取的矿石品位为平均地质品位，且采选费用均为平均费用。因此计算出的经济合理剥采比为一个常数。计算过程如下

$$n_{jh} = \frac{(M_1 - T_1) - (M_d - T_d)}{b} \qquad (2-14a)$$

$$M_1 = \frac{\alpha n_1 \varepsilon_1}{\beta} P = \alpha \frac{P n_1 \varepsilon_1}{\beta} = \alpha M_1' \qquad (2-14b)$$

$$M_d = \frac{\alpha n_d \varepsilon_d}{\beta} P = \alpha \frac{P n_d \varepsilon_d}{\beta} = \alpha M_d' \qquad (2-14c)$$

式中　1, d——作为下标，分别表示露采和坑采；

　　　　M——每吨地质矿量的开采价值；

　　　　T——每吨地质矿量的采选费用；

　　　　b——露天开采每吨剥离费用；

　　n_1, ε_1——分别为露采回采率和选矿回收率，%；

　　n_d, ε_d——分别为地采回采率和选矿回收率，%；

　　β, P——分别为精矿品位及精矿价格；

　　　　α——地质品位，%。

式（2 - 14）确定的经济合理剥采比为常数。

地下开采费用一般是按所选择的开拓系统和采矿方法所决定，变化不大。但是当露天开采生产剥采比变化较大时，露天开采费用随着开采成本的变化，同时当矿床品位变化较大且没有规律时，就不存在确定经济合理剥采比，此时的经济合理剥采比将是一个与开采深度有关的函数，其值与境界剥采比一样，随采深的变化而变化。因此令矿床品位、露天开采成本为 $\alpha = \alpha(H)$，$T_1 = T_1(H)$，另外当矿体厚度（沿延深方向）波动、岩脉侵入程度等多种复杂因素的连续矿体时，这些因素是深度 H 的函数。

$$\begin{cases} \alpha_0 = \alpha(H) \\ m = m(H) \\ L = L(H) \\ T_1 = T_1(H) \end{cases} \qquad (2-15)$$

故对于品位变化较大且没有规律的矿床，是不存在确定的经济合理剥采比，此时的经济合理剥采比将是一个与开采深度有关的函数，其值与境界剥采比一样，随采深的变化而变化。因此令 $\alpha = \alpha(H)$，则经济合理剥采比可由式（2-16）计算。

$$n_{jh} = \frac{\alpha(H)(M'_1 - M'_d) - [T_1(H) - T_d]}{b} \qquad (2-16a)$$

$$M_1 = \frac{\alpha n_1 \varepsilon_1}{\beta} P = \alpha \frac{P n_1 \varepsilon_1}{\beta} = \alpha(H) M'_1 \qquad (2-16b)$$

$$M_d = \frac{\alpha n_d \varepsilon_d}{\beta} P = \alpha \frac{P n_d \varepsilon_d}{\beta} = \alpha(H) M'_d \qquad (2-16c)$$

式中 M_1，M'_1——分别为露天开采每吨原矿、精矿获得的盈利；

M_d，M'_d——分别为地下开采每吨原矿、精矿获得的盈利。

假定矿山开采过程如图 2-4 所示。并设：H_x 水平以上为露天开采，矿量为 Q_1，基建剥离废石 V，h_x 水平以下为地下开采，矿量为 Q_2，开采整个矿床全部矿量 Q 所得的总盈利 U 由露天和地下的盈利和求得。

$$U = U_1 + U_d = (N_1 - Z_1) + (N_d - Z_d) \qquad (2-17)$$

式中 U_1，U_d——总盈利；

N_1，N_d——分别为露天和地下开采的矿石开采价值；

Z_1，Z_d——分别为露天和地下开采的矿石开采费用。

露采和地采的总价值和费用为

$$N_1 = \sum_{i=1}^{\infty} m_i \Delta H_i M_{ni} \gamma_1 = \int_{h_1}^{h_x} m(H) \alpha(H) dH \cdot M'_1 \gamma_1 \qquad (2-18)$$

$$N_d = \sum_{j=1}^{\infty} m_j \Delta H_j M_{dj} \gamma_1 = \left[Q' - \int_{h_1}^{h_x} m(H) \alpha(H) dH \right] \cdot M'_d \gamma_1 \qquad (2-19)$$

$$\begin{aligned} Z_1 &= \sum_{i=1}^{\infty} m_i \Delta H_i T_{1i} \gamma_1 + \sum_{i=1}^{\infty} L_i \Delta H_i b \gamma_2 + V b \gamma_2 \\ &= \int_{h_1}^{h_x} m(H) T_1(H) dH \cdot \gamma_1 + \int_{h_1}^{h_x} L(H) dH \cdot b \gamma_2 + V \cdot b \gamma_2 \end{aligned} \qquad (2-20)$$

$$Z_d = \sum_{j=1}^{\infty} m_j \Delta H_j T_{dj} \gamma_1 = \left[Q - \int_{h_1}^{h_x} m(H) dH \right] \cdot T_d \gamma_1 \qquad (2-21)$$

$$M_1 = \alpha(H) \frac{Pn_1\varepsilon_1}{\beta} = \alpha(H)M_1' \qquad (2-22)$$

$$M_d = \alpha(H) \frac{Pn_d\varepsilon_d}{\beta} = \alpha(H)M_d' \qquad (2-23)$$

式中 Q'——地质矿量 Q 所含的金属量。

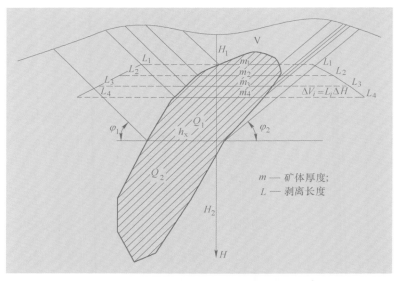

图 2-4 露天转地下矿山矿床埋藏情况

将 N_1、N_d、Z_1、Z_d 代入，按表达式取极值，总盈利为

$$U = N_1 - Z_1 + N_d - Z_d = \int_{h_1}^{h_x} m(H)\alpha(H)\mathrm{d}H \cdot M_1'\gamma_1 - \left[\int_{h_1}^{h_x} m(H)T_1(H)\mathrm{d}H\gamma_1 + \right.$$

$$\int_{h_1}^{h_x} L(H)\mathrm{d}H \cdot b\gamma_2 + V \cdot b\gamma_2\Big] + \left[Q' - \int_{h_1}^{h_x} m(H)\alpha(H)\mathrm{d}H\right] \cdot M_d'\gamma_1 -$$

$$\left[Q - \int_{h_1}^{h_x} m(H)\mathrm{d}H\right] \cdot T_d\gamma_1 \qquad (2-24)$$

为求得矿床整体的最大总盈利，令

$$\frac{\mathrm{d}U}{\mathrm{d}H} = 0$$

整理得

$$m(H)\alpha(H)M_1'\gamma_1 - m(H)T_1(H)\gamma_1 - m(H)\alpha(H)M_d'\gamma_1 + m(H)T_d\gamma_1 - L(H)b\gamma_2 = 0$$
$$(2-25)$$

$$\alpha(H) \frac{M_1'\gamma_1 - M_d'\gamma_1}{b\gamma_2} - \frac{T_1(H)\gamma_1}{b\gamma_2} + \frac{T_d\gamma_1}{b\gamma_2} = \frac{L(H)}{m(H)} \qquad (2-26)$$

式中，令 $\dfrac{M_1'\gamma_1 - M_d'\gamma_1}{b\gamma_2} = A$，$\dfrac{\gamma_1}{b\gamma_2} = B$，$\dfrac{T_d\gamma_1}{b\gamma_2} = C$ 则有：

$$\alpha(H)A - T_1(H)B + C = \frac{L(H)}{m(H)} \qquad (2-27)$$

式（2-27）右边是某处的境界剥采比，是随开采深度 H 而变的变数。但是每一个确

定的 H 值（如 $H = H_i$ 时），都能通过三维可视化矿体模型通过切剖面得出 $m(H_i) = m_i$，$L(H_i) = L_i$，并得出 H_i 处的境界剥采比值为 $\dfrac{m_i}{L_i}$，令 $f'(H) = \dfrac{L(H)}{m(H)}$，绘制 H 的函数图像，如图 2 - 7 所示。其函数值表见表 2 - 1。且 $f'(H) = \dfrac{L(H)}{m(H)}$ 每一个确定的 H 值，它都有一个境界剥采比值，其中一个深度的境界剥采比值是最优的，能使矿山获得最大总盈利。如前所述，仅当境界剥采比值为 $\alpha(H)A - T_1(H)B + C$ 时，才获得最大总盈利。

表 2 - 1　$f'(H)$ 函数值

H_i	通过三维矿体模型求出		$f'(H) = \dfrac{L(H)}{m(H)}$
	$m(H_i)$	$L(H_i)$	
H_1	m_1	L_1	L_1/m_1
H_2	m_2	L_2	L_2/m_2
H_3	m_3	L_3	L_3/m_3
⋮	⋮	⋮	⋮
H_i	m_i	L_i	L_i/m_i

式（2 - 27）左边 $\alpha(H)A - T_1(H)B + C$ 同样是随开采深度 H 而变的变量，因此，可以根据需要确定不同的 H 值（如 $H = H_i$ 时），得出 $\alpha(H)A - T_1(H)B + C$ 的函数图像，令 $f''(H) = \alpha(H)A - T_1(H)B + C$，其图像如图 2 - 2 所示，其函数值表见表 2 - 2。

表 2 - 2　$f''(H)$ 函数值

H_i	$\alpha(H) = \alpha_i$	$T_1(H) = T_{1i}$	A	B	C	$f''(H) = \alpha(H)A - T_1(H)B + C$
H_1	α_1	T_{11}	A	B	C	$\alpha_1 A - T_{11}B + C$
H_2	α_2	T_{12}	A	B	C	$\alpha_2 A - T_{12}B + C$
H_3	α_3	T_{13}	A	B	C	$\alpha_3 A - T_{13}B + C$
⋮	⋮	⋮				⋮
H_i	α_i	T_{1i}	A	B	C	$\alpha_i A - T_{1i}B + C$

仅当 $f''(H) = f'(H)$，即函数曲线相交于某一点时，才能确定 $\alpha(H)A - T_1(H)B + C = \dfrac{L(H)}{m(H)}$，这时得出来的 H 即露天转地下开采的最佳深度。如图 2 - 5a 所示，$f'(H)$ 曲线与 $f''(H)$ 曲线相交于 K_0 点，便为最优点，该点对应的 H 值 H_{K_0} 即为露天矿转地下的静态最优开采深度。因此，K_0 点所对应的 $\alpha(H)A - T_1(H)B + C$ 值也可以看作经济合理剥采比 n_{jh}，按 $n_j = n_{jh}$ 初步得出了最佳开采深度。按此深度开采可使全矿获得最大总盈利。

需要指出的是，在特殊情况下，可能出现多个极值点，则应根据这些极限点所确定的深度所获得的盈利选择其中能获得最大盈利的极值点为最优开采深度。如果两条函数无交点，则分两种情况考虑：

（1）$f'(H)$ 函数始终在 $f''(H)$ 上方，数学上无极值可求，境界剥采比始终大于经济合理剥采比，表示矿山应全部采用地下开采，如图 2 - 5b 所示。

（2）$f'(H)$ 函数始终在 $f''(H)$ 下方，数学上同样无极值可求，境界剥采比始终小于经济合理剥采比，表示矿山应全部采用露天开采，无需露天转地下，如图 2-5c 所示。

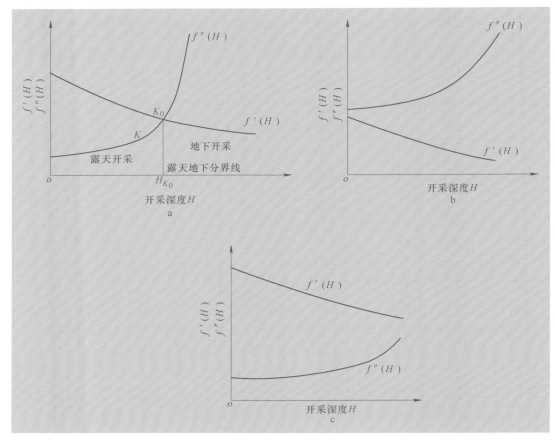

图 2-5 $f'(H)$ 曲线与 $f''(H)$ 曲线图

a—$f'(H)$ 曲线与 $f''(H)$ 曲线相交，交点对应的 H_{K_0} 即为露天地下分界线；

b—境界剥采比始终大于经济合理剥采比，全部采用地下开采；

c—境界剥采比始终小于经济合理剥采比，全部采用露天开采

经济合理剥采比：$f'(H) = \alpha(H)A - T_1(H)B + C$

境界剥采比：$f''(H) = L(H)/m(H)$

按上述原理确定的露天开采最佳静态深度，数据多，工作量大，且当其中某个因素发生变化时，所确定的深度也随之变化，中钢集团马鞍山矿山研究院有限公司采用可视化编程语言 Visual C++ 2005 以及 bcg 界面库，编制可视化的计算露天开采的最佳深度的计算机程序。通过输入各经济指标参数来计算露天开采的最佳深度，如图 2-6~图 2-9 所示。

（1）输入各经济指标参数后，自动计算出常数 A、B、C，并生成经济合理剥采比 $f'(H)$ 曲线；

（2）计算境界剥采比 $f''(H)$ 并作出其曲线；

（3）计算两个曲线的交点，得出开采最佳深度。

2.1.1.5 露天转地下矿山露天开采深度经济分析模型

上节将"露天矿经济合理剥采比"与"露天最终开采深度的确定"结合，始终抓住

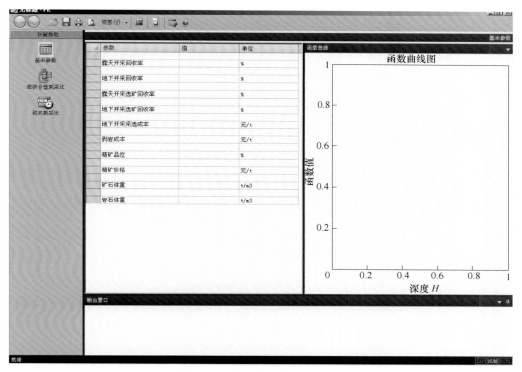

图 2-6　输入各经济指标参数

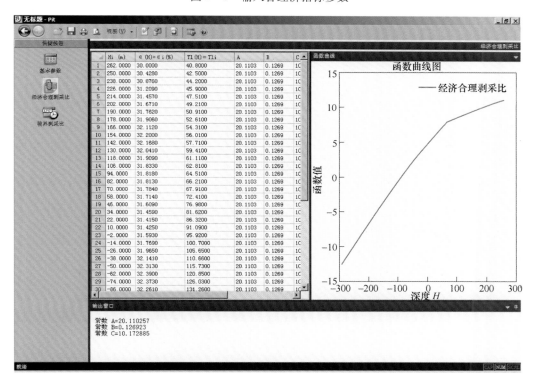

图 2-7　计算经济合理剥采比 $f'(H)$ 并作出其曲线

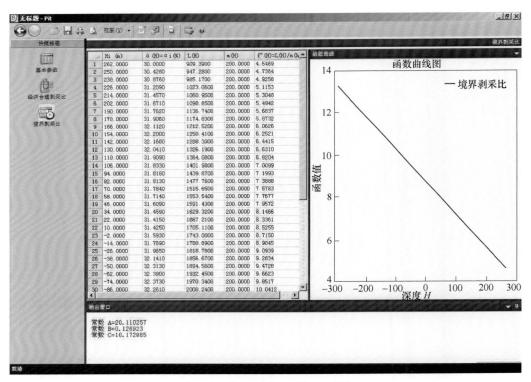

图 2-8 境界剥采比 $f''(H)$ 曲线

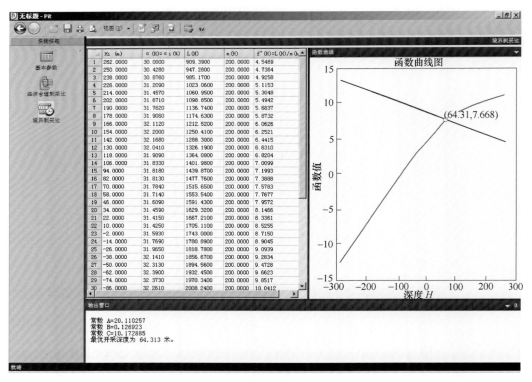

图 2-9 求出开采最佳深度

使整个矿床开采获取最大利润，理论上分析了露天开采最优开采深度。但是在比较露天开采和地下开采的优缺点过程中，尤其是对于已经进行露天开采的矿山来说，是确定继续扩帮露天开采还是转地下开采，除了要考虑露天和地下的成本比较外，还要对生产规模，投产、达产时间，基建投资，基建工程量，排土场占用土地，劳动、安全条件等各项指标进行综合考虑。

本节将在上节确定的理论开采深度基础上，再结合矿山实际情况对可能提出的深度方案进行动态经济比较，建立经济分析模型，全面考虑矿山在以后生产中逐年（包括露天开采和地下开采）的净利润、投资（井巷工程、建筑工程、设备购置、排土场征地费用等）以及资金的时间价值，将各个时期得到的利润按企业所认可的折现率贴现到设定的基准年，最后用总净现值最大选取最优深度方案。

根据上节所确定的开采深度建立其经济分析模型，分析矿山全期总净现值与净利润、投资、服务年限、贴现率的关系，进一步优化露天转地下矿山露天开采的最佳深度，引导企业获得经济效益最大化。

A　矿山全期财务净现值模型

第一年财务净现值为 $\qquad$ $J_1 - T_1$

第二年财务净现值为 $\qquad$ $\dfrac{J_2 - T_2}{1 + r}$

第三年财务净现值为 $\qquad$ $\dfrac{J_3 - T_3}{(1 + r)^2}$

$\vdots$

第 n 年财务净现值为 $\qquad$ $\dfrac{J_n - T_n}{(1 + r)^{n-1}}$

则矿山企业全期财务净现值为 $\qquad$
$$C_{H_k} = \sum_{i=1}^{n} \frac{J_i - T_i}{(1 + r)^{i-1}} \qquad (2-28)$$

式中　C_{H_k}——露天转地下露天开采深度为 H_k 时，矿山全期财务净现值；

$\quad\quad\ \ J_i$——年度净利润；

$\quad\quad\ \ T_i$——年度投资；

$\quad\quad\ \ n$——露天转地下露天开采深度为 H_k 时的矿山总服务年限；

$\quad\quad\ \ r$——贴现率；

$\quad\quad\ \ i$——矿山服务期的某一年度。

由上式得出全期财务净现值 C_{H_k} 与年度的净利润 J_i、总服务年限 n 成正比关系；与年度投资 T_i、折现率 r 呈反比关系。

B　净利润 J_i 与全期财务净现值 C_{H_k} 的变动关系模型

年度净利润 J_i、服务年限 n、年度投资 T_i 以及贴现率 r 均为全期财务净现值 C_{H_k} 的四个变量，但这四个变量均是相对独立的，相互之间不受影响。因此在研究 C_{H_k} 和 J_i 的关系时可以设定其他三个变量为常数。则矿山全期财务净现值模型可演变为净利润 J_i 与全期财务净现值 C_{H_k} 的变动关系模型。

$$C_{H_k} = a \sum_{i=1}^{N} \frac{J_i}{(1 + R)^{i-1}} \qquad (2-29)$$

式中　a——投资影响常量；

　　　N——拟定服务年限，常量；

　　　R——拟定的某一贴现率，常量。

由于 $(1+R)^{i-1}$ 在服务年限内是随时间逐渐增大的，因此 J_i 对 C_{H_k} 的影响是随时间的变化逐渐减小的，影响程度取决于 R 的值。假设每年的年度净利润为 10 亿元，贴现率为 12%，则年度净利润对年度净现值的影响可由图 2 – 10 表示。

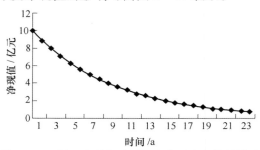

图 2 – 10　同一净利润随时间变化对净现值的影响

可以得出，在服务年限 n、年度投资 T_i 和贴现率 r 为固定值的情况下，应尽量提高项目的前期年度的净利润，以增加年度的净利润 J_i 对全期财务净现值 C_{H_k} 的贡献。

C　年度投资 T_i 与全期财务净现值 C_{H_k} 的变动关系模型

同净利润 J_i 与全期财务净现值 C_{H_k} 的变动关系模型一样，设定年度的净利润 P_i、服务年限 n 以及贴现率 R 为常数，则矿山全期财务净现值模型可演变为年度投资 T_i 与全期财务净现值 C_{H_k} 的变动关系模型。

$$C_{H_k} = -b \sum_{i=1}^{N} \frac{T_i}{(1+R)^{i-1}} \qquad (2-30)$$

式中　b——净利润影响常量。

同理，由于 $(1+R)^{i-1}$ 在服务年限内是随时间逐渐增大的，因此 T_i 对 C_{H_k} 的影响是随时间的变化逐渐减小的，影响程度取决于 R 的值。假设年度投资为 1.5 亿元，贴现率为 12%，则年度投资 T_i 对年度净现值的影响可由图 2 – 11 表示。

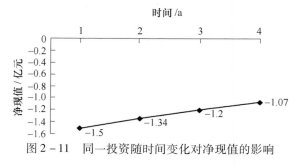

图 2 – 11　同一投资随时间变化对净现值的影响

可以得出，在项目中应尽量减少前期投资，在投资总额一定的情况下，应选择后期投资方案。

D　总服务年限（n）与全期财务净现值 C_{H_k} 的变动关系模型

同样设定年度净利润 J_i、年度投资 T_i、贴现率 r 不变，则矿山全期财务净现值模型可

演变为总服务年限 n 与全期财务净现值 C_{H_k} 的变动关系模型。

$$C_{H_k} = (a - b) \sum_{i=1}^{n} \frac{1}{(1 + R)^{i-1}} \qquad (2-31)$$

可以看出增加服务年限 n，可以增加项目的全期财务净现值，但又由净利润 J_i 与全期财务净现值 C_{H_k} 的变动关系模型可知，如果贴现率很高，在增加同等净利润时，其产生的净现值随时间变化而逐渐减少并趋向于零，因此无限增加服务年限是不科学的，也是不经济的，但如果贴现率低，增加服务年限是经济可行的。

E 贴现率 r 与全期财务净现值 C_H 的变动关系模型

同样设定年度净利润 J_i、年度投资 T_i、总服务年限 n 不变，则矿山全期财务净现值模型可演变为贴现率 r 与全期财务净现值 C_{H_k} 的变动关系模型。

$$C_{H_k} = (a - b) \sum_{i=1}^{N} \frac{1}{(1 + r)^{i-1}} \qquad (2-32)$$

从式（2-32）可以看出，贴现率 r 对全期财务净现值 C_{H_k} 呈幂指数关系，影响较大，而贴现率 r 的选取是在同行业盈利水平的基础上根据企业的期望值来决定的，假设年度净利润为 10 亿元，年度投资为 1.5 亿元，服务年限为 20 年，则贴现率 r 对年度净现值的影响可由图 2-12 表示。

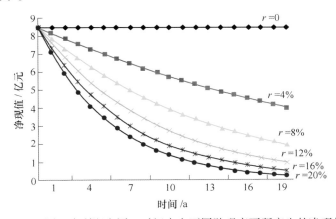

图 2-12 同一净利润在同一时间内在不同贴现率下所产生的净现值

由图 2-12 可见，净现值随贴现率的增大呈幂指数减小，综合以上净利润 J_i、年度投资 T_i、总服务年限 n、贴现率 r 四个因素对全期财务净现值的影响分析，可以看出，在保证盈利的情况下，贴现率对项目的影响最大，净利润、投资和服务期次之。

根据上节所述，通过经济分析模型进行多方案动态比较，用总净现值最大选取最优深度。在影响总净现值大小四个因素中净利润、投资和服务年限是由所选取开采深度本身的确定而确定，而贴现率的选取是在同行业盈利水平的基础上根据企业的期望值来决定的，具有自主性。

建立经济分析模型对露天转地下矿山露天开采深度进行优化有以下好处：

（1）考虑的因素更全面，对选取的各深度方案有很强的筛选功能。

（2）可使企业根据实际情况，自主选择若干个深度方案进行比较，有效减少深度方案选择所带来的市场风险。

2.1.2 露天转地下开采分界线三维可视化确定

随着计算机技术的迅速发展，矿业软件在露天矿中的应用越来越广泛，这些软件的使用为采矿工作者在三维可视化模型的基础上进行辅助设计提供了一种可靠的依据。三维可视化模型的构建是地质资料集成和二次开发的最佳方法，它具有形象、直观、准确、动态、信息丰富等特点，它能改进对地质数据的理解和应用环境，提高信息的利用率和空间分析能力，为采矿工作者在三维空间中观察、分析地质现象以及空间分布提供了一种手段。同时，对三维实体模型的分析还可以进行储量计算、露天境界的优化、工程设计等工作，为生产计划编制和生产过程的控制提供可靠的依据，因此，为解决矿山地质工作中数据表达、分析与利用的难题，矿山三维可视化研究有着重要的现实意义和实用价值。

采用三维可视化软件进行露天矿最终境界设计是指以某个三维矿业软件（如 Whittle、Dimine、Surpac、Datamine、Mircomine 等）为工具，建立在三维可视化地质模型，对露天境界进行模拟和优化。因此，要完成这一过程，主要通过建立地质矿床资源模型，精确模拟矿区地形或开采现状，对矿床块段模型（即价值模型）进行品位推估，计算合理的优化经济参数，设置露天边坡参数，选择浮动圆锥法、LG 图论法等优化方法进行优化等过程来实现，具体过程如下。

第一步：收集矿床地质钻孔开口坐标、钻孔测斜、样品品位、岩性、构造及其他地质工程（坑探工程和槽探工程）等信息，建立钻孔数据库（包含坑探工程和槽探工程）；同时，收集地形图、剖面图、平面图等资料，经矢量化后建立图件矢量数据库。

地质数据的获取方法主要有钻探、坑探和槽探三种形式。这些不同类型的地质数据具有相同的结构，所以在处理上可以按照同样的方式进行地质数据的分析处理。实际上，地质数据库主要包含的信息有：孔口位置、测斜信息、样品信息、岩性信息和工程地质信息（包括 RQD 值、地下水情况、节理裂隙状态等）。三维可视化地质数据库就是将不同的地质数据信息按照一定的关系有机地组合在一起，共同表示钻孔完整信息的数据集合，如图 2-13 所示。

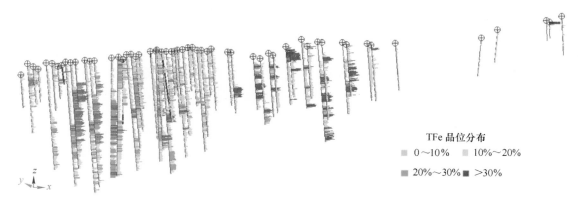

图 2-13 地质钻孔数据库

第二步：将钻孔数据库和图件矢量数据库导入三维可视化软件系统中，建立地质矿床资源模型，包括地表实体模型、矿体实体模型、岩性实体模型、构造实体模型。

矿体模型是一个封闭的 3DM 模型，且变化复杂，一般采用剖面相连的方法来创建。

矿化域的圈定研究采用地质统计学法与传统方法结合的方法进行圈定，首先考虑矿床的工业指标、经济等因素确定，圈定矿体矿化域，后充分利用传统剖面工程、断层对圈定的矿化域进行修正（图2-14）。

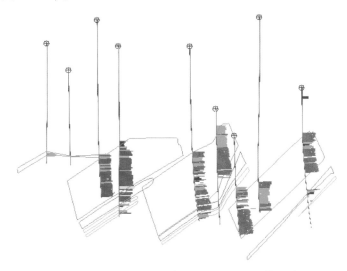

图2-14　根据钻孔数据库作地质解析的矿体轮廓线

矿体边界圈定后，按照矿体边界的成矿规律及地质工程师对矿体成矿的认识，利用Delaunay三角网生成原理生成实体模型，如图2-15所示。

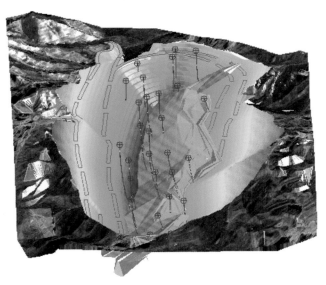

图2-15　地质实体模型

第三步：建立矿床品位块段模型，将矿体划分为若干一定尺寸的单元块，矿体边缘利用次分块技术进行拟合，然后根据地质统计学原理在计算实验变异函数基础上拟合出矿床理论变异函数，对矿体各单元块和次分块进行品位估值，进而可对矿床进行资源储量估算。图2-16所示为某铁矿床的品位块段模型，不同的颜色表示不同的品位的区间。

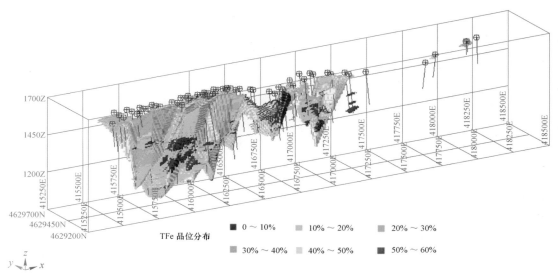

图 2-16 品位块段模型

第四步：计算境界优化经济参数，根据工程地质条件和开采技术条件确定露天边坡控制参数。

经济参数主要包括采矿、选矿两个方面，主要经济优化参数见表 2-3。

表 2-3 境界经济优化参数

序 号	大 类	项 目
1	采矿	采矿成本/元·t^{-1}
		采矿回采率/%
		采矿贫化率/%
		矿石体重/t·m^{-3}
		废石体重/t·m^{-3}
2	选矿	选矿成本/元·t^{-1}
		选矿回收率/%
		精矿价格/元
		入选品位/%

第五步：按照三维可视化软件系统提供的优化模块进行优化运算，得到露天优化境界。可根据对市场需求和价格预测，选择不同的精矿价格进行优化，在优化的过程中，输入价格变化系数为 0.8、0.9、1.0、1.1、1.2，计算机一次运算出不同变化系数所对应的不同优化境界。如图 2-17 为某铁矿不同价格所对应的露天转地下开采分界线。

随着现代科学技术的发展，特别是计算机计算、优化算法技术、3D 技术的发展，矿业工程软件的广泛应用和成熟完善，能够为露天矿山开采提供快速、高效的露天境界优化方案，将不断革新现代采矿技术。

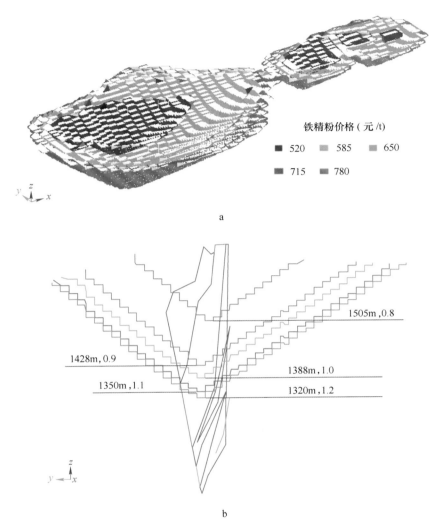

图 2-17 利用三维可视化软件确定露天开采和地下开采的分界线

a—不同铁精粉价格情况下的境界模型；b—不同铁精粉价格情况下的露天转地下开采分界线

2.2 露天转地下开采地下矿建设时间

为了确定露天转地下开采的最佳时机，保证矿山露天转入地下后按计划有步骤地投入生产，投产后能连续均衡地生产，必须准确的确定地下矿的基建期。

地下矿的基建时间 T 应根据地下工程的基建工程量确定，可按下式进行计算

$$T = t_1 + t_2 + t_3 + t_4 + t_5 + t_6 \qquad (2-33)$$

式中　t_1——基建准备时间，年；

　　　t_2——地面工业设施建设时间，年；

　　　t_3——井筒掘进时间，年；

　　　t_4——采切工程掘进时间，年；

　　　t_5——采矿方法试验时间，年；

t_6——地下投产至达产的时间，年。

2.2.1 基建准备时间

基建准备时间主要包括露天转地下技术方案设计时间、专题研究时间。露天转地下的矿山，因矿山而异必然存在不同的技术瓶颈，如围岩工程地质条件差、高陡边坡、地下涌水量大的矿山，需要在露天转地下开采之前就要寻求解决途径，必要时要作专题研究和试验。此外，露天开采矿山，管理人员、工程技术人员和生产工人缺乏地下开采实践经验，应提前进行人员培训等多方面前期工作。

2.2.2 基建时间

地面工业设施建设时间、井筒掘进时间、井下巷道硐室掘进时间及采矿方法试验时间都属于基建时间。与完全采用地下开采的矿山一样，竖井的井筒掘进速度一般为月进尺 $60 \sim 80m$，斜井的井筒掘进速度一般为月进尺 $80 \sim 100m$，水平巷道掘进速度一般为月进尺 $100 \sim 150m$。这部分时间主要取决于露天转地下基建工程量。

金属矿山地下开采的三级矿量保有期见表 2-4。

表 2-4 三级矿量保有期 （年）

名 称	保 有 期	
	黑色金属矿山	有色金属矿山
开拓矿量	3 ~ 5	>3
采准矿量	0.5 ~ 1	1
备采矿量	0.25 ~ 0.5	0.5

确定的矿山基建工程量应能满足上述规定的三级矿量保有期；形成完整的地下开拓、运输、通风、排水等系统；使矿山投产后正常生产期间的开拓、生产探矿、采准切割回采各个工序之间保有合理的超前关系；深部开拓延深、新阶段准备工作能在技术、经济合理的条件下进行。实践证明，正确确定矿山露天转地下基建工程是一个重要而又复杂的问题，应结合矿山露天开采工程，进行详细的技术、经济分析、综合平衡确定之。

2.2.2.1 基建工程量内容

基建开拓工程量的内容包括：

（1）开拓工程量包括：露天转地下的开拓系统，为获得设计的开拓矿量，需要掘进的全部井巷工程量。

（2）采准、切割工程量，根据设计选用的露天转地下的采矿方法确定的采准、切割工程量。

（3）为加速矿山基建和其他原因而掘进的临时井巷工程。

（4）放水疏干方案专门掘进的井巷工程量。

（5）充填系统所开凿的井巷工程量。

2.2.2.2 影响基建工程量的因素

按正常条件下计算确定的露天转地下基建工程量，有时会由于新出现的一些因素，影响矿山不能按计划基建、投产、达产，并需增加基建工程量。这些，矿山设计时应采取适当的补救措施，避免或减少其对矿山的不良影响。

影响矿山露天转地下过渡期基建工程量的因素除了包括一般地下矿山的因素外，还有个重要的因素就是地下开拓系统和露天工程的相互利用程度。

当露天开拓系统和地下开拓系统结合紧密、相互利用时，可以减少露天剥离和地下开拓的基建投资。例如地下矿的基建工程接近露天矿的地下排水系统工程或者当露天矿运输系统采用的是地下破碎胶带运输时，地下矿的运输系统可利用原露天矿的运输系统（图2－18），地下矿的建设时间可以大大缩短。

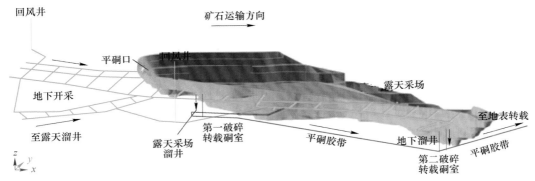

图2－18　地下开采运输系统利用原露天运输系统

2.2.3　投产至达产时间

露天转地下矿山地下投产时应满足下列条件：

（1）一般情况下矿山正式投产时生产能力应满足表2－5规定。

表2－5　矿山投产时生产能力　　　　　　　　　　　　　　　　（％）

矿山类型	矿山投产时的生产能力应达到设计规模的百分数
大型	25～30
中型	30～50
小型	50

（2）矿山投产时必须完成设计所需的基建开拓、采切工程量，形成内外部运输、提升、供电、供水、压缩空气、通风、排水、机修设施、排弃场、地下采矿工业场地等完整的生产系统。

（3）三级矿量保有期应符合规定标准。

（4）从投产到达产时间一般要求为：大型矿山3～5年，中型矿山2～3年，小型矿山1～2年。

从投产到达产时间除了满足一般要求外，还应满足能保证露天转地下产能平稳过渡的要求，露天开采产能开始减少时，地下开采应开始投产，其达产时间应与露天开采结束时间吻合。

为了保证露天转地下产能平稳过渡，如图 2－19 所示，其中 $t_1 \sim t_5$ 应在露天开采产能减产时之前完成，地下开始投产，使地下的产能弥补露天产能的消失，待露天采场结束，地下达产。

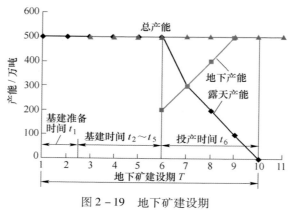

图 2－19　地下矿建设期

2.3　露天转地下开采平稳过渡的时机

2.3.1　确定原则

对露天转入地下开采时机的选择不同的矿山情况不同，例如，矿体是由多个矿段组成的，在露天开采的末期，如果露采和地采在水平方向一致，这种情况下二者生产工程的影响就会很小，在开采时机的选择上将会较为灵活，所受的限制也会少些。如果露天开采和地下开采在垂直方向上一致，二者受采动等各种因素影响较大，必须考虑露采和地采安全性、边坡的稳定性、防排水及隔离层等因素对开采时机的影响。矿山露天开采后期，产量逐年降低，要维持矿山的产量平衡，就要从地下开采增加的矿石产量加以弥补。因此，要保持矿山的年产量相对稳定，就必须适时转入地下开采，用地下采切矿量、挂帮开采及境界外边坡矿开采逐年增加的产量补充露天开采逐年减小的产量，以保持矿山的年产量相对稳定。地下开采的产量往往比露天开采的产量低，要保证原有露天开采期间的产量有较大的困难。因此，露天转地下开采合理时机确定的原则就是在正常露天开采时期的某个阶段，安排地下开采的基建，以便在露天开采产量降低阶段，地下开采能及时补充产能，使整个矿山的产能达到一个相对合理稳定的值。

2.3.2　时空网络图确定方法

露天转地下开采的时机掌握得好，就可以实现露天开采转地下开采的平稳过渡。选择露天转地下开采时机就是找到地下开采基建准备工作的开始时间，使之在以后地下开采基建过程中对露天开采影响达到最小的程度，同时又能保证露天转地下的衔接。这一时间要根据露天矿的产量递减速率和地下开采基建时期的长短来确定。选择合理的开采时机是相当重要的，过早可能导致大量的资金和矿石积压、威胁露天和地下开采安全、增加井筒的维修费用、无法很好利用露天已形成的资源（主要是运输线路、通风设施等）等，如果选择太晚就会导致地下开采准备不足、产量衔接不上，无法稳产生产。而露天转地下开采的过程中，存在露天减产、地下基建、地下投产、露天结束等多个阶段，各阶段时间衔接要准确合理，任何一阶段出现差错都将影响平稳过渡，针对上述技术难题，可采用双代号时空网络图来解决。

双代号时标网络计划（时标网络计划）是以时间坐标为尺度编制的网络计划，时标网络计划中应以实箭线表示工作，以虚箭线表示虚工作，以波形线表示工作的自由时差。时标网络计划兼有网络计划与横道计划的优点，它能够清楚地表明计划的时间进程以及各项工作的开始与完成时间、工作的自由时差及关键线路，使用方便；绘制双代号时标网络计划图应遵循如下要求：

（1）双代号时标网络计划必须以水平时间坐标为尺度表示工作时间。时标的时间单位应根据需要在编制网络计划之前确定，可为时、天、周、月或季。

（2）时标网络计划中所有符号在时间坐标上的水平投影位置，都必须与其时间参数相对应。节点中心必须对准相应的时标位置。

（3）时标网络计划中虚工作必须以垂直方向的虚箭线表示，有自由时差时加波形线表示。

将露天转地下的矿山开采过程划分成露天正常生产、露天减产、地下基建、地下投产、露天结束、完全地下开采等工序，采用双代号时标网络图法作出露天转地下开采时空关系图，确定露天转地下的合理时机，如图2-20所示。

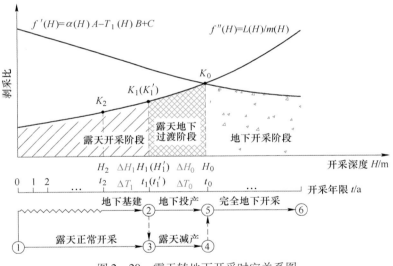

图 2-20　露天转地下开采时空关系图

$K_0\{t_0,\ H_0\}$—露天开采结束的时空；$K_1\{t_1,\ H_1\}$—露天减产的时空；

$K_1'\{t_1',\ H_1'\}$—地下投产的时空；$K_2\{t_2,\ H_2\}$—地下开始基建的时空；

t_0—露天开采结束时间；H_0—露天地下开采分界线；

t_1—露天开始减产的时间；H_1—露天开始减产时的开采深度；

t_1'—地下开始投产的时间；H_1'—地下开始投产时的露天开采深度；

t_2—地下开始基建的时间；H_2—地下开始基建时的露天开采深度；

ΔT_0—露天减产期；ΔH_0—露天减产阶段下降的深度；

ΔT_1—地下工程基建期；ΔH_1—地下工程基建阶段露天开采下降的深度

由图 2-20 可以看出，地下基建工序是机动的，但不能晚于 t_2 时刻开工，否则将影响后续的地下投产工序，矿山将减产过渡。$t_1' = t_1$，稳产过渡；$t_1' > t_1$，矿山减产过渡；$t_1' < t_1$，矿山增产过渡。露天开采结束时间 t_0 以及露天开始减产的时间 t_1 均由露天采剥进度计划确定，地下工程基建期 ΔT 根据基建进度计划确定；为保证产能平稳过渡地下工程最晚开始基建时间，$t_2 \leqslant t_1' - \Delta T$。推出要实现露天转地下开采平稳过渡应满足以下时空关系。

露天减产与地下投产的时空关系

$$\{t_1, H_1\} = \{t_1', H_1'\} = \{t_0 - \Delta T_0, H_0 - \Delta H_0\} \qquad (2-34)$$

地下基建与地下投产的时空关系

$$\{t_2, H_2\} \leqslant \{t_1' - \Delta T_1, H_1' - \Delta H_1\} \qquad (2-35)$$

综合以上论述，露天转地下开采平稳过渡合理时机确定的一般步骤如下：

（1）计算出露天转地下开采分界线 H_0。

（2）根据露天转地下开采分界线，圈定露天开采境界。

（3）编制露天开采采剥进度计划，从而确定露天开采结束时间 t_0、露天开始减产的时间 t_1、露天开始减产时的开采深度 H_1、露天减产期 ΔT_0、露天减产阶段下降的深度 ΔH_0。

（4）编制地下矿基建进度计划，确定地下工程基建期 ΔT。

（5）根据露天减产与地下投产的时空关系、地下基建与地下投产的时空关系，确定地下开始基建的时间 t_2、开始投产的时间 t_1'、地下开始基建时的露天开采深度 H_2、开始投产时的露天开采深度 H_1' 以及地下工程基建阶段露天开采下降的深度 ΔH_1。

2.4　露天转地下开采开拓系统

2.4.1　开拓系统选择

2.4.1.1　基本要求

在矿山设计中，选择矿床开拓方案是总体设计中十分重要的内容，包括确定主要开拓巷道和辅助巷道的类型、位置、数目，并与矿山总平面布置、提升运输、通风、排水等一系列问题密切相关。矿床开拓方案一经选定并施工之后，很难改变。选择矿床开拓方案需满足下列基本要求：

（1）确保工作安全，创造良好的地面与地下劳动卫生条件，具有良好的提升、运输、通风、排水等功能。

（2）技术上可靠，并有足够的生产能力，以保证矿山企业均衡地生产，平稳的过渡。

（3）基建工程量少，尽量减少基本建设投资和生产经营费用。

（4）确保在规定时间内投产，在生产期间能及时准备出新水平。

（5）不留或少留保安矿柱，以减少矿石损失。

（6）尽可能利用已经形成的露天系统。

2.4.1.2　影响因素

主要开拓井巷的选择是露天转地下矿山开拓的核心，其选择在矿山设计中是至关重要的。主要开拓井巷类型的选择应考虑以下因素：

（1）地表地形条件。不仅要考虑矿石从井下（或硐口）运出后，通往选矿厂或外运装车地点的运输距离和运输条件，而且还要考虑废石场地，以及地表永久设施（如铁路）、河流等影响因素。

（2）矿床赋存条件。它是选择开拓方式的主要依据，如矿体的倾角、侧伏角等。

（3）围岩性质和边坡的稳定性。这里主要指的是矿体、围岩和已经形成的露天边坡的稳固情况。为了减少露天和地下同时开采的影响而增加工程维护费用，在选择开拓方式时，必须考虑矿岩性质。

（4）采矿方法的选择。露天转入地下的矿山不同于普通的矿山，在对开拓方式的选择上对采矿方法也有一定的依赖性。比如，在采用崩落法和充填法开采的时候，由于采矿引起的移动带是不同的，对开拓巷道的布置选择就不一样。

（5）生产能力。开拓井巷与装备不同，其生产能力（提升或运输）也不同。一般来说，平硐开拓方法的运输能力最大，竖井高于斜井。

（6）矿石工业储量、矿石工业价值、矿床勘探程度及远景储量等。

（7）原有井巷工程存在状态。

（8）选矿厂和尾矿库可能建设的地点等。

另外，开拓巷道施工的难易程度、工程量、工程造价和工期长短等，也是作为确定开拓方式的重要依据，尤其是露天转地下的矿山，为了稳产往往需要调整合适的施工周期和产量等情况。因此，矿山现有的施工资源，在开拓井巷类型的选择上也应考虑在内。

2.4.1.3 选择方法

在确定好露天转地下开拓系统空间的衔接方式后，将进一步确定具体的开拓系统。露天转地下开拓系统和单一地下开拓系统一样，按开拓井巷的类型，主要有竖井、斜井（斜坡胶带）和平硐三种开拓系统。在具体方案选择时，往往有几个技术上可行而经济上不易区分的开拓方案，传统的矿床开拓方案选择一般用综合分析比较法。将各个开拓方案进行详细的技术经济计算，综合评价，从中选出最优的开拓方案。这种方法是靠人工对备选方案逐个进行分析比较，工作量大，综合比较时只看各方案经济上的差额是否大于15%来决定取舍，而对于差额小于15%的则难以取舍或视为相同，也不尽合理，然后进行经济比较后，没有综合的定量指标可以说明各备选方案的优劣。

近十几年来，随着计算机技术在采矿工业中的广泛应用，许多学者将灰色多目标局势决策方法、层次分析法等评价方法应用到矿山建设方案选择中。灰色多目标局势决策的基本思路是：应用事件、对策及效果测度的概念，构造一个效果测度矩阵，在此基础上考虑各目标的影响，并采用层次分析法确定各效果测度的权重，得到一个综合效果测度矩阵，从而进行决策。该方法将各技术经济指标进行了量化，将定性分析与定量分析相结合来确定最优方案。但是该方法在用层次分析法确定目标权重时，关键在于构造各层次的判断矩阵，而这些判断矩阵往往没有考虑人为判断的模糊性。实际上，人们在处理复杂的决策问题时常常不自觉地应用模糊判断，特别是在动态、不确定性的环境下更是需要模糊决策。模糊集能表达事物本身的模糊性和不明确性，采用灰色多目标局势决策方法对露天转地下开拓系统进行优化时，在考虑各因素对决策影响时将模糊集与层次分析法相结合，采用模糊层次分析法来确定各效果测度的权重，以避免传统选择方法的误选风险，从而更科学、合理地作出决策。

A 灰色局势决策理论

灰色局势决策的核心是多目标决策的单目标化，即将局势的多个目标值通过目标效果测度化为单一目标值，也就是局势的综合效果测度，从定量的角度进行方案（局势）优化。记事件为 a_i，对策为 b_j，其二元组合（a_i，b_j）称为局势。若有事件 a_1，a_2，$\cdots$，a_n，有对策 b_1，b_2，$\cdots$，b_m，则对于同一事件 a_i，可以用 b_1，b_2，$\cdots$，b_m 等 m 个对策应对，于是构成（a_i，b_1），（a_i，b_2），$\cdots$，（a_i，b_m）等 m 个局势，将这些局势构成如下矩阵

$$M_{(i)} = \begin{bmatrix} U_{11}^1 & U_{12}^1 & \cdots & U_{1n}^1 \\ U_{21}^2 & U_{22}^2 & \cdots & U_{2n}^2 \\ \vdots & \vdots & \vdots & \vdots \\ U_{m1}^m & U_{m2}^m & \cdots & U_{mn}^m \end{bmatrix} \tag{2-36}$$

$M_{(i)}$ 称为决策矩阵。

由于各种目标（U_{ij}^i）的量纲不同，应进行无量纲化。由各式进行无量纲化得到局势的效果测度（s_{ij}^i）。

（1）上限效果测度（即决策目标越大越好）

$$s_{ij}^i = \frac{U_{ij}^i}{U_{\max}^i}(U_{ij}^i \leqslant U_{\max}^i) \tag{2-37}$$

（2）下限效果测度（即决策目标越小越好）

$$s_{ij}^i = \frac{U_{\min}^i}{U_{ij}^i}(U_{ij}^i \geqslant U_{\min}^i) \tag{2-38}$$

对矩阵 $M_{(i)}$ 各数据处理，构成目标的局势决策矩阵 $s_{(i)}$

$$s_{(i)} = \begin{bmatrix} s_{11}^1 & s_{12}^1 & \cdots & s_{1n}^1 \\ s_{21}^2 & s_{22}^2 & \cdots & s_{2n}^2 \\ \vdots & \vdots & \vdots & \vdots \\ s_{m1}^m & s_{m2}^m & \cdots & s_{mn}^m \end{bmatrix} \tag{2-39}$$

然后令 s_j^Σ 为局势 $S_{(i)}$ 的综合测度，由于在多目标决策中，各效果测度 s_{ij}^i 对目标的综合测度影响程度不同，因而采用下式计算

$$s_j^\Sigma = \sum_{i=1}^m c_i s_{ij}^i \tag{2-40}$$

式中　c_i——各效果测度的权重值，表示各效果测度对对策（b_j）的重要性程度。权重值的确定存在不确定性，采用模糊层次分析法确定。

由各方案的综合效果测度构成多目标的局势决策矩阵 $M_{(\Sigma)}$

$$M_{(\Sigma)} = \begin{bmatrix} s_1^\Sigma & s_2^\Sigma & \cdots & s_n^\Sigma \end{bmatrix} \tag{2-41}$$

其中最大的综合效果测度 $\max(s_j^\Sigma)$ 对应的第 j 种对策即为最优对策。

B　模糊层次分析法

模糊层次分析法是将模糊思想和方法引入层次分析法中，其核心是构建模糊一致矩阵。构造模糊判断矩阵 R，它是将下层元素 $\{a_1, a_2, \cdots, a_n\}$ 相对于上层元素的重要性两两比较，从而得到相对重要性模糊矩阵 R。

$$R_{(i)} = \begin{bmatrix} r_{11}^1 & r_{12}^1 & \cdots & r_{1n}^1 \\ r_{21}^2 & r_{22}^2 & \cdots & r_{2n}^2 \\ \vdots & \vdots & \vdots & \vdots \\ r_{m1}^m & r_{m2}^m & \cdots & r_{mn}^m \end{bmatrix} \tag{2-42}$$

两个元素重要程度的隶属度取值利用三标度法，$r_{ii} = 0.5$，表示元素与自己相比同样重要，若 $r_{ij} = 0$，则表示元素 r_j 比 r_i 重要，若 $r_{ij} = 1$，则表示元素 r_i 比 r_j 重要。

a 定义

若模糊矩阵 $R = (r_{ij})_{n \times n}$ 满足 $r_{ij} + r_{ji} = 1$，$\forall i, j \in \{1, 2, \cdots, n\}$，则称 R 为模糊互补矩阵；若模糊互补矩阵 $R = (r_{ij})_{n \times n}$ 满足 $r_{ij} = r_{ik} - r_{jk} + 0.5$，$\forall i, j \in \{1, 2, \cdots, n\}$，则称模糊互补矩阵 R 是模糊一致矩阵。

b 性质

由上述定义可知模糊一致矩阵具有下列性质：

（1）R 的第 i 行和第 j 列元素之和为 n。

（2）从 R 中划掉任意一行及其对应列所得的子矩阵仍然是模糊一致矩阵。

（3）矩阵中任意指定两行的对应元素之差为常数。

（4）对模糊互补矩阵按行求和，记为 $r_i = \sum_{k=1}^{n} f_{ik}$，$(i = 1, 2, \cdots, n)$，再对每个元素实施数学变换：$r_{ij} = \dfrac{r_i - r_j}{2n} + 0.5$，则新建的矩阵 $R = (r_{ij})_{n \times n}$ 是模糊一致矩阵。

（5）满足中分传递性。当 $\lambda \geqslant 0.5$ 时，若 $r_{ij} \geqslant \lambda$、$r_{jk} \geqslant \lambda$，则有 $r_{ik} \geqslant \lambda$；当 $\lambda \leqslant 0.5$ 时，若 $r_{ij} \leqslant \lambda$、$r_{jk} \leqslant \lambda$，则有 $\lambda_{ik} \leqslant \lambda$。

c 分析步骤

正是模糊一致矩阵的特殊性质使得模糊一致矩阵的概念符合人类决策思维的一致性。因此，在多层次多目标的决策分析中得到广泛的应用。

模糊层次分析步骤如下：

（1）建立层次结构模型。通过方案分析，确定评价指标，并将指标因素分层。最高层即目标层，它是解决问题的目标，中间层即准则层，可以是一层或多层，最下层即方案层，是实现目标的具体方案。

（2）建立优先关系矩阵。通过因素的两两比较，利用三标度法（0—甲差于乙；0.5—甲乙相等；1—甲优于乙）构造模糊判断矩阵，并使其满足定义，这种矩阵也是模糊互补矩阵。

（3）将优先关系矩阵按照性质（4）转换成模糊一致矩阵。

（4）层次单排序。在模糊一致矩阵的基础上利用方根法计算各层次因素的权重向量，并对权重指标归一化处理。即 $T_i = \dfrac{P_i}{\sum\limits_{k=1}^{n} P_K}$，其中 $P_i = \sqrt[n]{b_i}$，$(i = 1, 2, \cdots, n)$，$b_i = \prod\limits_{j=1}^{n} r_{ij}$，$(i = 1, 2, \cdots, n)$，则 $T_i = (C_1, C_2, \cdots, C_n)^T$ 即为模糊一致矩阵的优度值，将其从大到小排列就显示了各因素的单目标优劣次序。

C 实例

南芬铁矿露天转地下开采生产规模 1500 万吨/a，根据矿山地下生产规模、矿体赋存状况以及露天开采境界，可行的有以下两种开拓方案：

方案 I：箕斗主井 + 罐笼副井 + 斜坡道开拓方案；

方案 II：胶带斜井 + 罐笼副井 + 斜坡道开拓方案。

方案的经济比较是按可比部分分别进行比较，相同部分不参与计算。主要投资项目包括各方案的井筒、井底车场、提升机、井塔、胶带运输等。

开拓方案可比项目比较结果见表 2 - 6。

表 2 - 6 开拓方案可比项目比较

序号	项目名称	方案 I	方案 II	序号	项目名称	方案 I	方案 II
1	可比工程量/m³	232861.83	242770.2	5	提升效率	较低	高
2	可比工程投资/万元	10962.5	10786.65	6	井筒维护工作量	小	大
3	经营费/万元	48666	48134	7	施工条件	较好	差
4	运输线路	短	长	8	基建时间	较短	较长

对于提出两个开拓方案，将各影响因素（即各项指标，见表 2 - 6）对开拓系统选择的影响合理量化其中的定性指标。定性指标定量化时，可将因素指标分成 5 个等级，并由表 2 - 7 所列赋值标准给出评定值，当因素指标介于两个等级之间时，评定值取这两个等级评定值之间的值。

表 2 - 7 赋值标准

赋值标准	很差	差	一般	好	很好
越大越好	1	3	5	7	9
越小越好	9	7	5	3	1

将定性指标定量化后，由各项评价指标（事件，a_i）和开拓方案（对策，b_j）组成局势，构成决策矩阵如下

$$M_{(i)} = \begin{bmatrix} 232861.83 & 10962.5 & 48666 & 3 & 3 & 3 & 7 & 4 \\ 242770.20 & 10786.7 & 48134 & 7 & 7 & 7 & 3 & 6 \end{bmatrix} \quad (2-43)$$

应用效果测度公式，对决策矩阵 $M_{(i)}$ 各数据进行处理，构成目标的局势决策矩阵 $s_{(i)}$。

$$s_{(i)} = \begin{bmatrix} 1.00 & 0.98 & 0.99 & 1.00 & 0.43 & 1.00 & 1.00 & 1.00 \\ 0.96 & 1.00 & 1.00 & 0.43 & 1.00 & 0.43 & 0.43 & 0.67 \end{bmatrix} \quad (2-44)$$

采用模糊层次分析法，确定 C_i：

（1）建立评价指标体系方案的层次结构模型如图 2 - 21 所示，由于各指标在方案优选中所起的作用是不同的，可根据各因素的重要程度建立优先关系矩阵。目标层与准则层之间的矩阵，如表 2 - 8 所示的 A - B 优先关系矩阵，准则与方案层之间的矩阵。

（2）将模糊互补矩阵转换为模糊一致矩阵，见表 2 - 9。

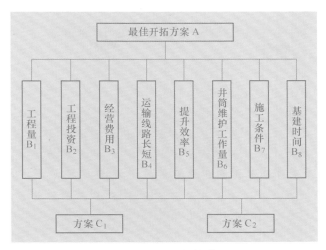

图 2-21 层次结构模型

表 2-8 A-B 优先矩阵

A	B_1	B_2	B_3	B_4	B_5	B_6	B_7	B_8
B_1	0.5	0	0	1	0	0	1	0.5
B_2	1	0.5	0	1	1	1	1	1
B_3	1	1	0.5	1	1	1	1	1
B_4	0	0	0	0.5	0	0	1	0
B_5	1	0	0	1	0.5	0.5	1	1
B_6	1	0	0	1	0.5	0.5	1	1
B_7	0	0	0	0	0	0	0.5	0
B_8	0.5	0	0	1	0	0	1	0.5

表 2-9 A-B 模糊一致矩阵

A	B_1	B_2	B_3	B_4	B_5	B_6	B_7	B_8
B_1	0.5	0.28125	0.21875	0.59375	0.375	0.375	0.65625	0.5
B_2	0.71875	0.5	0.4375	0.8125	0.59375	0.59375	0.875	0.71875
B_3	0.78125	0.5625	0.5	0.875	0.65625	0.65625	0.9375	0.78125
B_4	0.40625	0.1875	0.125	0.5	0.28125	0.28125	0.5625	0.40625
B_5	0.625	0.40625	0.34375	0.71875	0.5	0.5	0.78125	0.625
B_6	0.625	0.40625	0.34375	0.71875	0.5	0.5	0.78125	0.625
B_7	0.34375	0.125	0.0625	0.4375	0.21875	0.21875	0.5	0.34375
B_8	0.5	0.28125	0.21875	0.59375	0.375	0.375	0.65625	0.5

（3）应用方根法计算出各因素在目标中的权值。B 层相对于 A 层，各因素权值为：

$$C_{(i)} = \begin{bmatrix} 0.10849 & 0.168342 & 0.185149 & 0.081568 & 0.142951 & 0.142951 & 0.06206 & 0.10849 \end{bmatrix}^{T}$$

将权值 c_i 代入公式 $s_j^{\Sigma} = \sum_{i=1}^{m} c_i s_{ij}^i$，得出由各方案的综合效果测度构成多目标的局势决策矩阵 $M_{(\Sigma)}$。

$$M_{(\Sigma)} = \begin{bmatrix} s_1^{\Sigma}, & s_2^{\Sigma}, & \cdots, & s_n^{\Sigma} \end{bmatrix} = \begin{bmatrix} 0.913301 & 0.79651 \end{bmatrix}$$

综上分析，南芬铁矿露天转地下开拓系统选择根据最大的综合效果测度 $\max(s_j^{\Sigma})$ 对应的第 1 种对策即箕斗主井 + 罐笼副井 + 斜坡道方案为最优方案。

2.4.2　开拓系统衔接

露天转地下开采矿山的特点是在矿床尚未转入地下开采之前，露天矿已经开采多年，早已形成了完整的露天开拓系统以及相应的辅助生产作业系统。因此，露天转地下矿山开拓系统空间衔接技术实质指的是露天开采与地下工程空间共享技术，包括运输系统的共享和公用设施的共享两方面。其主要考虑的因素有两点：一是在保证安全前提下，最大限度地利用露天矿现有的开拓系统和辅助生产系统；二是露天矿的开拓，应尽可能地与地下开拓工程相互结合相互利用。这就要求在露天转地下开采设计时，对前（露天）后（地下）期开采应进行统一全面规划，露天开采后期的开拓系统既要考虑地下巷道的利用，同时在向地下开采过渡时，地下开采也应尽可能利用露天开采的相关工程和设施等。国内外露天转地下开采矿山的经验表明，当矿山充分利用了露天与地下开采特点时，并统筹规划露天与地下开采的工程布置，可以使矿山的基建投资减少 25% ~ 50%，生产成本降低 25% 左右。

根据露天和地下生产工艺的关联程度，工程位置相对关系，露天转地下开拓系统空间的衔接可以归纳为露天采场内开拓系统衔接、露天采场外开拓系统衔接、露天采场内外联合开拓系统衔接三种类型。

2.4.2.1　露天采场内开拓系统衔接

这种方式主要适用于深部矿石储量不多、地下开采规模不大、服务年限较短及露天矿边坡稳定性较好，且深部或侧翼残存少量矿石的情况。它的适用条件可归纳为两种情况：（1）对于倾斜和急倾斜的矿床，当露天深度较大时，开采露天挂帮的矿石；（2）露天开采到设计境界后，位于露天坑底部的矿石。这部分矿石储量不多、开采服务年限较短，一般通过在露天坑底采用 VCR 法回采。这类开拓系统衔接方式，通常是从露天边坡或坑底的非工作帮适当位置掘进平硐斜井、竖井或平硐斜坡道开拓，矿石通过露天开拓运输系统运出地面（图 2 - 22、图 2 - 23）。其优点是井巷工程量少、投资少、投产快，可利用原有露天开采的地面运输系统和若干提升设施，生产衔接简便。它的缺点是在露天开采未结束之前，进行井巷施工时，对露天生产有干扰，同时对露天边坡稳定性要求高。

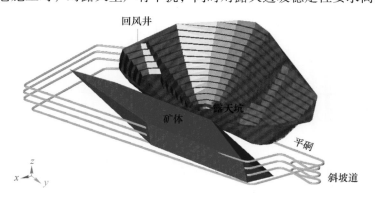

图 2 - 22　露天转地下开拓系统露天采场内衔接挂帮矿体开采

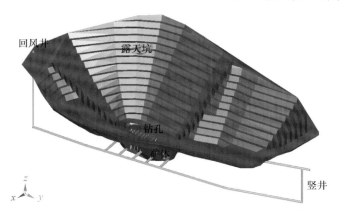

图 2-23 露天转地下开拓系统露天采场内衔接底部矿体开采

2.4.2.2 露天采场外开拓系统衔接

这类矿山的地下开拓工程一般都布置在露天采场以外，露天和地下都使用独立的开拓运输系统，如图 2-24 所示。

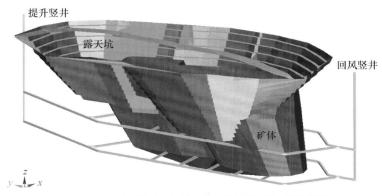

图 2-24 露天转地下开拓系统采场外开拓系统衔接

该方式地下开拓运输系统无法利用露天开拓运输系统，因此仅限于露天和地下公用设施的衔接。这类开拓方式主要适用于埋藏较深的水平和缓倾斜矿床，或者虽是急倾斜矿床但走向长度大可以分区开采的矿床，且矿床储量大，服务年限又较长的矿山。目前，我国不少露天转地下开采的矿山都采用这类开拓衔接方式，这是因为国内大多数矿山在设计时缺乏统筹考虑，没有或较少考虑露天与地下开采工艺系统的结合和相互利用问题。这类开拓方式的优点是露天与地下互不干扰，可实现平稳过渡，同时在露天采场结束后，边坡可不再维护。缺点是地下井巷工程量大，投资高，基建时间长；因此国外矿山近 10 年来用得较少。

露天采场外开拓系统衔接主要有以下几种开拓方案：

（1）平硐开拓。平硐开拓是一种最方便、最安全、最经济的开拓方法。运输方便，不需要提升设备，运力大。但只有矿床赋存于山岭地区，矿体埋藏在周围地平面以上才能使用。在露天转地下的矿山中，很难找到适合平硐开拓的矿山。但是在露天转地下的矿山中，在开采露天边帮矿和三角矿量时通常可以考虑采用平硐开拓。此外，在一些地质条件比较复杂的矿山也可以选择有平硐开采的联合开拓方法。

（2）竖井开拓。竖井开拓方案主要用于开采露天下部为倾斜或急倾斜矿体。在露天转地下的矿山中，竖井的位置分为露天坑内和露天境界外两种。采用这种方法便于管理，生产能力较高，在金属矿山使用较普遍。在露天转地下的矿山中，其矿体通常是急倾斜的、上部离地表近，矿体延深大。大多数露天转地下矿山在进行下部开采时都选择竖井开拓方案。矿体倾角也是选择竖井开拓的重要因素，但是，同其他开拓方案选择一样，也受到地形的约束。由于各种条件的不同，竖井与矿体的相对位置也会有所不同。在露天转地下的矿山中，大多是采用下盘主井开拓，上盘或者矿体中部设立通风天井等开拓方式。

（3）斜井开拓。斜井开拓方案适用于开采缓倾斜矿体。斜井施工简便、中段石门短、基建工程量少、基建期短、见效快，但斜井提升能力低。在露天转地下矿山中单独使用斜井开拓的不多。

（4）斜坡道开拓。采用斜坡道开拓可以进一步探明地下矿体情况，采用灵活的无轨运输设备，矿石由采场溜井下放至井下用无轨设备运输，经斜坡道运至一定水平的斜坡道入口矿堆。其缺点是基建时间较长，投资较大。当深度增大时，运输成本相应地增大。常见的斜坡道开拓有螺旋式和折返式两种。

2.4.2.3 露天采场内外联合开拓系统衔接

这类开拓方式是上述两类开拓系统的组合，露天采场外布置的井巷大多是矿石提升和运输巷道，场内的开拓工程，大多是斜坡道或风井辅助井巷。露天和地下采用统一的地下巷道开拓。矿山从露天一开始就用地下巷道开拓，深部露天的矿石用溜井通过坑内巷道经竖井或斜井皮带运出。同时，露天开采利用地下巷道排水、疏干（图 2-25 和图 2-26）。这样大大减少了露天剥离量和运输距离，降低了露天和地下的基建投资，缩短了地下开采的基建时间并改善露天的生产条件，确保露天顺利地、持续稳产地向地下开采过渡。露天转地下后，地下提升运输系统仍可使用原露天提升运输系统。

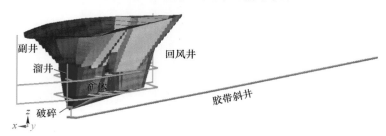

图 2-25 露天转地下开拓系统采场内外联合衔接（一）

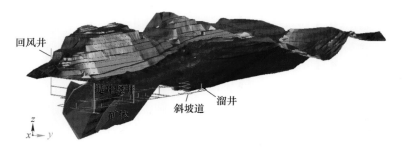

图 2-26 露天转地下开拓系统采场内外联合衔接（二）

由三种开拓系统空间衔接方式的优缺点比较可知，露天采场内开拓衔接方式约束条件多，仅适用于露天挂帮矿以及露天坑底部少量矿石的开采。露天采场外开拓衔接方式，只能用于露天和地下公用设施的衔接，地下开拓运输系统很难利用露天开拓运输系统。采用这种衔接方式的矿山往往是受地质勘探程度（矿床深部勘探不足），或设计的历史条件（初期设计只要求作露天境界内的开拓系统），没有考虑后续转地下的开采系统。因此该方式一般作为一种被迫采用的衔接方式。露天采场内外联合开拓系统衔接方式尽可能利用露天和地下开采工艺的特点，露天转地下统一利用地下巷道运输，共同使用井下破碎站和提升系统。这样减少了露天剥离和地下开采的基建投资。深部露天矿石通过溜井下放到地下开采的运输系统中，采用竖井提升方式比地面汽车运输节约开采成本；同时从地面有斜坡道直通井下各个工作面，有利于提高采场的机械化程度和设备的效率。因此，露天采场内外联合开拓系统衔接方式是露天转地下矿山开拓系统的首选衔接方式。

但要指出的是，采用露天采场内外联合开拓系统衔接方式的矿山首先在设计时就应统筹考虑，确定露天转地下的时机、位置以及后续露天转地下过渡期能相互利用的开拓运输系统。

2.5 露天转地下开采生产能力衔接

露天转地下开采的矿山存在过渡时期的产量衔接问题，即露天开采产量逐渐减少，地下开采产量逐渐增加，在露天开采结束时，地下开采达到设计产量。

在露天开采转为地下开采过程中，为了保持矿山产能达到合理的规模，必须在露天开采能力衰减期，进行地下开采建设，过渡期内补充露天递减的产能。在此期间，地下开采方案对全矿的产能有一定的影响，一般而言，采用崩落法开采，矿山产能增加速度快，而用充填采矿法，则产能增加速度相对较小。因此，要根据露天开采产能的下降速度、地下开采技术条件确定过渡期的开拓方式和采矿方法，分析矿山近期及中远期生产能力的变化，分析地下矿山建设速度及建设工期，明确过渡层开采所要求的时间及空间条件，确定露天转地下开采生产能力衔接。

露天转地下过渡方式包括：

（1）露天开采结束后转入地下开采。露天和地下衔接程度低、相互采动影响小。上部露天开采已经完成，地下采矿方法的选择较为灵活，可以采用效率较高的崩落法。这种采矿方法导致矿山停产，给企业盈利带来障碍。

（2）分期分区转地下开采。长大露天矿开采晚期，在已经完成的露天采区，先期转为地下开采，露天采区与转为地下开采的采区保持一定安全距离，露天开采和地下开采在纵向水平上、垂直剖面上的相互影响较小，相互制约较少。

（3）露天和地下联合开采。露天和地下开采在垂直平面内同时进行。为了产量平衡和顺利转为地下，在露天底部保留一定厚度的保安矿柱，以确保露天和地下开采的独立进行。这种方法是在露天还没有结束就进行地下开采，在一个垂直面内，相互的采动影响较大，要预留安全矿柱。

露天转地下开采过渡分为停产过渡和不停产过渡两种。不停产过渡是露天转地下开采的目标，其优点一是矿山过渡期不停产，可实现矿山持续生产；二是露天平稳过渡到地下开采，有效降低采矿成本。

露天转地下开采矿山的合理稳定生产规模应根据矿体的埋藏条件以及开采技术经济水平来确定。过渡时期的规模必须和矿山的实际情况相结合，不能太大也不能太小。如果生产规模确定的较大，在生产中就很难达到设计规模，如果规模太小就无法满足矿山生产需要。在露天转地下矿山，合理的生产规模主要与以下的几个因素有关：露天现有的生产规模，矿床的埋藏情况，矿床的形态特征和围岩的性质，矿山的经济环境，采掘设备及施工技术工艺，矿山技术储备及所采用的采矿方法等。

露天转地下开采过渡期内，为保证露天作业安全，考虑投入开采的矿床有效面积，采矿作业相互关联的发展顺序，采用下式确定露天转地下的开采规模

$$\frac{A_1}{A_2} = \frac{n_1 S_1 k_1 \rho_1 h_1}{n_2 S_2 k_2 \rho_2 h_2} \qquad (2-45)$$

式中　A_1，A_2——分别为露天开采和地下开采的规模，t/a；

n_1，n_2——分别为露天开采同时作业的台阶数和地下开采同时作业的阶段数；

S_1，S_2——分别为投入露天开采和地下开采的矿床有效面积，m^2；

k_1，k_2——分别为露天开采和地下开采的回采率，%；

ρ_1，ρ_2——分别为露天开采和地下开采的矿石密度，t/m^3；

h_1，h_2——分别为露天开采和地下开采的强度，m/a。

露天转地下开采生产能力衔接应考虑露天采剥进度，地下开拓系统空间布置、基建进度等，具体又可分为两种情况。

第一种情况：该方式是在不影响露天生产的前提下，提前对露天转地下工程进行建设，使矿山按时转入地下开采，在露天矿山产量减少时，地下投产。该方案主要适用于规模大的露天转地下的矿山。由于规模大的矿山企业生产周期长，地下开拓系统基建时间长。投产和达到较慢，因此在安排地下开采的生产能力的切入时间应该早于露天采场的生产能力消失时间，这样随着地下开采的逐渐达产。可以提早补充露天采场后期生产能力的不足。

例如，峨口铁矿就是采取该方式。峨口铁矿矿体分散，露天分为四个采区，分别为南东、南西、北东、北西。各区矿量不均，且露天结束时间不同：南东区生产规模为150万~250万吨/a，结束时间为2016年；南西区生产规模为150万~360万吨/a，结束时间为2021年；北东区生产规模为230万~340万吨/a，结束时间为2011年；北西区生产规模为150万~345万吨/a，结束时间为2019年，露天总生产规模为750万吨/a。另外，露天矿体高差大，挂帮高度高，上部矿量少，向斜核部矿量多；地下生产能力不均匀；如果按照露天采场采剥进度计划进行生产，待到露天生产减产时，地下才开始生产，矿山将无法完成露天转地下产能平稳过渡，过渡期内矿山最低规模将降低到少于300万吨/a，并且地下开采很长一段时间内矿山总规模达不到750万吨/a。

为了按750万吨/a的规模平稳过渡到地下开采，采取以下措施：

（1）调整南东露天采场开采能力，加大南西露天采场生产能力至350万吨/a，减小南东露天采场生产能力至200万吨/a，使南西露天采场和南东露天采场基本同时结束；南东地下采区开采在南西露天采场结束后开始，保证南西露天采场安全生产。

（2）调整南西露天采场开采计划，将南西西挂帮采区完全采用无底柱分段崩落法，加快南西西挂帮采区矿体开采。

（3）减缓北西露天采场开采，配合南区各采区使矿山总产能平稳过渡。

采取以上措施后，矿山以 750 万吨/a 的规模从露天平稳过渡到地下开采（图 2 - 27）。

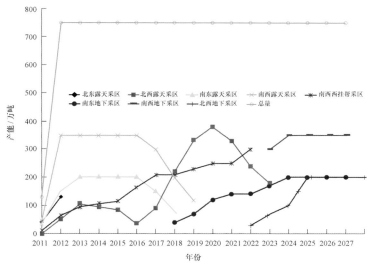

图 2 - 27 峨口铁矿露天转地下产能衔接

第二种情况：该方式以矿山露天采场的采剥进度计划和地下开采设计为主要依据，确定好露天转地下工程基建期后，露天生产减产时，地下生产的产量能弥补露天生产减少的量，以维持矿山计划的总产能平稳过渡。该方案主要适用于规模较小的露天转地下的矿山。

目前国内大部分露天转地下的矿山都是采用第二种衔接方式，待露天开采减产时，地下开始投产。但对于大型矿山，露天生产末期，产能消失速度快，地下开采的产量递增速度往往不能满足露天产量消失的速度，导致过渡期总产能的下降。例如石人沟铁矿露天开采的产能为 120 万吨/a，待露天开采减产时，地下一期才开始投产。但地下一期的产能远不能满足露天开采末期下降的产能，导致矿山在过渡期内有两年的产能不足 100 万吨/a。

针对第二种衔接的特点，保持产能平稳的常见的采矿技术有以下几种：

（1）扩帮延深开采。露天矿开采境界的大小决定着矿山的可采矿量、剥采比、生产能力、服务年限等。但露天开采境界并不是一成不变的，随着科学技术的发展，边坡加固技术水平不断提高，很多矿山都加大了边坡角。当岩体的体积较大时，为了满足在转入地下时产量不足的问题，通常可以进行扩帮开采。这样就可以增加露天开采的矿量，稳定过渡期的生产能力。

（2）不扩帮延深开采。当露天开采到达设计的露天底时，为了稳定露天转地下过渡期间矿石不足的问题，以留三角矿柱不扩帮的方式向下继续开采的方法。不扩帮延深开采，不仅可以充分发挥露天矿现有设备和设施的作用，而且可以解决露天矿结束后向地下开采过渡的产量衔接问题。对于倾斜或急倾斜厚矿体，采取在顶盘留三角矿柱的方法，不扩帮继续延深开采。很多矿山在设计期间就考虑了留顶盘三角矿柱控制剥采比从露天采场多出矿的方案，个别矿山在露天开采后期，根据实际情况延深开采。很多露天转地下的矿山在露天矿开采到最终设计水平后，并不立即结束开采而在地下开采工程施工的同时，继续进行不扩帮延深开采，充分发挥矿山现有人员和设备的潜力，并且部分地解决了露天向地下开采过渡的产量衔接问题。

（3）合理选择首采区。在选择合理的开拓方式和运输方法的条件下，首采区的开采方法直接关系到露天是否能顺利的转为地下开采，例如在当露天还没有结束开采时，地下首采区的采矿方法不能选择崩落到地表的崩落法。

（4）边坡矿体残采。在露天边坡附近往往有残余矿体，若露天开采临近结束时对其进行回收，则可多回收矿石。对边坡残留矿的开采可以在一定程度上缓解露天转地下过渡阶段矿量不足的压力，例如，海南矿业联合有限公司北一采区、马钢矿业有限公司姑山采场、杏山铁矿在露天转地下过渡期，弥补露天开采末期产能的减少，都是通过开采挂帮矿体来弥补露天开采末期产能的减少。杏山铁矿 2004 年开始设计露天转地下时，露天采场只能服务 1.5 年左右，矿山面临停产过渡。但 –33m 水平以上露天境界外还留一部分挂帮矿体，因此矿山将露天转地下开采过渡分为三个阶段：1）露天境界内结存矿体的生产与挂帮矿体开采的基建；2）挂帮矿体开采；3）深部矿体基建并投产。挂帮矿体的生产规模和服务年限充分考虑深部矿体的基建时间，根据初步编制深部矿体基建计划，深部矿体基建时间为 4 年左右，按照挂帮矿体和深部矿体同时基建考虑，挂帮矿体服务年限为 3 年左右，待深部矿体基建结束，矿山完全转入地下开采。这样挂帮矿体开采接续了露天开采，避免了矿山停产过渡。

（5）回收三角矿柱。在露天矿两端，由于不扩帮延深开采会在上盘留下三角矿柱，其常规的回采方法有：矿岩稳固时，可根据矿体的长度和厚度，沿走向布置矿房进行回采；矿岩不稳固时，可与地下第一阶段的矿体一起进行回采，也可单独进行分层充填法回采。

（6）分区开采。当矿体面积较大时，可以采取分期开采，这样就可以在部分回采完成以后就直接转为地下开采，保证各自开采区的独立进行。有利于采取出矿效率高的采矿方法，使整个露天顺利转为地下开采。

（7）低品位矿石的利用。通过合理的配矿，将高品位矿和低品位矿合理搭配以满足矿石产量不足的问题。同时可以在允许的条件下降低出矿的品位，以增加采矿量。

3 露天转地下开采过渡期采矿方法

矿山开采经历露天开采期、露天转地下开采过渡期和地下开采期三个阶段。其中，露天转地下开采过渡阶段最为复杂，开采的难度最大。这段时期内，露天和地下同时作业，产生了露天作业与地下作业互相影响的问题，要考虑作业安全以及产量衔接问题。要解决这些问题，不仅涉及开拓、采准、开采顺序、时间安排等，也涉及地下采矿方法的应用。

地下采矿法共有空场法、崩落法、充填法三大类。在过渡期选择采矿方法时，不仅要考虑该采矿方法的使用条件，而且要考虑该采矿方法的特点如何与矿山现存的条件、开采状况以及过渡期的特点相结合，以保障露天转地下开采既能安全有序地进行，又能在矿石产量上能够平稳过渡。

3.1 空场采矿法过渡工艺

空场类采矿法是将矿块划分为矿房和矿柱，先采矿房后采矿柱，矿房回采后留下的采空区，由留设在空区周边的矿柱（间柱、顶柱、底柱等）来支撑以控制地压的采矿方法。

使用空场类采矿方法时，为了避免或防止露天穿爆和装运作业对地下井巷和采场的破坏以及地下爆破作业对露天采场的破坏，一般要求从露天采场底到地下采场之间留有隔离矿柱（或称境界顶柱）。此矿柱的厚度依矿岩稳固程度、矿体开采条件、矿体形态变化等不同而不同（如南京凤凰山铁矿为 7～10m，大冶铜山口铜矿为 42m，石人沟铁矿为 16～25m），一般为 10～20m，矿山应根据本矿具体情况而定。境界顶柱是保证露天作业和地下作业能够同时安全进行的重要条件。

3.1.1 阶段矿房采矿法

阶段矿房采矿法主要有水平深孔崩矿和垂直深孔崩矿两个方案。在露天开采过渡期，主要采用水平深孔崩矿方案。南京凤凰山铁矿露天转地下开采方案，如图 3-1 所示。该矿是我国露天转地下开采最早的矿山之一，原设计用无底柱分段崩落法开采，因覆盖缓冲层无法在回采之前形成，故改用阶段矿房水平深孔方案开采。

该方案在露天底留 7～10m 的境界顶柱。矿块垂直走向布置，在矿体上下盘呈对角式各布置一条凿岩天井，由凿岩天井的凿岩硐室内用 YQ-100 型潜孔钻机打水平扇形深孔，拉底后，由下至上分次进行爆破，爆破下的矿石，只放出约 30% 的矿量（松散系数的矿量），留下的矿石以支撑围岩和矿柱，待露天采矿作业结束后，再放出其余存窿矿量。为防止露天边坡突然崩塌对地下生产造成危害，在大量放矿末期暂留 6～8m 的缓冲矿层保障安全。境界顶柱用 YQ-100 型钻机由露天坑向下穿孔爆破，爆破下的矿石由采场下部平底装车结构放出。在爆破境界矿柱的同时，崩落顶盘围岩以形成覆盖层，转入地下开采以后用阶段崩落法回采。

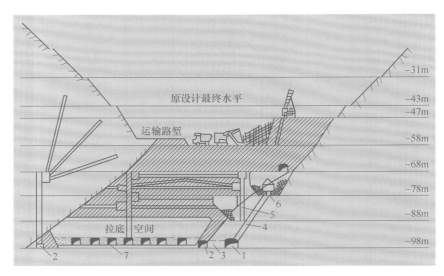

图 3 - 1 凤凰山铁矿露天转地下开采方案
1—下盘脉外沿脉巷道；2—脉内沿脉巷道；3—穿脉巷道；
4—溜井；5—凿岩天井；6—电耙巷道；7—装矿进路

该法的优点是在露天开采末期，用境界顶柱和暂存矿石的办法，确保了露天与地下能同时安全生产，弥补了露天开采末期减少的矿量，露天结束后，又有存窿矿石接替出矿，保证了矿山稳产过渡。

3.1.2 预留境界顶柱分段空场阶段出矿法

这种采矿方法也是露天转地下过渡期常用的采矿方法。其特点是，在阶段内划分出矿块。矿块由矿房、间柱、顶柱、底柱组成。在矿房内，沿矿房高度上再划分成若干个分段，利用各分段的凿岩巷道落矿和矿房周围的矿柱支撑围岩，形成在阶段空场下出矿。矿柱作为第二步回采。下面以河北石人沟铁矿露天转地下过渡期所使用的分段空场阶段出矿采矿法为例予以说明。

（1）采矿方法的选择。石人沟铁矿首采区矿体平均厚度为 9.7m，平均倾角 60°，顶底板围岩为角闪斜长片麻岩、黑云角闪斜长片麻岩，普氏硬度系数为 6 ～ 10；矿石为磁铁石英岩，普氏硬度系数为 10 ～ 12，矿体与围岩均比较稳固。

可以看出，上述开采条件适合用分段空场阶段出矿法开采。另外还有三个原因：

1）该矿上部为露天采空区，汇水面积比较大。如果地下开采初期就用崩落法开采，地表水必将大量涌入井下，这将会增加地下开采的排水费用，直接影响地下开采初期的经济效益。而用空场法开采，可在 0m 以上至露天底之间留 16 ～ 25m 的境界矿柱，这样，就隔断了地下与露天的水力联系，大大降低了地下涌水量。

2）地下开采初期，北区露天开采还没有完全结束，南区地下开采首采区的上部是露天开采正在使用的废石场。采用空场法，可避免地下开采与露天生产相互干扰。

3）地下开采初期采用空场法，可降低矿石贫化，提高出矿品位，改善经济效益。

由于以上的原因，所以采用分段空场阶段出矿法开采，如图 3 - 2 所示。

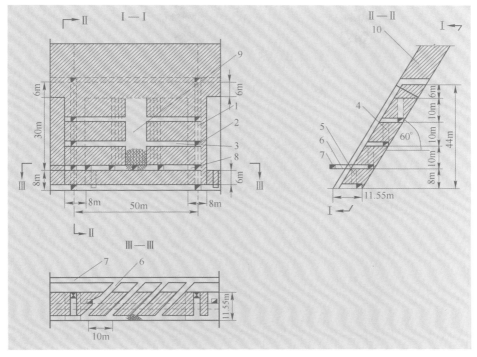

图 3 - 2　阶段出矿分段空场法

1—通风人行天井；2—天井联络巷；3—分段凿岩巷；4—切割井；5—矿石溜井；
6—装矿进路；7—出矿巷道；8—堑沟拉底平巷；9—切割槽；10—境界顶柱

（2）采准、切割与回采工艺。采准工程主要由脉内运输巷道、分段凿岩巷道、行人通风天井、天井联络道、装矿进路、出矿巷道、放矿溜井等；切割工程主要有切割天井、切割横巷和堑沟拉底平巷等。

在分段凿岩巷道内用 YGZ - 90 型钻机配 TJ - 25 型台架钻凿上向扇形中深孔，采用粒状铵油炸药与 2 号岩石炸药混合炸药爆破，用非电雷管和导爆管起爆。装药由 BQ - 100 型装药器进行。

当矿房中央的切割槽和下部的拉底形成后，以两者为自由面向两侧后退式落矿，出矿由铲运机进行。

（3）矿柱回采。矿柱回采是用在中段巷道和分段天井联络道内打上向扇形中深孔，以矿块为单元进行的。崩落矿柱前，矿房下部要有一定数量的矿石，以免崩落的矿石冲击破坏底部结构。

（4）空区处理。矿柱回采结束后，即刻处理采空区。由于首采区的上部露天采场已排满了废石，随着矿柱的崩落和回采，废石自动的充填了采空区。当空区不能被废石充填时，强制崩落顶板围岩，以避免大规模岩体移动，保证回采工作的安全。

（5）评价。阶段出矿分段空场法，生产能力大、效率高、安全条件好、矿石贫化低、出矿品位高，是其主要优点；采场工作量大，回采矿柱难度大、损失大，是其主要缺点。

在露天转地下开采过渡期，由于该法留设的矿柱具有支撑露天境界矿柱的作用，使露天和地下采矿作业能同时安全进行，保障了过渡期的稳产，因而也是过渡期常被采用的采矿方法。

3.1.3 不留境界顶柱分段空场阶段出矿法

该方案与预留境界顶柱方案不同之处在于不再专设境界顶柱，而是将分段空场法最上一个分段的高度适当地加大。此高度加大的分段替代了境界顶柱的作用，仅其厚度比专设境界顶柱的厚度小了一些，省去了专门回采境界顶柱的作业，其他方面两者没有多大区别。其回采工艺与一次分段空场法相同。在开采顺序上，通常是随着露天采场最末一个台阶的推进，分期逐段地由露天转入地下开采。在矿房回采的末期，在回采矿柱的同时，由间柱的上盘硐室崩落一定数量的上盘围岩，以充填采空区。该方案主要用于矿岩条件较好的矿体。如我国金岭铁矿3号、4号和5号矿体就用此法开采（图3-3）。

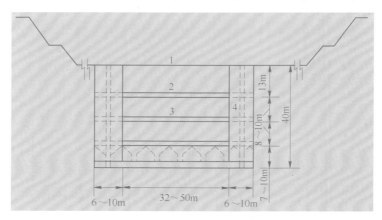

图3-3 分段空场法不留顶柱方案
1—露天矿；2—空场法顶柱；3—矿房；4—矿柱

该法的优点是：没有回采境界顶柱和爆破围岩的作业，可提高矿石的回收率，降低矿石的贫化率。缺点是：在露天开采末期，地下与露天不能在同一垂直面内同时回采，且在露天采场内的积水将直接灌入井下，增加地下排水设施及其工程量和排水费用，增大地下开采初期的漏风量，对于多雨和雨量较大且汇水面积较大气候条件的露天矿不宜应用。

3.1.4 浅孔留矿采矿法

浅孔留矿采矿法是露天转地下开采过渡期常用的采矿方法之一，如河北石人沟铁矿、河北丰宁银矿等矿山都有应用。过渡期浅孔留矿法与一般的浅孔留矿法，没有多大区别，所不同的是，露天转地下的浅孔留矿法一般要在露天底留境界顶柱，而一般的浅孔留矿法却不必如此。

浅孔留矿采矿法的特点是工人直接在顶板大暴露面积下作业，使用浅孔落矿，自下而上分层回采，每次采下的矿石靠自重放出三分之一左右，其余暂留在矿房中作为继续工作的平台。矿房全部回采完毕，暂留在矿房的矿石进行大量放矿，然后使用其他方法回采矿柱和处理采空区。如图3-4所示。

（1）适用条件。适用于矿岩中等稳固以上，厚度从极薄至极厚的急倾斜矿体。要求矿体倾角变化小，矿石不结块，无氧化特性，不自燃。

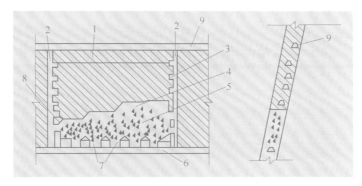

图 3-4　浅孔留矿采矿法

1—顶柱；2—天井；3—联络道；4—回采工作面；5—崩落矿石；
6—阶段运输巷；7—放矿漏斗；8—间柱；9—回风巷

（2）采准与切割。主要有：沿脉平巷、采准天井、采场联络道，电耙道、拉底巷、漏斗等。

（3）回采。一般沿矿房长度方向从矿房中央向两翼后退式回采，也可以从矿房的一端向另一端后退式回采。落矿一般用 YT-27、YT-28 或 YSP-45 型钻机进行。出矿用得最多的是电耙，其次是铲运机。

浅孔留矿法主要优点是：结构简单，管理方便，所用的设备比较简单，工艺不复杂，工人容易掌握。主要缺点是：平场和处理松石工作量大，且是人工进行，劳动强度大；人在暴露面的顶板下作业，安全条件差。

由于该法留有矿柱，此矿柱具有支撑露天境界矿柱和确保露天与地下作业安全的作用，另外该法在采场中存窿的矿石，在露天结束后可接替出矿，弥补了露天开采末期减少的矿量，有利于矿山稳产过渡，因此是常被露天转地下开采过渡期选用的采矿方法。

3.1.5　空场采矿法底部结构优化

矿块的底部结构是采矿方法的重要构成要素，采场底部结构对采矿方法的技术经济效果和回采工作的安全程度都有重大影响。据统计，形成矿山井下采场底部结构的劳动消耗量占每吨矿石总劳动消耗量的 20%~40%，尤其在露天转地下过渡首采中段时，由于地质应力场复杂，矿块采切巷道极易破坏，回采出矿效能低，极大地影响过渡期产能的稳定。因此针对矿山的具体条件，研究、设计出合理的露天转地下开采采场底部结构，是空场法采矿的关键内容。

目前，空场法嗣后充填开采矿山底部结构，根据出矿设备的不同可采用不同的底部结构，一个采场通常采用一个底部结构，其出矿进路完全是分开的，只共用一条出矿穿脉或沿脉。为了防止二步骤回采时的底部结构的安全影响，常在充填体中进行二次开挖出新的出矿进路，或者新掘独立底部结构。当采场垂直矿体走向布置时，该巷道为穿脉巷道；当采场沿矿体走向布置时，该巷道沿矿体走向布置于矿体下盘或上盘围岩中。其结构形式通常有三种：一是双侧进路底部结构；二是单侧进路底部结构；三是长进路双采场底部结构。

（1）双侧进路底部结构（图3-5）。矿房、矿柱之间设置小隔墙，以避免在充填体内开挖，一条拉底巷道两条出矿进路。该底部结构工程量稍大，底柱矿石损失多，底部结构切割量较大，对巷道的稳定性不利，同时降低了矿房充填体和出矿巷道的稳定性。

（2）单侧进路底部结构（图3-6）。出矿进路布置在拉底巷道单侧，先短进路回采矿房，后延伸进路回采矿柱底部结构，矿房回采通过短进路出矿，充填后再进行矿柱底部结构的采准。避免了一步骤回采矿房时工程量大、出矿运距长的缺点，但矿房底部结构需要胶结充填，并在充填体内开挖，增加了支护量。

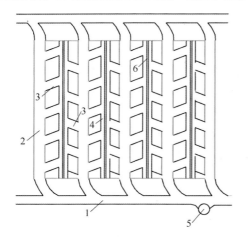

图3-5 双侧进路底部结构

1—沿脉运输巷道；2—穿脉运输巷道；3—出矿进路；

4—拉底巷道；5—放矿溜井；6—隔墙

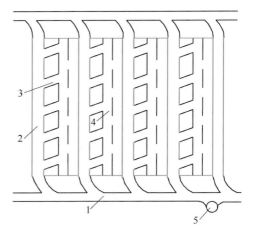

图3-6 单侧进路底部结构

1—沿脉运输巷道；2—穿脉运输巷道；3—出矿进路；

4—拉底巷道；5—放矿溜井

上述两种底部结构工程量大，对底部矿柱切割比例大，影响底柱的稳定性，也增加支护工程量。二步骤回采采切比高，采场准备时间长，影响采场综合生产能力。

（3）长进路双采场底部结构（图3-7）。矿房采场和矿柱采场交替布置，矿柱的下部留有底柱，底柱的侧面为斜面，底柱间为堑沟；在矿房采场和矿柱采场的两侧设有沿脉运输巷道，矿石溜井竖直布置在沿脉运输巷道的外侧。其特点是：在沿脉运输巷道之间沿采场设有穿脉出矿巷道，穿脉出矿巷道布置在两个采场的一侧底柱中，在矿房下部沿穿脉方向布有矿房拉底巷道，在矿房拉底巷道与穿脉出矿巷道之间顺序布有矿房出矿进路、共用出矿进路；共用出矿进路与穿脉出矿巷道斜交，矿房出矿进路、共用出矿进路之间根据出矿设备的参数、采场布置可以有适当转角。矿房采场通过堑沟与矿房出矿进路衔接。共用出矿进路与穿脉出矿巷道斜交的角度为45°~55°；堑沟斜面与水平面的夹角，即堑沟斜面倾角为45°~55°。在一步骤开采矿房采场并充填后，再二步骤回采矿柱采场。此时，在矿柱下部沿穿脉方向布置矿柱拉底巷道，在矿柱采场中新掘堑沟，利用缩短的出矿进路和出矿巷道进行出矿作业。穿脉出矿巷道的位置在采场底部且距离堑沟的边界不小于5m，前后5m范围内围岩坚固稳定、完整性好，完整性系数不小于0.8。各巷道采用喷射混凝土支护，需要时加锚杆挂钢丝网支护。

该底部结构有如下优点：

1）减少巷道工程量、避免二次开挖；

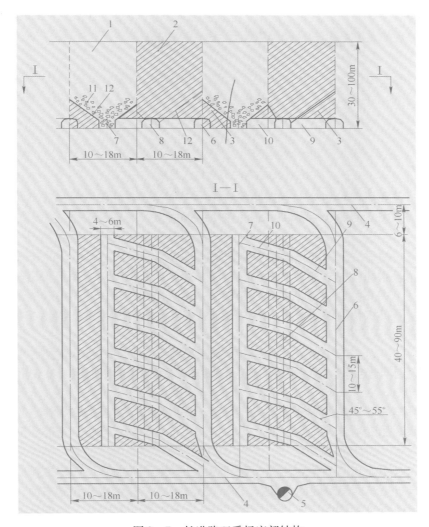

图 3-7　长进路双采场底部结构

1—矿房；2—矿柱；3—底柱；4—沿脉运输巷道；5—矿石溜井；6—穿脉出矿巷道；7—矿房拉底巷道；
8—矿柱拉底巷道；9—共用出矿进路；10—矿房出矿进路；11—爆落矿石；12—堑沟

　　2）为增加出矿进路放矿口稳定性，减少支护工程量；

　　3）加快二期回采矿柱时的矿块准备，降低采矿成本，增加充填体稳定性；

　　4）一步骤回采矿房采场后采空区充填采用尾砂胶结充填，充填体抗压强度在 3MPa 以上，充填接顶率达到 80% 以上，二步骤回采矿柱采场后采空区充填，接顶率达到 60% 以上。

　　该底部结构方式服务两个采场，降低了底部结构的采切比，支护工作量少，节省了露天转地下过渡阶段地下空场法嗣后充填开采的准备时间，加快了矿柱回采，有利于产能的稳定。

3.1.6　空场采矿法矿柱的回采及空区的处理

　　空场采矿法在矿房的矿量采完后，留下的矿柱和空区需要回采和处理。在露天转地下过渡期，如何回采矿柱和处理留下的空区也是需要研究的问题之一。总的来说，处理的方案有两种：一是崩落方案；二是充填方案。

3.1.6.1　崩落方案

崩落方案的使用条件是：从第二中段起就采用崩落法回采，此时矿房中的矿柱连同露天底的境界顶柱，可用深孔、中深孔或硐室等一起装药爆破，崩落下的矿石，与下部用崩落法回采的矿石一起从底下放出（图3-8）。

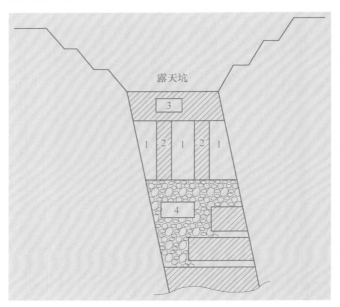

图3-8　采空区处理过程示意图

1—采空区；2—留下的矿柱；3—露天坑底留下的境界顶柱；
4—表示从第二中段起改用无底柱分段崩落法开采

在回采矿柱和处理采空区时，先在矿柱和顶柱中凿岩，待凿岩完成后，矿柱和顶柱同时装药分段起爆。在段位上，矿柱在前，顶柱在后。

间柱的凿岩可由布置在间柱中的凿岩巷中进行，境界顶柱的凿岩可由露天底进行，也可从地下凿岩巷中进行。上部覆岩（崩落法的需要）的形成可由崩落露天边帮和回填剥离的废石形成。

3.1.6.2　充填方案

当露天底地下采矿从第二中段起采用的不是崩落法回采时，此时要想回采矿柱，其采空区就要进行胶结充填。其充填料可为尾砂、水泥等。待矿房充完凝固后，即可回采矿柱。回采矿柱的方法：可在间柱内开掘凿岩巷道，由凿岩巷道内钻凿深孔或中深孔进行崩矿，崩落的矿石由布置在间柱内的漏斗放出。待矿石放完后，用尾砂进行充填；间柱的回采也可用上向水平分层充填法进行。往后则是回采露天底境界顶柱。该顶柱的回采直接从露天采场用露天钻机向下打深孔或中深孔，崩落的矿石由露天装运设备运走。为了确保露天边帮的稳定，可在靠露天边帮处留3~5m厚的矿柱不采。若矿石价值高，可先将靠边帮处的矿石采出后进行胶结充填，然后再采远离边帮的矿石，以免受塌帮的威胁。

3.1.7 空场法过渡期应用评价

优点：在露天开采末期，地下采矿与露天采矿可同时进行，可弥补露天开采末期减少的矿量，使矿山产量得以平稳过渡。

缺点：回采境界顶柱，矿房间柱和顶柱要么用嗣后充填法或充填法处理，要么用崩落法处理，施工困难，且投资较大，矿石回采率低，贫化率高。

3.2 崩落采矿法过渡工艺

崩落类采矿方法的特点是：在回采矿石的同时，用崩落的围岩来充填采空区，以此来控制和管理地压。在回采过程中，不需要将矿块划分为矿房和矿柱，而以整个矿块作为回采单元，按一定的回采顺序用崩落法进行连续回采。为了安全生产和挤压爆破以及放矿的需要，应留有一定厚度的岩石或矿石做覆盖垫层。此覆盖层在露天开采还没有结束之前，是难以做到的。因此，采用崩落采矿法的露天转地下开采的矿山，露天和地下通常不能同时作业，也就是在一个垂直面不能同时开采。根据国内外矿山经验，为了保证矿山产量衔接和持续稳产过渡，露天矿必须分期、分区或分段结束，地下采矿必须分期、分区或分段投产。因此，在每个矿山的具体条件下，能否采用崩落采矿法过渡，这是露天转地下矿山在选择采矿法方案时，必须考虑的主要因素之一。

在露天转地下开采的矿山中，通常使用的有分段崩落法和阶段崩落法，但以前者用得较多。分段崩落法按底部结构不同又分为有底柱分段崩落法和无底柱分段崩落法，当今，用无底柱崩落法的矿山很多，而用有底柱分段崩落法的矿山较少。

3.2.1 覆盖层合理厚度

根据崩落法开采地压控制方法及工艺特点，为了形成崩落法正常回采条件和防止围岩大量崩落造成安全事故，崩落法开采过程中在崩落矿石层上面覆以矿岩垫层是崩落采矿法的首要基本要求。

就露天转地下开采的矿山，覆岩垫层厚度要满足以下两点要求：第一，放矿后岩石能够埋没分段矿石，否则形不成挤压爆破条件，使崩下的矿石将有一部分落在岩石层之上，增大矿石损失贫化；第二，一旦大量围岩突然冒落时，覆盖岩层确实能起到缓冲作用，以保证回采安全。

由于合理矿岩垫层厚度的研究关联到采矿工艺要求、围岩垮冒的冲击力、地震波及空区冲击气浪的传播等很多方面的问题，使得覆盖岩层厚度的研究变得极为复杂，目前覆盖层合理厚度没有可供实际参考的理论依据或计算公式，而矿山设计和生产中一般均按定性工程类比方式和《金属非金属矿山安全规程》的要求留设覆岩垫层，但安全规程中关于覆盖层厚度的留设要求缺乏充分的依据，且未考虑采矿工艺、采场参数、空场高度、冒落规模、空区面积等因素的影响，这会造成有些矿山为形成规程要求的垫层而产生很大浪费，在另一些矿山又会因为垫层不足而发生安全问题。对作为崩落法开采既要满足回采工艺，又要满足安全要求而言，缺少充分的依据。

以下从采矿工艺要求、巷道的风速和风压安全要求、岩体冒落冲击力安全要求三个方面讨论覆盖层厚度。

3.2.1.1 基于采矿工艺要求

崩落矿岩移动规律主要包括放出矿石体、矿岩界面移动规律和矿石残留体三个方面，无论任何条件下放矿，充分掌握这几方面的主要规律对有效控制矿石损失贫化、完善放矿管理等都非常重要。

大量的端部放矿试验表明，当停止放矿时，在进路出口前方即步距之间有端部残留，倾角较小时在矿体下盘有下盘残留，在回采进路之间有脊部残留，端部残留与脊部残留是连在一起的，如图 3-9 所示，崩落矿岩界面随放矿不断下移，并圈定着矿石残留体，即放矿最后的矿岩界面形状就是矿石残留体的形态。

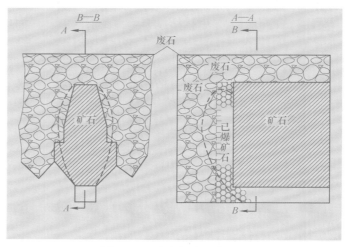

图 3-9 覆盖岩层下放矿图

以上残留体中，脊部残留与端部残留可在下分段回收，未被回收的矿石进入再下一分段的下盘残留区域中，另一部分在下移过程中混入矿岩混杂层中，覆盖于崩矿分段之上，矿岩混杂层在一定贫化后可继续回收，但进入下盘残留区域内的矿体将永久损失。

由此可见，崩落法的矿石贫化来源于与矿石最大放出体相接触的顶部、前部和侧面的矿石。由于放出体和矿石堆积体的形态不能完全一致，因此在覆岩下放矿，这种贫化是不可避免的。另外因为爆破堆积体和放出体不能完全吻合，放出体超出矿石堆积体的部位也是贫化的来源，而在另一些部位放出体不能尽包括爆破堆积体，便造成矿石的丢失；再加上覆盖层厚度不足，崩落矿石覆盖在废石上面，也造成矿石的损失。

放矿试验结果表明，始终保持矿石被废石覆盖及矿岩界面的连续性和完整性是减少崩落开采过程中矿石损失和降低矿石贫化的关键。只要矿石始终被废石覆盖，这既可保证挤压爆破条件的形成，也可避免矿石爆破后崩落至废石覆盖层顶面上造成损失，另一方面只要覆盖层始终盖住两条进路之间存在的矿石脊部残留体，就可保证该部分残留矿石的有效回收。

崩落矿岩移动特性、矿石损失贫化途径及规律显示：在一个分段放矿条件下，能够盖住矿石脊部残留、能够形成挤压爆破条件、能够保持矿岩界面连续性和完整性的最小覆盖层厚度为一个包括脊部损失高度在内的分段高度。但是每次出矿结束前总有一定量的废石混入，即随着回采过程中分段的下降，覆盖层厚度在逐渐减小。

当按一个分段高度留设覆盖岩层时，第一个分段出矿结束后已经有部分矿石不能被废石覆盖住，此时矿石就有可能被抛至废石上面，为确保每个分段回采中和回采结束后矿石都能被覆盖岩层覆盖住，满足采矿工艺要求的最低覆盖层厚度为：

$$H = \alpha \left(1 + \sum_{i=1}^{n} N_i \cdot \frac{r}{1-r} \cdot \frac{\gamma_{矿}}{\gamma_{废}} \cdot k \right) h \qquad (3-1)$$

式中　H——覆盖层厚度，m；

　　　α——调整系数，取值范围 1 ~ 1.35；

　　　h——分段高度，m；

　　　N——分层数，个；

　　　r——废石混入率，%；

　　　k——矿石回采率，%；

　　　$\gamma_{矿}$——矿石比重，t/m³；

　　　$\gamma_{废}$——岩（废）石比重，t/m³。

从式（3-1）可见，废石混入率越低，需要覆盖层的厚度越小，充分证明了无底柱崩落采矿低贫化放矿的重要性，既降低贫化，又减少覆盖层形成费用。

3.2.1.2　基于削弱顶板冒落引发巷道内风速和风压

顶板大规模瞬时突然冒落是一种剧烈的动力现象，其重力势能作用对井巷等可能产生严重的力冲击破坏，而且也会因冒落过程中在冒落体上部或下部产生正压和负压后，引发的高速气浪对井巷或空区内作业的人员、设施和设备等造成巨大伤害或破坏。通过活塞式（最大冲击条件下）崩落模型模拟得到了巷道内的风压和风速与垫层厚度的关系曲线，如图 3-10 和图 3-11 所示。

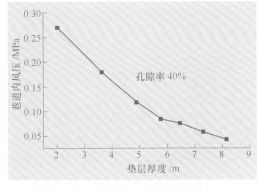

图 3-10　风压与垫层厚度关系曲线

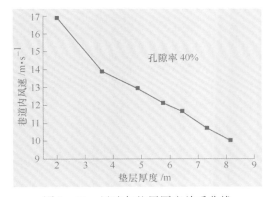

图 3-11　风速与垫层厚度关系曲线

由图 3-10 可见，气浪通过覆盖垫层后，其压力衰减明显，垫层越厚，压力越低，随着垫层的加厚，衰减速度变小。巷道内压力 P 与覆盖垫层厚度 h 可按指数关系拟合为：

$$P = f(h) = 0.45 e^{-0.3h} \qquad (3-2)$$

由图 3-11 可见，巷道内风速与垫层厚度曲线在垫层为 4.85m 处存在拐点。但垫层厚度大于 4.85m 时，巷道内风速与垫层厚度关系基本呈线性反比关系，而矿山实际生产中，垫层厚度至少要大于一个分段高度（一般至少为 10m），因此工程现场巷道内风速 v 与覆盖垫层厚度 h 为线性反比函数关系：

$$v = -0.885h + 17.25 \tag{3-3}$$

3.2.1.3 基于巷道安全的岩体崩落冲击力

应力传感器和动态数据采集系统组成的顶板岩体冒落冲击力相似模拟结果表明，一个分段高度的覆盖层厚度基本可将岩体冒落冲击力消散至很小，松散覆盖岩层对顶板岩体的冒落冲击力具有很强的缓冲和消散作用，崩落质量与冲击力关系曲线如图 3 - 12 所示；垫层厚度与冲击力关系曲线如图 3 - 13 所示；崩落高度与冲击力关系曲线如图 3 - 14 所示。

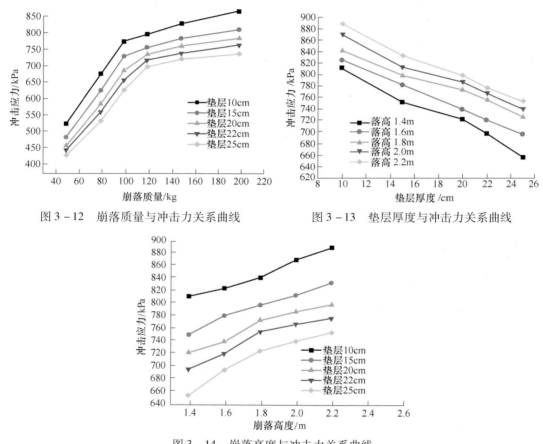

图 3 - 12 崩落质量与冲击力关系曲线　　　图 3 - 13 垫层厚度与冲击力关系曲线

图 3 - 14 崩落高度与冲击力关系曲线

采用非线性动力学有限元 ANSYS/LS – DYNA³ᴰ 程序，模拟冲击力在覆盖层内传递过程云图如图 3 - 15 所示，冲击过程能量变化曲线如图 3 - 16 所示，冲击力时程曲线如图 3 - 17 所示。可见覆盖岩层对崩落岩石的冲击力有明显的缓冲作用，整个冲击过程中总能量基本处于守恒状态，内能和动能之间有一个相互转化的过程，动能在计算过程中转化为材料的内能。

露天转地下开采用崩落法的矿山，由于地下采场通过覆盖岩层相隔与地表贯通，这对减弱岩体冒落对巷道的冲击危害是极为有利的，可见满足回采工艺要求的覆盖层厚度满足巷道内风速、风压安全要求和岩体冒落冲击力安全要求的覆盖层厚度。因此满足回采工艺要求的覆盖层厚度即为合理的覆盖层厚度。

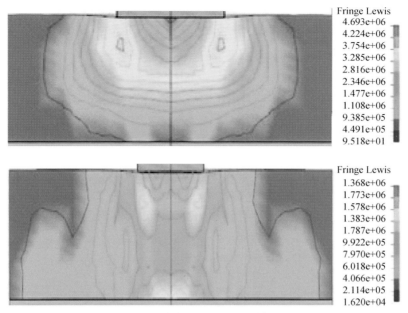

图 3-15 冲击力在覆盖层内传递过程

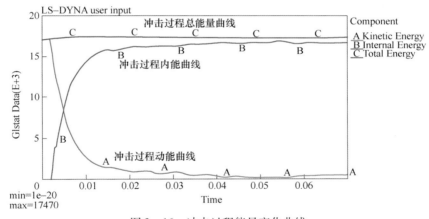

图 3-16 冲击过程能量变化曲线

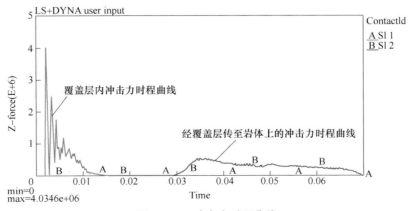

图 3-17 冲击力时程曲线

3.2.2 覆盖层形成途径及方法

3.2.2.1 露天转地下挂帮矿体崩落法开采覆盖垫层形成途径

（1）挂帮矿体最上面两个分段及每个台阶下矿体崩落回采期间，每次仅进行松动出矿，保留矿石垫层作为覆盖垫层。

（2）随回采的进行适当崩落部分夹石及采场围岩补充覆盖垫层。

（3）诱导崩落露天边坡补充覆盖垫层。

3.2.2.2 露天境界底以下矿体崩落法开采覆盖垫层形成途径

（1）通过皮带或溜槽等方式将深部采出的废石或其他废石场的废石回填至露天坑，把回填至露天坑内的废石作为深部开采的覆岩垫层。

（2）将挂帮矿体开采及深部矿体开采期间自然滑塌至露天坑的废石作为覆岩垫层。

（3）大规模强制崩落露天帮坡岩体形成深部开采的覆盖岩层。

（4）利用上面分段崩落的矿石作为覆盖岩层。

（5）强制崩矿体间废石夹层或采场上下盘围岩作为覆盖岩层。

（6）在采场面积足够大且具备自然崩落条件后，利用采场顶板自然崩落的岩体作为覆盖岩层。考虑到自然崩落过程中露天帮坡可能出现的大规模滑塌，在具备自然崩落条件前采场内要有足够厚度的覆盖岩层。

3.2.2.3 覆盖岩层的形成方法

覆盖岩层的形成方式是崩落法开采时首先要考虑的关键问题，而对露天转地下崩落法开采的矿山，影响覆盖岩层形成方式的主要因素有以下几方面：

（1）覆盖岩层厚度要求。

（2）有利于提高回采指标的覆盖垫层物料组成要求。

（3）矿体赋存条件（主要包括矿体形态及矿体连续性）及工程地质条件（主要包括结构弱面）。

（4）地下采场围岩稳定状况及变形规律，露天边坡稳定状况及随开采延深时变形滑塌规律，主要包括露天边坡本身的稳定性及随开采延深时的滑塌情况及滑塌规模，围岩体具备自然崩落的最小暴露面积和形成该暴露面积的条件。

（5）露天转地下开采过渡方式。包括不停产过渡时地下过渡段开采方式（主要包括地下第一中段是否采用空场法或充填法进行开采）和停产过渡时过渡期开采规划要求（主要包括产能及压矿要求）等。

（6）露天转地下开采环境影响，主要包括矿区开采环境及露天转地下开采岩移控制要求。

按以上影响因素、覆岩移动特性及覆岩厚度要求，覆盖岩层形成方式主要有以下几种：

（1）矿体上部已用空场法（如分段矿房法、阶段矿房法、留矿法等）进行过渡回采，下部改用崩落法开采时，覆盖岩层可通过两种方式形成，第一种方式是在采空区上下盘围岩中布置深孔或药室，在回采矿柱的同时，有序强制崩落采空区围岩以形成覆盖层；第二种方式是崩落全部矿柱（包括顶柱）留矿石作垫层，然后随着开采的延深有序诱导崩落上下盘岩体作为覆盖岩层。

（2）对于围岩稳固性差、岩体破碎或断层等结构面较多的区段，充分利用岩体的不稳定性及断层对岩体稳定性的不利影响, 尽量采用诱导崩落使围岩随着矿石的回采而自然崩落形成覆盖岩层。

(3) 围岩稳固的矿体采用人工强制落顶形成覆盖岩层, 此时按形成覆盖岩层和矿石回采工作先后不同, 可分为边回采边放顶、集中放顶和先放顶后回采三种。

1) 边回采边放顶是在第一分段上部掘进放顶巷道和回采一样形成切割槽, 随着下部回采工作的进行, 逐渐崩落上部的放顶炮孔形成覆盖岩层。用这种方法在第一分段回采中就能形成覆盖层, 并可在挤压爆破条件下崩落矿石且可以正常出矿。

2) 集中放顶是在回采形成一定暴露面积后, 自放顶区侧部的凿岩巷道或天井中打深孔或中深孔, 一次大面积崩落顶板。

3) 先放顶后回采是在回采之前, 在矿体顶板围岩中布置一层或两层放顶凿岩巷边, 并同回采矿体一样在端部掘进切割巷道形成切割槽。用崩落矿石方法崩落围岩形成覆盖岩层。

(4) 对露天转地下开采的矿山, 若边坡稳定性差或地下开采初期对边坡破坏严重时, 可根据矿体赋存状况及边坡赋存状况, 在地下开采之前或与地下开采同期用药室或深孔爆破边坡岩体形成覆盖岩层。但由于露天边坡坡度一般均较小, 采用这种方式补充露天坑底矿体回采时覆盖层的范围十分有限。

(5) 露天转地下开采过渡期, 合理有效调整露天开采顺序及开采区段, 在露天坑内回填满足开采要求厚度的废石做覆盖岩层, 即采用覆盖层构造和再造工艺形成覆盖层, 如图3-18所示, 可在露天开采结束后, 将原露天坑作为废石场使用, 这既有利于岩移控制, 又有利于覆盖岩层的补充。

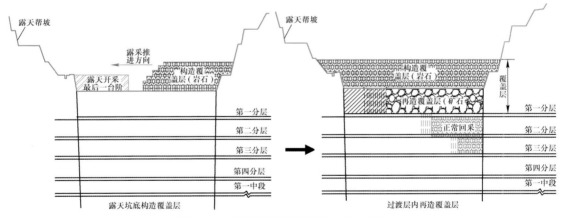

图 3-18 覆盖层构造和再造方案示意图

(6) 在露天坑内回填满足开采要求厚度的废石作覆盖岩层。

(7) 崩落矿体间夹石作为覆盖岩层的补充。

(8) 利用矿石做缓冲垫层。将首采中段上部2~3个分段的矿石崩落, 实施松动 (放出崩矿量的30%左右) 出矿, 余者暂留空区作为矿石垫层。随着回采工作的推进, 围岩暴露面积逐渐增大, 空区暴露时间逐渐增长, 待达到一定数量之后, 围岩将开始自然崩落, 并逐渐增加崩落高度, 形成足够厚度的岩石垫层。岩石垫层形成后放出暂留的矿石垫层, 进入正常回采。这种方法的放顶费用最低, 但要积压大量矿石和实施严格的放矿管理。在实际生产中制定覆盖层的形成方式时, 要针对矿山具体开采情况, 充分结合前面覆盖层的移动特性，既要考虑覆盖层形成辅助工程等的经济性和科学性，又要能为回采工艺和回采安全服务。

3.2.3 无底柱分段崩落采矿法

无底柱分段崩落采矿法是国内露天转地下开采过渡期应用最多的采矿方法，如冶山铁矿、保国铁矿铁蛋山矿区、板石矿上青矿区、海南矿北一采场、铜山铜矿等矿山都有应用。

无底柱分段崩落采矿法是将阶段划分为分段，分段再划分为分条，每一分条布置一条回采进路，在回采进路中进行落矿、出矿等回采作业，不需要开掘专用的出矿底部结构。分段之间按自上而下的顺序回采，进路之间按一定的回采顺序以步距崩矿的方式逐步向后退采，上部的覆盖岩层随之下降，出矿在覆盖的岩石下进行。典型的无底柱分段崩落法如图 3-19 所示。

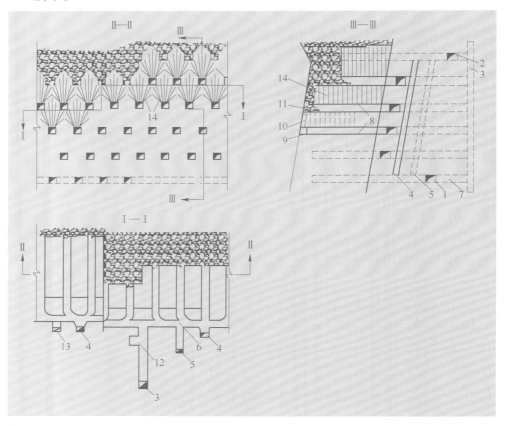

图 3-19 典型的无底柱分段崩落法

1，2—上下阶段运输巷道；3—设备井；4—溜井；5—通风井；6—分段运输联络道；7—设备井联络道；8—回采巷道；9—切割巷道；10—切割天井；11—切割槽；12—机修硐室；13—废石溜井；14—扇形炮孔

（1）矿块布置。矿块布置一般根据矿体厚度和出矿设备有效运距确定。一般情况下，矿体厚度小于 20m 时，矿块沿矿体走向布置；大于 20m 时，垂直矿体走向布置。

（2）结构参数。阶段高度一般为 50~70m，高者达 120m。分段高度和进路间距：在早期多为 10m×10m；现今，已向大结构参数发展，如梅山铁矿，分段高度为 15m，进路间距为20m，即向大间距发展。像镜铁山铁矿，分段高度为20m，进路间距为15m，向高分段发展。两者均有很好的发展空间。

（3）采准切割。阶段运输平巷、天井、溜井一般布置在下盘岩石中，当矿体下盘不稳固而上盘岩石稳固时，也可将上述井巷布置在上盘岩石中。每个矿块原则上设一个溜井，个别情况根据矿石的品位和夹带的废石多少而定。一般在回采进路中的端部靠上盘边界上掘切割天井及拉槽平巷，并在拉槽平巷中钻上向平行中深孔以切割天井为自由面进行中深孔爆破，拉成垂直于回采进路的切割槽，作为回采进路回采自由面。

（4）回采。回采工作包括打上向平行扇形中深孔、装药与爆破、通风、出矿。凿岩一般用 Boomer 281 型单臂全液压凿岩台车和 YGZ-90 型钻机配凿岩台架进行；装药一般用 BQ-100 型装药器或装药车进行；出矿一般用 WJD-2 型电动铲运机和 JCCY-2 型柴油铲运机进行。回采顺序一般由上盘向下盘后退式推进。

（5）覆盖层的形成。在露天底形成覆盖层是使用无底柱分段崩落法必不可少的条件。覆盖层的厚度一般应不小于崩矿高度的2倍，为了减少覆盖层充填料的费用，多数矿山均利用露天剥离的废石作为充填材料。也有不少矿山，以崩落露天边坡的岩石作为充填料。也有两者兼用的。

该法的优点是采场结构简单、机械化程度高，劳动生产率高、生产能力大、安全、成本低。缺点是在同一矿区中若没有其他矿段存在可以调节产量时，在形成覆盖层时期内，必将停止生产而影响矿山产量的衔接。且形成覆盖层的工程也比其他方法大。与预留境界顶柱的方法相比，渗水和漏风大。这种过渡方法一般在价值不高且矿区较大，有调节余地而不致严重影响停产的矿山应用较好。

3.2.4 有底柱分段崩落采矿法

有底柱分段崩落采矿法也是国内露天转地下开采过渡期被采用的采矿方法之一。现以铜山铜矿为例予以简介。

铜山铜矿1号矿体位于露天结束后的边坡内坑底下；13号矿体位于露天坑底下。两矿体上部已有大量岩石覆盖，即覆盖岩已形成，且覆盖岩中又含有一定的品位，为了使采场有牢固的底部结构和较大的出矿能力，结合矿山具体条件。对上述二矿体采用有底柱分段崩落法回采，如图3-20所示。

（1）采场布置及构成要素。采场布置尽可能垂直于露天边坡，以减少边坡地压对巷道的破坏。采场长度10~30m，宽度12.5m，分段高10~35m，凿岩分段高8~10m，底柱高6~7m，漏斗双侧交错布置，漏斗间距6m。

（2）采准与切割。采用脉外中段巷道运输，每2~3个矿块设置一条人行通风天井，用联络道与各分段电耙道贯通。盘区设一回风井。出矿溜井布置有电耙道独立井或盘区集中溜井。切割工作有辟漏和拉切割立槽。切割立槽采用"丁"字形拉槽法，切割天井设在矿块中矿体最凸起部位。通风以电耙道通风为主，切井通风为辅。

（3）回采。总的回采顺序是自上而下，阶段回采顺序视具体情况而定。凿岩用 YGZ-90 型凿岩机，垂直扇形布孔，孔径55~65mm，排距1.2m，孔底距1.5~1.7m，爆破采用小补偿空间挤压爆破，补偿空间系数为12%~20%，采用电耙出矿。

该法的优点是设备简单，使用和维修方便，生产能力大，安全。与无底柱分段崩落法

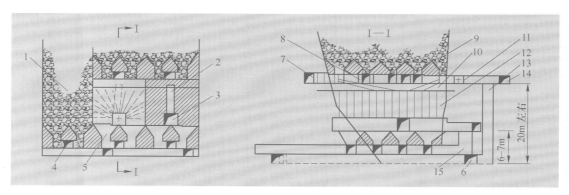

图 3 - 20 铜山铜矿有底柱分段崩落方案

1—崩落围岩；2—切割天井；3—凿岩巷道；4—电耙道；5—漏斗；6—运输平巷；7—底板沿脉；8—联络道；
9—矿内沿脉；10—顶柱；11—压顶硐室；12—中深孔排线；13—矿石溜井；14—回风道；15—人行天井

相比，有贯穿风流，通风条件好；但采切工程量大，底部结构复杂，易损坏是其主要缺点。与无底柱分段崩落法一样，它需要在开始回采前制造岩石或矿石覆盖层，这一条件，限制了其在一些矿山的使用。

3.2.5 阶段崩落采矿法

根据矿石的崩落性，阶段崩落采矿法又分为阶段强制崩落法和阶段自然崩落法。由于这类采矿法对使用条件要求较严，生产工艺技术较复杂，在露天转地下开采中用得较少。杨家杖子钼矿北松树卯矿区南露天矿在露天转地下开采时用阶段强制崩落法进行回采，如图 3 - 21 所示。

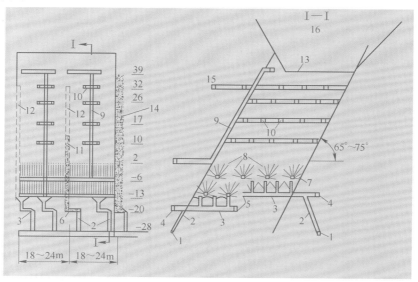

图 3 - 21 北松树卯钼矿阶段强制崩落法

1—运输平巷；2—溜井；3—电耙道；4—专用进风道；5—专用回风道；6—放矿漏斗；
7—拉底巷道；8—扇形炮孔；9—联络井；10—药室；11—切割矿石；12—切割槽；13—露天底；
14—松动矿石；15—放顶硐室；16—露天采场

该矿在露天转地下开采时，地下矿的回采是从一侧向另一侧逐个矿块进行，在回采第一阶段沿矿体走向回采 60~70m 后，在放矿末期，于拉底水平以上留 6~7m 厚矿石作爆破缓冲层，再用硐室爆破采空区顶盘岩石形成覆盖层。

该法的特点是形成覆盖层在第一阶段出矿后期，用随采随崩落顶盘岩石的办法形成的，露天作业不必停止，地下作业仍可正常进行。该法生产能力大，成本低，安全。在地下生产初期，露天和地下可同时进行是其主要优点。缺点是底部结构复杂，维护困难，放矿管理复杂，损失贫化大，渗水和漏风较大。该法一般适用于可分期、分区进行露天转地下开采的矿山。

3.3 充填采矿法过渡工艺

充填采矿法由于工艺复杂、生产能力低、成本高，在露天转地下开采期，国内矿山用得较少。一般多用于开采矿岩破碎、价值较高的贵金属或多金属、其他富矿体或其他环境复杂矿体。

使用该法时，与空场法一样，一般要在露天底留设境界顶柱以确保露天和地下在同一个垂直面内同时作业的安全。境界顶柱的厚度，根据矿岩的稳固程度、矿体开采条件和矿体形态变化不同而不同，一般为 10~20m。

露天转地下过渡期所用的充填法其生产工艺和通常的充填法基本上相同。常用的主要是上向水平分层充填法。

上向水平分层充填采矿法一般将矿块划分为矿房和矿柱，第一步骤回采矿房，第二步骤回采矿柱。回采矿房时自下而上分层进行，随工作面向上推进，逐层充填采空区，并留出继续上采的工作空间。充填体维护两帮的围岩，并作为马上回采的工作平台。崩落的矿石落在充填体的表面上，用机械方法将矿石运至溜井中。矿柱则在采完若干矿房或全阶段采完后再进行回采。

（1）采场布置和构成要素。采场布置主要按矿体厚度而定，矿体厚度小于 15~20m 时，沿走向布置（图 3-22），采场长度一般为 50m。当采用无轨自行设备回采时，长度一般为 100~300m。阶段高度：倾斜矿体为 30~40m，急倾斜矿体为 50~60m，最高达 122m。

矿体厚度大于 15~20m 时，采场垂直走向布置（图 3-23），分为矿房和矿柱，两步骤回采。矿房的宽度和矿柱的宽度，根据矿岩的稳固性而走。一般矿房的宽度大于矿柱的宽度，也有相等的。它们的宽度多为 8~10m。采场长度为矿体厚度，阶段高度为 40~122m。

（2）采准工程。上向水平分层充填法的采准工程主要包括人行通风天井、溜矿

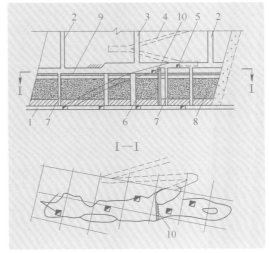

图 3-22 红透山铜矿沿走向布置的
上向水平分层充填法

1—阶段运输巷道；2—通风井；3—设备材料提升井；
4—斜坡道；5—分层联络道；6—溜矿井；7—行人滤水井；
8—充填体；9—尾砂胶结垫层；10—充填挡墙

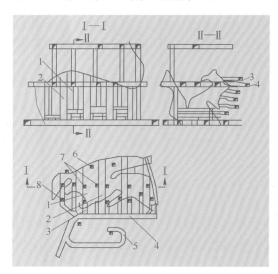

图 3-23 凡口铅锌矿垂直走向布置的
上向水平分层充填法

1—矿房；2—间柱；3—分层联络道；4—分层巷道；
5—斜坡道；6—充填井；7—脉内溜矿井；8—滤水井

井、充填井、设备材料提升井、采准斜坡道、分段联络道、分段巷道和分层联络巷道等。

（3）回采工艺。

1）凿岩爆破及出矿。在使用上向水平分层充填法的矿山，我国目前使用最多的是用 YSP-45 型或 7655 型钻机凿岩，人工装药（少数用 BQ-100 型装药器装），铲运机出矿，用凿岩台车凿岩、装药车装药的矿山还是很少，因此生产能力和劳动生产率较低。炸药一般用铵油炸药、乳胶炸药和 2 号岩石炸药，一般用非电导爆管起爆。炸药单位消耗量一般为 0.21~0.25kg/t。

2）采场顶板管理。采场支护通常采用锚杆、锚杆与钢丝网、长锚索与锚杆、长锚索与钢丝网联合支护。锚杆和锚索的直径、长度及网度根据采场的地质条件来确定。

一般锚杆长度为 2.0~3.5m，直径为 16~20mm，布置网度为 1.2m×1.5m 或 1.5m×1.5m；长锚索直径一般为 15~25mm，布置网度为 3m×3m 或 4m×4m，有效长度为 3~5 个分层高度。

3）充填。充填材料和充填质量，一般根据矿床地质条件和要求的不同而不同，当矿岩较稳固，矿石不十分贵重，矿柱矿量不大或又不再回采的露天转地下矿山，一般多用露天废石或尾砂充填。对于贵重矿石和富矿，且地质条件差的矿山，一般多用水砂或胶结充填。如铜官山铜矿，上盘稳固，用废石充填，在露天坑底采完了四个中段的矿房，露天边坡和作业负荷全靠矿房间柱和干式充填物来支撑，直至露天结束未出现安全问题。铜山铜矿，根据矿山具体情况，-80m 中段用胶结充填法回采（矿柱宽 6m，用尾砂胶结充填；矿房宽 8m，用尾砂充填）。在用同样的充填法回采下一个中段，即回采 -127m 中段时，上部中段的人工矿柱和尾砂充填的矿房依然完好，露天边坡未发现移动变形现象。说明效果是良好的。目前，采用上向水平分层充填法的矿山，其充填料从制备到各充填采场一般是通过钻孔和管道自流输送，料浆浓度一般为 70%~78%，采场内充填管道通常采用轻便的增强聚乙烯管。为确保充填质量和充填面平整，采场内充填管线上每 10m 左右应设一个下料点，以减少料浆离析。

（4）优缺点。

优点：

1）地下与露天可长时间进行同时开采，为露天转地下开采创造了产量平衡过渡的条件，且生产相对安全可靠。

2）能较充分的回收地下资源，且贫化率低。

3）不存在露天结束转地下受边坡冒落的威胁。

4）减少了坑下防洪排水的负担，并降低了采空区的漏风系数。

缺点：回采工艺复杂，生产能力较低，生产费用高。

随着环境保护、土地保降、资源开发利用要求的提高，充填法将是最有前景的采矿方法。

3.4 露天矿残留矿柱（体）的回采

露天矿开采境界外残留矿柱（体），按其赋存位置可分为三类：

（1）露天边帮残留矿体——在露天边坡附近的矿体；

（2）露天底与地下采空区之间的矿柱，多为境界矿柱；

（3）露天矿坑两端及上下盘的三角矿柱。

这些残留矿柱（体），赋存条件各异，回采条件复杂、难度大，回采率不高，且又不安全，根据铜官山铜等矿山的经验，要全部回采这些矿柱一般需要 3 ~ 5 年，因此，在开采技术上和时间安排上要给予足够的重视，以保证露天转地下能平稳过渡。

3.4.1 露天边帮残留矿体的回采

露天边帮的残留矿体，主要包括非工作帮附近和边坡以下的矿体，由于埋藏高差大、矿量少、回采较困难，同时它又处于露天转地下开采先期地段，如果回采强度低，将会牵制地下开采主矿的下降速度，影响达产时间，降低过渡期间的矿石产量，因此要尽早强化开采露天境界外的边坡残留矿体，最好在地下基建时期，把它提前采完。

开采这部分矿体，除了少量可由露天直接采出外，大部分采用地下开采，方法有：充填法、崩落法以及空场法。

3.4.1.1 充填法

充填法是开采露天边坡残留矿体采用较多的一种方法，一般采用上向或下向水平分层充填采矿法回采，图 3 - 24 是金川龙首矿区用分层充填法（有上向也有下向）回采边坡下矿体的实例。

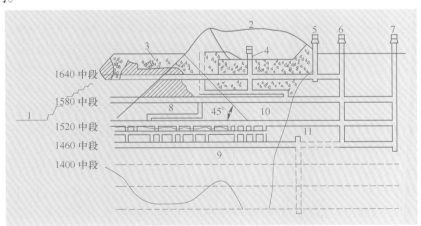

图 3 - 24 金川龙首矿区分层充填法回采边坡下矿体纵投影图

1—露天采区；2—小露天采区；3—原地下崩落法开采区；4—充填井；5—2 号井；6—老 1 号井；

7—新 1 号井；8—下向充填法采区；9—三角矿柱区；10—上向水平分层充填法采区；11—盲竖井

当露天边坡下的矿体延伸较长时，也可采用矿房充填法回采边坡矿体，如图 3-25 所示。

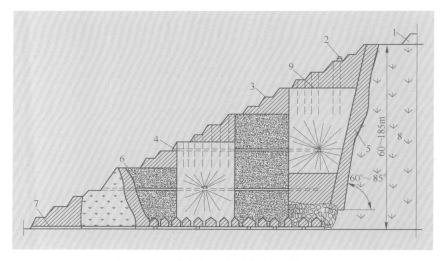

图 3-25 矿房充填法回采边坡矿体方案
1—矸石场；2—露天钻机；3—露天台阶；4—凿岩平硐；5—矿体；
6—充填体；7—运输平硐；8—围岩；9—充填高度

其回采工艺与通用的充填法相同。该方法除应注意爆破作业的相互影响外，一般不存在露天边坡塌落等安全威胁，它能保持边坡稳定，允许地下作业和露天作业同时进行。但该法的回采成本较高，劳动生产率低。因此主要适用于矿岩破碎、价值较高的矿床开采。当露天底的境界矿柱用充填法回采时，露天非工作帮底下的矿体通常也是采用充填法回采。

3.4.1.2 崩落法

采用此法回采边坡下矿体的矿山较多，如冶山铁矿、司家营铁矿、海城滑石矿等，均采用分段崩落法回采边坡下的残留矿体。采用这种方法回采时，地下开采对露天开采的安全是有影响的，一般情况下，地下开采沿走向的回采顺序应采用向边坡后退进行，使边坡附近的塌落漏斗逐渐发展，最终形成条带状的宽崩落区，以保护露天矿下部台阶不受塌落岩石的威胁。在及时进行岩移观测并采取安全措施条件下露天矿的回采作业受影响很小。但一般情况下，崩落区的露天矿下部，在地下开采影响到边坡安全时，应停止作业。该法通常适用于矿岩不太稳固，矿石不太贵重的矿山。当露天底矿柱和地下的第一阶段是用崩落法回采时，通常均用崩落法回采边坡矿体。

3.4.1.3 空场法

空场法回采残留矿体，一般用浅孔留矿法、房柱法等。浅孔留矿法一般用于回采倾角比较大的矿体，马钢姑山采场边坡矿体即使用浅孔留矿嗣后充填法回采，采矿方法如图 3-26 所示。

该部分矿体的特点是：矿体范围小、分散、距离地表及露天采矿最终境界较近，矿体倾角平均在 52°以上，矿岩稳固性较差。另外，矿区水文地质条件复杂，沿露天采场四周有一层富含承压水的卵砾层，该层不能破坏，否则将有大量水涌出。地表及露天采场边坡

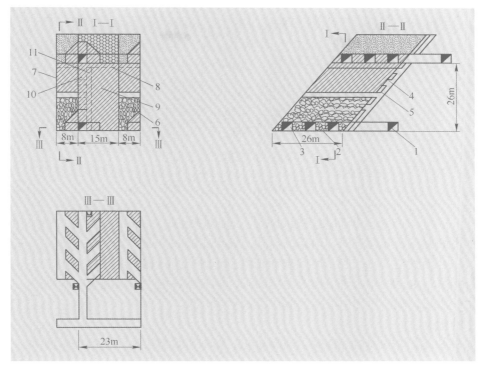

图 3 - 26　浅孔留矿嗣后充填法方案

1—阶段运输平巷；2—穿脉运输巷道；3—装矿进路；4—下盘天井联络道；

5—下盘通风人行天井；6—集矿堑沟；7—矿柱；8—顶柱；9—矿房；

10—上盘通风人行天井；11—上盘天井联络道

不允许塌陷，但为了补充露天生产矿量的不足，要求尽早出矿，因而采用了浅孔留矿嗣后充填法回采。该法结构简单，工艺不复杂，取得了良好的效果。

房柱法主要用于开采平缓露天矿边坡矿体，这种矿床在露天矿的边坡附近，往往堆积一定量的废石，对地下开采和边坡稳定产生一定影响。因此，在边坡下开采时，要求留设一定的境界矿柱。视矿床地质条件不同，这一矿柱大小可按废石堆放位置和矿层距地表距离而定，空场法的开采工艺通常和地下空场法相同，适用于矿岩稳固性较好的矿体。

3.4.2　露天底残留矿柱的回采

露天底残留矿柱是指露天坑底至地下采场之间的境界顶柱（隔离矿柱）。回采这部分矿柱，根据地下第一阶段所采用的采矿方法不同，矿柱回采方案也不同。当坑内采用崩落法采矿时，露天底就不存在残留矿柱，当然也就没有残留矿柱的回采问题。有些采矿方法，如留矿法、VCR法、水平分层充填采矿法是留有境界顶柱的，但在采完第一阶段矿房时，又继续用该法回采该境界顶柱。还有一类采矿方法在露天向地下开采过渡时期也不存在露天底境界矿柱，而是将露天底境界矿柱作为过渡阶段的矿房，用阶段矿房法回采，如图 3 - 27 所示。

这种方法是从露天边帮开掘斜坡道作为凿岩和装载设备用的运输巷道（阶段高度可达

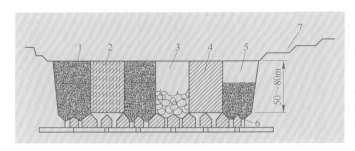

图 3 – 27　露天矿底矿柱的开采方法
1—充填体；2—自露天底向矿体中钻深孔；3—放矿的矿房；
4—矿柱；5—充填矿房；6—挡墙；7—露天工作帮

50~80m）。为了通风可开掘斜井或通风深孔与地面相通。然后开掘运输出矿水平的采准和拉底水平的漏斗及补偿空间。崩矿的深孔从露天底或在分段凿岩巷道中进行。矿房中的矿石放出后，用胶结废石或胶结尾砂进行充填。矿房的间柱在矿房充填后用与矿房同样的方法进行回采，也可以用水平分层充填法回采，但充填料可用剥离的废石或尾砂。

此法适用于较窄的急倾斜矿体和深露天水平的开采。

该法的优点：

（1）可以不扩帮继续向下开采（50~80m）而不留三角矿柱，使剥离量减少，回采率提高。

（2）生产能力大，且有利于保证边坡稳定。

（3）为地下采用崩落法提供了有利条件。

当地下第一中段采用分段空场法或其他空场法回采时，一般在露天底是留有境界顶柱的，若境界顶柱的厚度不大（10~15m），且从第二阶段起改用崩落法开采，此时的境界顶柱可和矿房间柱的回采进行同时崩落，崩下的矿石与下部用崩落法回采的矿石一起放出，此时境界顶柱的凿岩可由露天底进行，也可以由地下凿岩巷进行。其上部覆岩的形成可由崩落露天边帮和回填剥离的废石形成。

对于厚度大的急倾斜矿体，可用留横撑棱柱的露天－地下联合法开采露天底的境界顶柱。如图 3 – 28 所示。

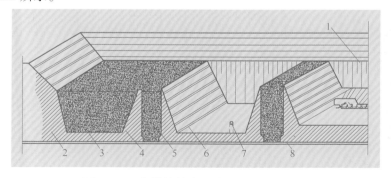

图 3 – 28　留横撑棱柱开采露天底矿柱方案
1—露天底矿柱；2—矿体边界；3—剥离废石；4—矿体；5—充填棱柱；
6—露天采场；7—放矿溜井；8—运输平巷

使用该法也可以不扩帮向下开采（深度可达 60 ~ 80m）。实质是先用地下采矿法开采矿房，矿房宽度 15 ~ 25m，长度等于露天采场宽度。矿房的回采是从分段平巷崩落矿石或者用阶段强制崩落法崩矿。崩落的矿石从漏斗放出，经过运输平巷运到井口提升至地面。放完矿石后用混合充填料充填，这样便形成横撑棱柱体。横撑棱柱体之间为露天采场。这部分矿体用露天法开采，靠近棱柱体留的边坡角为 85°，棱柱体沿走向的距离可取 300 ~ 500m，应根据露天开采的边坡稳定性来确定，露天采场的矿石通过采场中心的矿石溜井放到地下开采的运输水平运出。露天开采的采空区用剥离的废石充填。用露天－地下联合法开采境界顶柱，比用露天法开采更合理，其经济效益比后者优越得多，而且有利于用崩落法进行地下开采。

3.4.3 露天残留三角矿柱的回采

露天矿尤其是厚大急倾斜矿体，在露天开采到最终境界后，不扩帮而继续下延，在顶底盘留下边坡三角矿柱及露天矿两端的三角矿柱。根据矿体长度和厚度，沿走向布置矿房进行回采，其中靠近露天边坡上的第一个矿房可直接从露天采出。

在地质条件很差的情况下，由于上盘三角矿柱暴露面积大，上盘岩石应力集中，如果露天矿延伸很大，矿体很厚，倾角不陡，上盘岩石又不稳固，此时矿柱的回采会很困难，甚至只回采部分矿柱就可能造成上盘岩石大量移动，而且矿柱回采率低，作业不安全。在这种条件下，矿柱的回采工作最好与地下第一阶段的矿体一起进行。如果条件允许，采用具有矿房和矿柱的采矿方法（如充填法、空场法）比较合理，因为此时不放顶也可以回收一半的矿石。

对于上盘岩石不稳固的矿山，其边坡三角矿柱也可采用充填法回采（图 3 - 29a），上盘岩石稳固时可用留矿法（图 3 - 29b）或分段法回采（图 3 - 29c）。由于三角矿柱一般均在露天开采结束后进行，对其回采，应视露天坑底有无废石堆积的情况而定。当采场有岩石覆盖层时，靠边坡的一侧需留 2 ~ 3m 厚的矿柱，若没有则不留。

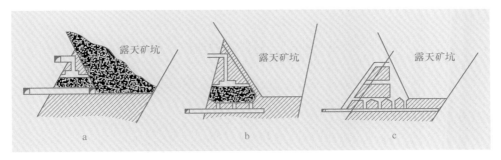

图 3 - 29 露天坑底三角矿柱的回采

a—充填法回采；b—留矿法回采；c—分段法回采

4 露天转地下开采应力场分布及 边坡沉陷机理

4.1 露天转地下开采沉陷类型及机理

4.1.1 露天转地下开采地表沉陷的类型

露天转地下开采地表沉陷分为连续沉陷和不连续沉陷两种类型，而在边坡范围内不连续沉陷为主要形式。

不连续沉陷的特征是在一个有效边坡范围内产生很大的位移，并在沉陷剖面上产生阶梯状变化或不连续断面。不连续沉陷类型可由多种采矿方法引起，也可能涉及多种下沉机理。它可能逐渐发展，也可能突然发生。塌陷坑、筒状（管状）或漏斗状陷落、上盘渐进崩落、上下盘渐进断裂都属于此类沉陷。

4.1.2 崩落法放矿沉陷机理

崩落法在放矿时，采空区内矿石转移会形成露天坑沉陷。其沉陷机理可以用地下开采条件下放出松散物质的原始理想模型来进行分析研究。具体而言，就是在崩落开采条件下，将地表沉陷速度等值线图和强化地下放矿时移动速度变化曲线图相互比较，进而确定露天坑沉陷规模。

分析时需要利用放矿高度 $H(\mathrm{m})$、从开始放矿至出现沉陷坑所经过的时间 T、放出矿石体积 V_1，出现沉陷坑时已放出的矿石体积 V_2 和沉陷坑深度 h 等参数。其中沉陷坑深度 h 按下式计算

$$h = \frac{V_1}{S_1} - (K_\mathrm{s} - 1)H \qquad (4-1)$$

式中 S_1——放矿面积，m^2；

K_s——岩层松散系数。

区别出现沉陷坑的判别方式为

$$\frac{V_1}{V_2} \gg 1,\ \frac{V_1}{V_2} \approx 1,\ \frac{V_1}{V_2} < 1 \qquad (4-2)$$

当 $V_1/V_2 \gg 1$ 时，几个漏斗同时放矿，大量的上覆松散岩石随之移动，并立即发生平衡而又极缓慢的大面积地表下沉；当 $V_1/V_2 \approx 1$ 时，沉陷坑深度明显增大，地表陷落更加剧烈，沉陷坑出露地表持续时间 T 缩短；当 $V_1/V_2 < 1$ 时，沉陷坑出露地表的情况证实采前岩体中就存在空洞。

4.1.3 空场法沉陷机理

空场法产生沉陷坑的地方分布在地下采空场内空洞聚集区段的上方，在矿体上下盘和

沿走向方向，沉陷产生地点同空洞边界的偏离值 I 用下式确定

$$I = H\tan\gamma$$

式中　H——地表至空洞边界的深度，m；

　　　γ——沉陷坑与水平面夹角，(°)。

根据暴露面稳定性的计算、空洞上方局部陷落岩层的松散程度、对地下空洞的充填来确定地表形成沉陷坑的可能性。

由于影响暴露面稳定性的因素众多且难以精确计算，因此，仅能根据地下空洞覆盖层岩石的松动和沉陷所决定的充填条件，计算能否产生沉陷。

当暴露面不稳定时，根据陷落岩石的松散度，产生沉陷的可能条件为

$$V_0\zeta - V_0 < V_n \tag{4-3}$$

式中　V_0——沉陷岩石原始体积，m^3；

　　　ζ——局部沉陷时岩石的松散系数；

　　　V_n——空洞体积，m^3。

在这种情况下，沉陷坑的体积 V_B 为

$$V_B = V_n - V_0(\zeta - 1) \tag{4-4}$$

沉陷的岩石量 Q_0 由下式确定

$$Q_0 = \frac{1}{3}\left[S_0\cos\alpha + S_B + (S_B S_0\cos\alpha)^{0.5}\right]H \tag{4-5}$$

式中　S_0——空洞顶帮面积，m^2；

　　　H——沉陷至空洞顶帮中心的深度，m；

　　　S_B——沉陷坑底面积，m^2，$S_B = \frac{1}{4}\pi d_B^2$；

　　　d_B——沉陷坑直径，m，$d_B = 2.3h_B$；

　　　h_B——沉陷坑深度，m；

　　　α——矿体倾角，(°)。

归纳以上各式可得

$$d_B^2(d_B + A) = B - Cd_B \tag{4-6}$$

式中，$A = 1.2H(\zeta - 1)$；$b = S_0\cos\alpha$；$B = 1.27(4.7V_n - Ab)$；$C = 1.13Ab^{0.5}$。

由此可知，判断沉陷坑产生的可能性条件是：当采空场的最小水平尺寸与其深度之比 $H/L > 1$ 时，在临近产生沉陷的一定时间里，不采用技术措施，就不能保证露天转地下开采过渡阶段的安全性。

4.1.4　地表移动带、陷落带的确定

地表移动盆地是在采矿工作面推进过程中，地表的影响范围不断扩大，下沉值不断增加，在地表就形成了比开采范围大得多的下沉盆地。充分采动条件下，地表移动盆地的主断面上临界变形值的点和采空区边界的连线与水平线之间在采空区外侧的夹角称为错动角。

临界变形值是指无须维修就能保持建筑物及各种设施正常使用所允许的地表最大变形值，根据临界变形值可圈定地表移动的危险变形区与非危险变形区。对于一般砖石结构的

建筑物，其临界变形值定为：

对于一般砖石结构的建筑物，其临界变形值定为 $i = 3mm/m$，$\varepsilon = 2mm/m$，$k = 0.2 \times 10^{-3}mm/m$。

其中，i 为地表倾斜，地表下沉沿某一方向的坡度值；ε 为地表水平变形，一线段两端点水平移动差与此线段长度之比；k 为地表剖面线的弯曲度。

陷落角，即采空区上方地表最外侧的裂隙位置和采空区边界的连线与水平线之间在采空区外侧的夹角。也有理解为陷落临界变形点的连线的夹角，陷落临界变形点的变形值为 $i = 10mm/m$，$\varepsilon = 6mm/m$，$k = 0.6 \times 10^{-3}mm/m$。

在金属矿山地下开采过程中，可以根据上述判别标准圈定实测的错动角和陷落角。

4.2 露天转地下开采边坡破坏类型和极限平衡计算模型

4.2.1 露天转地下开采对边坡稳定性的影响

露天转地下开采对边坡稳定性影响主要有：

（1）破坏边坡岩体的完整性，使陷落区和移动带的部分边坡岩体内裂隙张裂，降低了岩体黏聚力。

（2）重新调整边坡应力分布。对于空场法来讲，密实的岩体被网状采场矿柱取代，岩体应力将向矿柱内集中。由于岩体的抗剪强度破坏准则严格来讲是非线性的指数形式，因此，采空区矿岩面积的减少导致的正应力的增加会造成边坡抗滑力的降低。

（3）地下开采爆破对边坡的附加振动力。

（4）地下开采的扰动，可能触发边坡潜在的滑坡、倾倒、崩塌等的发生。

4.2.2 露天转地下开采边坡破坏模式

边坡的破坏类型取决于边坡岩体结构、边坡内部不连续面、软弱夹层的产状与边坡面的空间组合关系。业已发现的边坡破坏模式有：圆弧形滑坡（土质、松散介质边坡、碎裂结构岩质边坡）、平面滑坡、多平面滑坡、楔体滑坡、倾倒、崩塌、溃屈破坏、岩劈破坏等，地下开采的扰动，都有可能加剧这些边坡潜在的破坏发生。

4.2.3 露天转地下开采边坡破坏主要极限平衡计算模型

以条分法和极限平衡原理为基础的极限平衡分析法是边坡稳定性研究最常用的分析方法。因考虑条块间力的假定条件不同，极限平衡法有不同的计算方法。

4.2.3.1 平面破坏法

平面破坏计算法是对边坡上滑体沿单一结构面或软弱面产生平面滑动的分析方法，其力学模型如图 4-1 所示。

A 假定条件

（1）滑动面及张裂隙的走向平行于坡面。

（2）张裂隙是直立的，其中充有高度为 Z_W 的水柱。

（3）水沿张裂隙的底进入滑动面并沿滑动面渗透。

（4）滑体沿滑动面做刚体下滑。

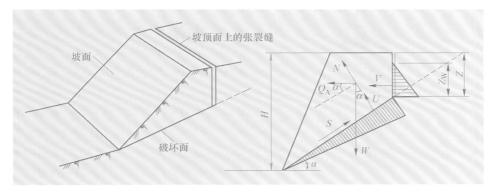

图 4 - 1 平面破坏力学模型

B 力学分析

根据图 4 - 1 可知，滑体上作用力有：滑体重量 W；滑动面上的法向力 N；滑动面上的裂隙水压 U（该力在库仑准则里考虑）；抗滑力 S；作用在滑体重心上的水平力（如地震力）Q_A；张裂隙空隙水压力 V。

由滑面法向（N 方向）力平衡 $\sum N = 0$，得

$$N + Q_A \sin\alpha - W\cos\alpha + V\sin\alpha = 0 \qquad (4-7)$$

由滑面切向（S 方向）力平衡 $\sum S = 0$，得

$$Q_A \cos\alpha + W\sin\alpha + V\cos\alpha - S = 0 \qquad (4-8)$$

由库仑破坏准则及安全系数定义得

$$S = \frac{1}{F}\left[cl + (N - U)\tan\varphi\right] \qquad (4-9)$$

由以上三式得

$$F = \frac{cL - (Q_A\sin\alpha - W\cos\alpha + V\sin\alpha + U)\tan\varphi}{Q_A\cos\alpha + W\sin\alpha + V\cos\alpha} \qquad (4-10)$$

其中：

$$U = \frac{1}{2}\gamma_W Z_W(H - Z)\csc\alpha \qquad V = \frac{1}{2}\gamma_W Z_W^2 \qquad (4-11)$$

式中 c——滑动面的黏聚力；

φ——滑动面的内摩擦角；

α——滑动面的倾角；

l——滑动面的长度，$l = (H - Z)\csc\alpha$；

γ_W——裂隙水容重；

F——稳定系数。

4.2.3.2 简化 Bishop 法

Bishop 是一种适合于圆弧形破坏滑动面的边坡稳定性分析方法。但它不要求滑动面为严格的圆弧，而只是近似圆弧即可。Bishop 法的力学模型如图 4 - 2 所示。

A 假设条件

（1）滑动面为圆弧形或近似圆弧形。

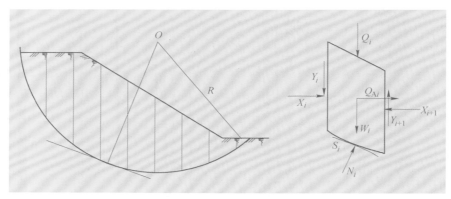

图 4 – 2 Bishop 力学模型

（2）采用简化 Bishop 法时假定条块侧面的垂直剪力 $Y_i - Y_{i+1} = 0$。

B 力学分析

由图 4 – 2 可知，滑体的条块上作用力有：分块的重量 W_i；作用在分块上的地面荷载 Q_i；作用在分块上的水平作用力（如地震力） Q_{Ai}；条间作用力的水平分量 X_i；条间作用力的垂直分量 Y_i；条块底面的抗剪力（抗滑力） S_i；条块底面的法向力 N_i。由条块的垂直方向的平衡方程 $\sum Y = 0$，得

$$W_i - N_i\cos\alpha_i + Y_i - Y_{i+1} - S_i\sin\alpha_i + Q_i = 0 \tag{4 – 12}$$

由库仑破坏准则得

$$S_i = \frac{1}{F}\left[c_i l_i + (N_i - u_i l_i)\tan\varphi_i\right] \tag{4 – 13}$$

由式（4 – 12）和式（4 – 13）可得

$$N_i = \frac{1}{m_i}\left(W_i + Q_i - \frac{1}{F}c_i l_i\sin\alpha_i + Y_i - Y_{i+1} + \frac{1}{F}u_i l_i\tan\varphi_i\sin\alpha_i\right) \tag{4 – 14}$$

式中，$m_i = \cos\alpha_i + \dfrac{1}{F}\sin\alpha_i\tan\varphi_i$。

由滑体绕圆弧中心 O 点的力矩平衡 $\sum M_O = 0$，得

$$\sum (W_i + Q_i)R\sin\alpha_i - \sum S_i R + \sum Q_{Ai}\cos\alpha_i R = 0 \tag{4 – 15}$$

联合公式且取 $b_i = l_i\cos\alpha_i$，可得稳定性系数

$$F = \frac{\displaystyle\sum_{i=1}^{n}\frac{1}{m}\left[c_i b_i + (W_i + Q_i - u_i b_i)\tan\varphi_i + (Y_i - Y_{i+1})\tan\varphi_i\right]}{\displaystyle\sum_{i=1}^{n}(W_i + Q_i)\sin\alpha_i + \sum_{i=1}^{n}Q_{Ai}\cos\alpha_i} \tag{4 – 16}$$

用简化 Bishop 法时，令 $Y_i - Y_{i+1} = 0$，则

$$F = \frac{\displaystyle\sum_{i=1}^{n}\frac{1}{m_i}\left[c_i b_i + (W_i + Q_i - u_i b_i)\tan\varphi_i\right]}{\displaystyle\sum_{i=1}^{n}(W_i + Q_i)\sin\alpha_i + \sum_{i=1}^{n}Q_{Ai}\cos\alpha_i} \tag{4 – 17}$$

式中 F——稳定系数；

u_i——作用在分块滑面上的空隙水压力（应力）；

l_i——分块滑面长度$\left(l_i \approx \dfrac{b_i}{\cos\alpha_i}\right)$；

b_i——岩土条分块宽度；

α_i——分块滑面相对于水平面的夹角；

c_i——滑体分块滑动面上的黏聚力；

φ_i——滑面岩土的内摩擦角；

R——圆弧形滑面的半径；

i——分析条块序数（$i=1$，2，$\cdots$，n），n为分块数。

4.2.3.3　剩余推力法

剩余推力法又称平衡推力传递法，是在假设第一条块合力方向与上一条块底面平行的条件下，求得极限平衡状态下的安全系数，是工程中一种实用方法。如图 4-3 所示，W_i为条块 i 的重量，c_i、φ_i 为条块底面黏聚力和内摩擦角，L_i 为条块 i 底面长度，U_i 为条块水压力，K_cW_i 为地震作用力，根据力系分析，条块界面合力

$$P_i = W_i\sin\alpha_i + K_cW_i\cos\alpha_i + \psi_iP_{i-1} - [C_iL_i + (W_i\cos\alpha_i - U_i - K_cW_i\sin\alpha_i)\tan\varphi_i]/F_s$$

$$(4-18)$$

式中　ψ_i——力传递系数：

$$\psi_i = \cos(\alpha_{i-1} - \alpha_i) - \sin(\alpha_{i-1} - \alpha_i)\tan\varphi_i/F_s \qquad (4-19)$$

无外力作用时，$P_0 = P_N = 0$，因而计算时先给不同的 F_s 值，自上而下计算 P_i，使 $P_N = 0$ 的 F_s 为所求的安全系数。

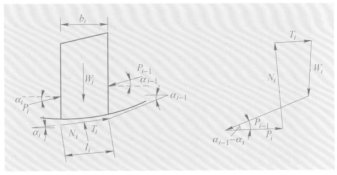

图 4-3　剩余推力法示意图

4.2.3.4　滑面优化方法

用极限平衡法计算，需要分两步进行：

第一步：确定可能的滑动面，选用相应的计算方法分析其稳定安全系数。

第二步：从许多可能的滑动面中确定最小安全系数和滑动面，从而计算出边坡的最小安全系数。

此次计算中对圆弧形破坏面采用三点定弧全局搜寻方法进行优化，以确定最小安全系数的滑弧及最大余推力所对应的滑弧，并对安全系数小于允许安全系数最深的滑弧位置进行了搜索。

三点定弧全局搜寻方法就是一个圆弧可由三点确定，若将此三点确定为特殊的点，则

全局搜寻便可得以实现。滑弧在边坡上出露有两点，若选定滑弧出露的两点，并将该两点在边坡的任何位置逐步移动，则可在坡面上控制任何滑坡位置。滑坡深度则为第三控制点。对于任何一条滑弧在坡面上出露的两点，由这两点构成的滑弧则有无数条不同深度的同弦滑弧，将第三点恰好选定为滑弧线中间点，并将该中间点沿滑弧的径向方向逐步移动，则可获得任何深度的滑弧。组合变动的三点，即可获得任何位置、任何深度的滑弧，这便是三点定弧全局搜寻方法的优化思路。基于上述思想，按下述步骤即可实现全局搜寻。

（1）确定滑面底部出口范围（可分段计算，也可凭经验预先判别最危险滑弧出口范围，以节约上机时间）。

（2）确定滑入口范围。

（3）在上述两个范围内均匀给出若干滑出口和滑入口位置，在两个区域内各任选一点作为一个组合，如图 4-4 中的 A、B 两点。

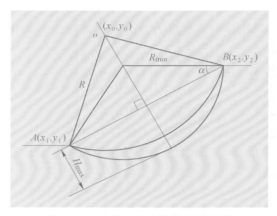

图 4-4   三点定弧全局搜寻示意图

（4）计算最浅滑弧（平面型）和最深滑弧位置。

$$H_{max} = R_{min}(1 - \sin\alpha) \tag{4-20}$$

$$\alpha = \arctan\frac{y_2 - y_1}{x_2 - x_1}$$

$$R_{min} = \frac{L}{\cos\alpha} \tag{4-21}$$

$$L = \frac{1}{2}\big[(x_1 - x_2)^2 + (y_1 - y_2)^2\big] \tag{4-22}$$

（5）在 $0 \sim H_{max}$ 范围内均分若干段，依次取一滑弧深度 H，计算对应的滑弧圆心坐标及半径。

$$R = 0.5\left(\frac{L^2}{H} + H\right) \tag{4-23}$$

$$x_0 = \frac{x_1 + x_2}{2} - (R - H)\sin\alpha \tag{4-24}$$

$$y_0 = \frac{y_1 + y_2}{2} + (R - H)\cos\alpha \tag{4-25}$$

一般在 $0 \sim H_{max}$ 范围均匀给出 30～40 条这样的滑弧，首先试算比较出最危险滑弧的大概位置，然后再在初算的最危险滑弧附近进一步给出几条滑弧试算。这一步骤循环多次，直至两步试算的最小安全系数之差满足计算精度（一般取0.001）为止。

若边坡内存在较薄的软弱层，则在给出滑弧深度时以1mm为一个步距，以免产生局部优化。

（6）移动滑出口位置和滑入口位置，重复步骤（4）~（6），最后得到最小安全系数及最大余推力所对应的滑弧参数，并搜索出安全系数小于允许安全系数最深所对应的滑弧参数（圆心坐标及半径）。

4.2.3.5 上盘边坡渐进崩落极限平衡分析法

露天转地下开采应用崩落法，会产生矿体上盘露天边坡的渐进式崩落，如图4-5所示。

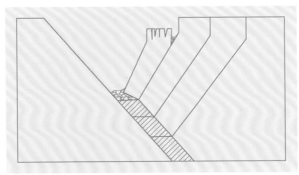

图4-5 矿体上盘露天边坡的渐进式崩落

Hoek于1974年最先提出了地下开采上盘边坡渐进式破坏的极限平衡分析方法这种方法基于地表为水平的疏干边坡，Brown和Ferguson于1979年进行了改进，使之适用于倾斜地表和边坡未疏干状态，推广后的方法的理想模型如图4-6所示。

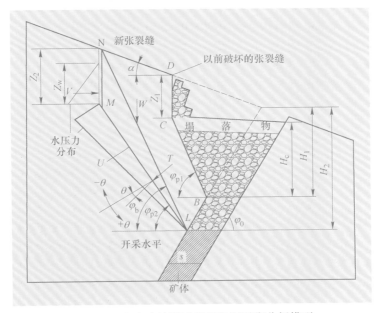

图4-6 上盘边坡渐进崩落极限平衡分析模型

图 4 - 6 中的有关变量为：

A——滑动楔形岩块的底面积；

c'——岩体的有效黏聚力；

H_1——产生初始破坏时的开采深度；

H_2——产生后继破坏时的开采深度；

H_c——已经破坏塌落的开采深度；

S——矿体宽度；

T——崩落材料施加在破坏面上的推力；

T_c——崩落材料施加在下盘岩体上的推力；

U——破坏面上的水压力；

V——张裂缝中的水压力；

W——楔形滑动岩块的重量；

W_c——崩落材料的重量；

Z_1——初始张裂缝深度；

Z_2——后继张裂缝深度；

Z_w——张裂缝中的水深；

α——上部地表的坡度角（图 4 - 4 中所示 α 角为正值，但亦可为负值）；

γ——未采动前岩体的容重；

γ_c——崩落材料的体重；

γ_W——水的容重；

θ——T 与破坏面法线之间的夹角；

σ'_n——破坏面上的有效法向应力；

τ——破坏面上的剪应力；

φ'——岩体的有效内摩擦角；

φ_W——崩落材料和未采动岩体之间的摩擦角；

φ_0——矿体倾角；

φ_b——崩落角；

φ_{p1}——初始破坏面倾角；

φ_{p2}——后继破坏面倾角。

A 主要参数

（1）图 4 - 6 中岩石楔体 *BCDNML* 的重量为

$$W = \frac{\gamma}{2} \left[\frac{H_2^2 \sin(\alpha + \varphi_0)\sin(\varphi_{p2} + \varphi_0)}{\sin^2\varphi_0 \sin(\varphi_{p2} - \alpha)} - \frac{H_1^2 \sin(\alpha + \varphi_0)\sin(\varphi_{p1} + \varphi_0)}{\sin^2\varphi_0 \sin(\varphi_{p1} - \alpha)} + \right.$$

$$\left. Z_1^2 \frac{\cos\alpha\cos\varphi_{p1}}{\sin(\varphi_{p1} - \alpha)} - Z_2^2 \frac{\cos\alpha\cos\varphi_{p2}}{\sin(\varphi_{p2} - \alpha)} \right] \qquad (4 - 26)$$

（2）楔体的基底面积。破坏沿 *LM* 面发生，其单位厚度的面积（图 4 - 4）为

$$A = \frac{H_2(\sin\alpha\cot\varphi_0 + \cos\alpha) - Z_2\cos\alpha}{\sin(\varphi_{p2} - \alpha)} \qquad (4 - 27)$$

（3）崩落材料引起的推力。留在崩落区中的崩落材料作用在楔体 *BCDNML* 上的推力

是这个分析中最难准确估计的参数之一。计算 T 所采用的简化力系如图 4-6 所示。将力 W_c、T_0 和 T 在水平和垂直方向上分解，并应用力的平衡方程，得出如下解

$$T = \frac{1}{2}\gamma_0 H_C^2 K \tag{4-28}$$

式中

$$K = \frac{(\cot\varphi_{p1} + \cot\varphi_0) + 2\dfrac{S}{H_0}}{\cos(\varphi_{p1} - \varphi_w) + \sin(\varphi_{p1} - \varphi_w)\cot(\varphi_0 - \varphi_w)} \tag{4-29}$$

在这种计算中 B 点水平以下崩落材料的重量忽略不计。

（4）推力相当于破坏面的倾角。假定推力 T 通过楔体 $BCSDNML$ 传递到破坏面而无损失或耗散。因而，T 相对于破坏面 LM 的法线的倾角为

$$\theta = \varphi_{p2} + \varphi_w - \varphi_{p1} \tag{4-30}$$

如图 4-6 所示，角度 θ 可以是正或负。若 θ 为负，推力 T 具有向上作用于破坏面的剪切分量。该剪切分量是楔体趋于稳定，而不是促使楔体下滑。

（5）水压力。拉伸裂缝中由水引起的水压力为

$$V = \frac{1}{2}\gamma_W Z_W^2 \tag{4-31}$$

垂直作用于破坏面的水压力 U 为

$$U = \frac{1}{2}\gamma_W Z_W A = \frac{1}{2}\gamma_W Z_W\left[\frac{H_2(\sin\alpha\cot\varphi_0 + \cos\alpha) - Z_2\cos\alpha}{\sin(\varphi_{p2} - \alpha)}\right] \tag{4-32}$$

（6）极限平衡条件。假定岩体沿破坏方向的抗剪强度由下列线性库仑准则给出

$$\tau = c' + \sigma'_n\tan\varphi' \tag{4-33}$$

作用于破坏面的有效法向应力和剪应力为

$$\sigma'_n = \frac{W\cos\varphi_{p2} + T\cos\theta - U - V\sin\varphi_{p2}}{A} \tag{4-34}$$

$$\tau = \frac{W\sin\varphi_{p2} + T\sin\theta + V\cos\varphi_{p2}}{A} \tag{4-35}$$

将 σ'_n 和 τ 代入式（4-33），得出极限平衡条件，重新整理后，得

$$W\sin(\varphi_{p2} - \varphi') + T\sin(\theta - \varphi') + V\cos(\varphi_{p2} - \varphi') + U\sin\varphi' - c'A\cos\varphi' = 0 \tag{4-36}$$

（7）发生新的破坏时的开采深度。将式（4-26）、式（4-27）、式（4-29）、式（4-31）和式（4-32）中的 W、A、T、V 和 U 代入式（4-34），重新整理后，得到发生破坏时新的开采深度 H_2 的二次方程为

$$\left(\frac{\gamma H_2}{c'}\right)^2\frac{\sin(\alpha + \varphi_0)\sin(\varphi_{p2} + \varphi_0)\sin(\varphi_{p2} - \varphi')}{\sin^2\varphi_0} - 2\left(\frac{\gamma H_2}{c'}\right)^2\left[\frac{\sin(\alpha + \varphi_0)\cos\varphi'}{\sin\varphi_0} - \right.$$

$$\left.\frac{\gamma_W Z_W\sin(\alpha + \varphi_0)\sin\varphi}{2c'\sin\varphi_0}\right] - \left(\frac{\gamma H_1}{c'}\right)^2\frac{\sin(\alpha + \varphi_0)\sin(\varphi_{p1} + \varphi_0)\sin(\varphi_{p2} - \varphi')\sin(\varphi_{p2} - \alpha)}{\sin^2\varphi_0\sin(\varphi_{p1} - \alpha)} +$$

$$\left(\frac{\gamma Z_1}{c'}\right)^2\frac{\cos\alpha\cos\varphi_{p2}\sin(\varphi_{p2} - \alpha)}{\sin(\varphi_{p1} - \alpha)} - \left(\frac{\gamma Z_2}{c'}\right)^2\cos\alpha\cos\varphi_{p2}\sin(\varphi_{p2} - \varphi') + \frac{2\gamma Z_2\cos\alpha}{c'}\cdot$$

$$\left(\cos\varphi' - \frac{\gamma_W Z_W}{2c'} - \sin\varphi'\right) + \frac{\gamma_W}{\gamma}\left(\frac{\gamma Z_W}{c'}\right)^2\cos(\varphi_{p2} - \varphi')\sin(\varphi_{p2} - \alpha) = 0 \tag{4-37}$$

式（4－37）给出了以下列形式表示的量纲因子 $\dfrac{\gamma H_2}{c'}$ 解

$$\frac{\gamma H_2}{c'} = a + (a^2 + b)^{\frac{1}{2}} \tag{4-38}$$

其中

$$a = \frac{\sin\varphi_0 \left(\cos\varphi' - \dfrac{\gamma_W Z_W \sin\varphi'}{2c'}\right)}{\sin(\varphi_{p2} + \varphi_0)\sin(\varphi_{p2} - \varphi')} \tag{4-39}$$

$$b = \left(\frac{\gamma H_1}{c'}\right)^2 \frac{\sin(\varphi_{p1} + \varphi_0)\sin(\varphi_{p2} - \alpha)}{\sin(\varphi_{p1} - \alpha)\sin(\varphi_{p2} + \varphi_0)} - \left(\frac{\gamma H_1}{c'}\right)^2 \frac{\cos\alpha\cos\varphi_{p1}\sin(\varphi_{p2} - \alpha)\sin^2\varphi_0}{\sin(\alpha + \varphi_0)\sin(\varphi_{p2} + \varphi_0)} + \left(\frac{\gamma H_2}{c'}\right)^2 -$$

$$\frac{\cos\alpha\cos\varphi_{p2}\sin^2\varphi_0}{\sin(\alpha + \varphi_0)\sin(\varphi_{p2} + \varphi_0)} - \frac{\gamma_c}{\gamma}\left(\frac{\gamma H_c}{c'}\right)^2 \frac{K\sin(\theta - \varphi')\sin(\varphi_{p2} - \alpha)\sin^2\varphi_0}{\sin(\alpha + \varphi_0)\sin(\varphi_{p2} + \varphi_0)\sin(\varphi_{p2} - \varphi')} - 2\left(\frac{\gamma H_c}{c'}\right)\cdot$$

$$\frac{\cos\alpha\left(\cos\varphi' - \dfrac{\gamma_W Z_W}{2c'}\sin\varphi'\right)\sin^2\varphi_0}{\sin(\alpha + \varphi_0)\sin(\varphi_{p2} + \varphi_0)\sin(\varphi_{p2} - \varphi')} - \frac{\gamma_W}{\gamma}\left(\frac{\gamma Z_W}{c'}\right)^2 \frac{\cos(\varphi_{p2} - \varphi')\sin(\varphi_{p2} - \alpha)\sin^2\varphi_0}{\sin(\alpha + \varphi_0)\sin(\varphi_{p2} + \varphi_0)\sin(\varphi_{p2} - \varphi')}$$
$$\tag{4-40}$$

（8）临界拉缝深度。式（4－37）的左边项可对 Z_2 求导，并保持 φ_{p2} 为常数；令其结果等于零，得到 Z_2 的临界值为

$$\frac{\gamma Z_2}{c'} = \frac{\cos\varphi'}{\cos\varphi_{p2}\sin(\varphi_{p2} - \varphi')} \tag{4-41}$$

（9）临界破坏值倾角。保持 Z_2 为常数，将式（4－37）对 φ_{p2} 微分，并令 $\dfrac{\partial H_2}{\partial \varphi_{p2}} = 0$ 重新整理后，得到临界破坏面倾角的表达式为

$$\varphi_{p2} = \frac{1}{2}\left(\varphi' + \arccos\frac{X}{X^2 + Y^2}\right) \tag{4-42}$$

式中

$$X = \left(\frac{\gamma H_1}{c'}\right)^2 \frac{\sin(\alpha + \varphi_0)\sin(\varphi_{p1} + \varphi_0)\cos\alpha}{\sin^2\varphi_0\sin(\varphi_{p2} - \alpha)} - \left(\frac{\gamma H_2}{c'}\right)^2 \frac{\sin(\alpha + \varphi_0)\cos\varphi_0}{\sin^2\varphi_0} -$$

$$\left(\frac{\gamma Z_1}{c'}\right)^2 \frac{\cos\varphi_{p1}\cos\alpha^2}{\sin(\varphi_{p1} - \alpha)} - \frac{\gamma_0}{\gamma}\left(\frac{\gamma H_c}{c'}\right)^2 K\cos(\varphi_{p1} + \alpha - \varphi_W) + \frac{\gamma_W}{\gamma}\left(\frac{\gamma Z_W}{c'}\right)^2 \cos\alpha \tag{4-43}$$

$$Y = \left(\frac{\gamma H_2}{c'}\right)^2 \frac{\sin(\alpha + \varphi_0)}{\sin^2\varphi_0} - \left(\frac{\gamma H_2}{c'}\right)^2 \frac{\sin(\alpha + \varphi_0)\sin(\varphi_{p1} + \varphi_0)\sin\alpha}{\sin^2\varphi_0\sin(\varphi_{p1} - \alpha)} -$$

$$\left(\frac{\gamma Z_1}{c'}\right)^2 \frac{\cos\alpha\sin\alpha\cos\varphi_{p1}}{\sin(\varphi_{p1} - \alpha)} - \left(\frac{\gamma Z_2}{c'}\right)^2 \cos\alpha - \frac{\gamma_0}{\gamma}\left(\frac{\gamma H_c}{c'}\right)^2 K\sin(\varphi_{p1} + \alpha - \varphi_W) +$$

$$\frac{\gamma_W}{\gamma}\left(\frac{\gamma Z_W}{c'}\right)^2 \sin\alpha \tag{4-44}$$

（10）崩落角。通过简单的三角变换，得到下式

$$\tan\varphi_b = \tan\varphi_{p2} + \frac{Z_2\sin(\varphi_{p2} - \alpha)}{\cos\varphi_{p2}\left[\dfrac{H_2\sin(\alpha + \varphi_0)}{\sin\varphi_0} - Z_2\cos\alpha\right]} \tag{4-45}$$

B 计算步骤

利用上面导出的方程,按下面的计算步骤可估算出破坏角和崩落角。对于排水条件,取 $U = V = 0$;如果上表面为水平,则 $\alpha = 0$。图 4-4 中是正值情况,也适用于 α 为负值情况。计算步骤为:

(1)根据式(4-29)计算 K。

(2)令 $\varphi_{p2\theta} = \dfrac{1}{2}(\varphi_{p1} + \varphi')$。

(3)根据式(4-41)计算 $\dfrac{\gamma Z_2}{c'}$。

(4)根据式(4-39)计算 a。

(5)根据式(4-40)计算 b。

(6)根据式(4-38)计算 $\dfrac{\gamma H_2}{c'}$。

(7)根据式(4-43)计算 X。

(8)根据式(4-44)计算 Y。

(9)根据式(4-42)计算 φ_{p2} 的估算值。

(10)将(9)的 φ_{p2} 与(2)的 $\varphi_{p2\theta}$ 进行比较。若 $\varphi_{p2} \neq \varphi_{p2\theta}$,用 φ_{p2} 代替(3)、(4)和(5)中的 $\varphi_{p2\theta}$,循环重复计算,直到 φ_{p2} 连续两次值之差小于 0.1%。

(11)根据式(4-45)计算 φ_b。

4.3 露天转地下开采边坡岩体的强度准则

地下开采增加了边坡底部的自由空间,形成边坡岩体的变形,将会造成边坡岩体结构面的扩张,产生新的裂隙,这个过程称为地下开采对边坡岩体的损伤。岩体损伤将造成岩体强度的降低。

在边坡稳定性分析中人们习惯于摩尔-库仑准则,这在边坡岩体应力变化范围不大的情况下通常是适用的。地下开采的情况下,随着地下采场矿石的回采,留下的矿柱将承受更大的压力,矿柱上的应力变化范围很大,而在应力变化范围很大的情况下,大量的试验数据表明,岩体的抗剪强度曲线为非线性的指数曲线。

Hoek-Brown 根据大量的试验数据资料,整理出指数形式的岩体破坏准则,其方程如下:

$$\sigma_1 = \sigma_3 + \sigma_{ci}\left(m_b\frac{\sigma_3}{\sigma_{ci}} + s\right)^a \tag{4-46}$$

式中 σ_1——破坏时最大主应力;

σ_3——破坏时最小主应力;

σ_{ci}——组成岩体的完整岩块单轴抗压强度;

m_b,s,a——岩体的 Hoek-Brown 经验常数,且 m_b 为岩石块体的 Hoek-Brown 常数 m_i 的折算值

$$m_b = m_i\exp\frac{GSI - 100}{28 - 14D} \tag{4-47}$$

$$s = \exp \frac{GSI - 100}{9 - 3D} \tag{4-48}$$

$$a = \frac{1}{2} + \frac{1}{6} \left[\exp \frac{-GSI}{15} - \exp \frac{-20}{3} \right] \tag{4-49}$$

  GSI——地质力学强度指标,岩体质量特差为 10,完整岩体为 100,地质强度指标 GSI 是根据岩体所处的地质环境、岩体结构特性和表面特性来确定,见表 4-1;

  m_i——完整岩石经验常数,与岩石类型有关,主要反映岩石的软硬程度,取值为 5~40,岩石越硬取值越大;

  D——地下开采时爆破和应力释放造成的岩体损伤系数,取值范围 0~1,D 与岩体完整性系数(又称裂隙系数)K 的关系为

$$D = 1 - K \tag{4-50}$$

  岩体完整性系数可用动力法测定,为岩体与岩石的纵波速度之比的平方,因此,岩体损伤系数 D 可表示为

$$D = 1 - \left(\frac{V_{pe}}{V_{po}} \right)^2 \tag{4-51}$$

式中 V_{po}——地下开采前的岩体的纵波速;

  V_{pe}——地下开采后的岩体的纵波速。

  由于摩尔包络线是一指数曲线,不存在单一的摩擦角与凝聚力,但习惯上仍称指数曲线其点对应的切线与 σ 轴交角为摩擦角 φ_i,切线在 τ 轴的截距为凝聚力 c_i。φ_i、c_i 具有符号意义,没有物理意义,而且随应力的变化而变化。Brown 推导 φ_i、c_i 与 σ_n 的关系为:

$$\varphi_i = \arcsin \frac{6 a m_b (s + m_b \sigma_{3n})^{a-1}}{2(1 + a)(2 + a) + 6 a m_b (s + m_b \sigma_{3n})^{a-1}} \tag{4-52}$$

$$c_i = \frac{\sigma_{ci} \left[(1 + 2a)s + (1 - a) m_b \sigma_{3n} \right] (s + m_b \sigma_{3n})^{a-1}}{(1 + a)(2 + a) \sqrt{1 + \frac{6 a m_b (s + m_b \sigma_{3n})^{a-1}}{(1 + a)(2 + a)}}} \tag{4-53}$$

式中

$$\sigma_{3n} = \frac{\sigma_{3max}}{\sigma_{ci}}$$

  对于岩质边坡工程,当最小主应力 σ_3 满足应力条件 $\sigma_t < \sigma_3 < \frac{1}{4} \sigma_{ci}$ 时,侧限应力的上限值 σ_{3max} 可由式(4-54)确定。

$$\frac{\sigma_{3max}}{\sigma_{ci}} = 0.72 \left(\frac{\sigma_{cm}}{\gamma H} \right)^{-0.91} \tag{4-54}$$

式中 γ——岩体重度;

  H——岩质边坡高度;

  σ_{cm}——岩体抗压强度,可根据 Hoek-Brown 准则确定,即:

$$\sigma_{cm} = \sigma_{ci} \frac{\left[m_b + 4s - a(m_b - 8s) \right] \left(\frac{1}{4} m_b + s \right)^{a-1}}{2(1 + a)(2 + a)} \tag{4-55}$$

表 4-1 岩体地质强度指标 GSI 定量化描述

岩 体 结 构	结构面表面特征				
	很好：十分粗糙，新鲜，未风化 (14.4<SCR<18)	好：粗糙，微风化，表面有铁锈 (10.8<SCR<14.4)	一般：光滑，弱风化，有蚀变现象 (7.2<SCR<10.8)	差：有镜面擦痕，强风化，有密实有棱角的碎屑充填 (3.6<SCR<7.2)	很差：有镜面擦痕，强风化，有软黏土膜或黏土充填的结构面 (0<SCR<3.6)
完整或块状体结构：完整岩体或野外大体积范围内分布有极少的间距大的结构面(80<SR<100)	90 80			N/A	N/A
块状结构：很好的镶嵌状未扰动岩体，由三组相互正交的节理面切割，岩体呈立方块体状(60<SR<80)	70	60			
镶嵌结构：结构体相互咬合，由四组或更多组的节理形成多面形多面棱角状岩块，部分扰动(40<SR<60)			50 40		
碎裂状结构带扰动裂缝：由多组结构面不连续相互切割，形成破棱角状岩块，且经历了褶曲活动，层面或剪理面连续(20<SR<40)				30	20
散体状结构：块体间结合程度差，岩体极度破碎，呈混合状，由棱角状和准圆状岩块组成(0<SR<20)					10

注：表中斜线上的数值即为GSI取值。"N/A"表示在这个范围内不适用。

4.4 空场法矿柱因应力集中造成的抗剪能力衰减规律

空场法矿柱内应力在矿石回采过程中将不断集中升高，矿柱的抗剪强度也将随之衰减。以式（4-56）简化 Hoek - Brown 强度准则（式（4-46））。

$$\tau = A\sigma^B \tag{4-56}$$

引入空场法采空区与矿石回采率略有区别的面积采空率，记为 η，定义为边坡滑动面穿越的采空区空场面积与该范围总面积（记为 S_0）之比。则在边坡滑面的有效接触面积（记为 s）为

$$s = (1 - \eta)s_0 \tag{4-57}$$

开采至 η 滑面上的应力集中系数 σ/σ_0 为

$$\frac{\sigma}{\sigma_0} = \frac{1}{1 - \eta} \tag{4-58}$$

图 4-7 所示为采空区面积采空率 η 与应力集中的关系图。图 4-7 表明，随着采空率接近 1，应力将快速地向矿柱集中。

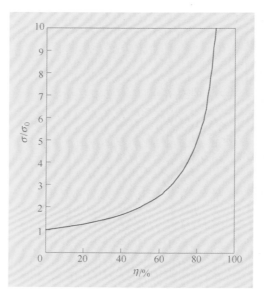

图 4-7 采空区面积采空率 η 与应力集中的关系

将面积采空率 η 引入式（4-56），整理得

$$\frac{T_0 - T}{T_0} = 1 - (1 - \eta)^{1-B} \tag{4-59}$$

式中 T_0——开采前滑动面的抗滑力，为 $AN^B S_0^{1-B}$；

$\dfrac{T_0 - T}{T_0}$——开采后滑动面抗滑力损失率。

以式（4-59）绘出图 4-8，不难看出，岩体质量越是不好（B 值越小），随着应力集中，抗滑力越是容易衰减；岩体质量完好，显现出一定的脆性破坏特征。

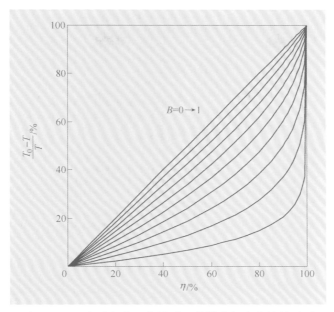

图 4 - 8 面积采空率 η 与滑动面抗滑力损失率的关系图

4.5 露天转地下开采应力场

4.5.1 应力场变化规律

露天矿开采过程是边坡形成和地应力重新调整的过程。这个过程将伴随整个矿山的开采。边坡的破坏滑坡是应力调整过程的反映,是岩体由不平衡向新的平衡状态的转变。露天转地下开采将会打破这种平衡,再次调整边坡内部应力分布,这个调整过程也是伴随着地下开采的整个过程,而且比露天开采时对边坡的影响更加强烈。

露天开采是自上而下开采过程,岩体上部自由空间自上向下逐渐下陷,边坡顶端因卸荷形成拉应力区域,边坡脚部因应力集中形成剪应力集中带。相比露天开采,地下开采应力场变化要复杂得多,它不仅与采矿方法有关,还与开采位置、开采顺序、采场结构尺寸等有关。地下开采产生的地下空洞,或回填材料的密实性较差,不可能还像开采前完全传导应力,空洞周边的岩体因应力平衡受到破坏,而向较弱方向位移,同时周边应力因岩体松弛得到释放调整,并向其他支撑岩体集中。

露天转地下崩落法开采,岩体以卸荷为主,围岩变形崩落破坏;露天转地下充填法开采,围岩变形取决于充填材料的密实性以及充填的时效性,通常采空区围岩变形较小;露天转地下空场法开采,围岩变形取决于采场结构与尺寸,应力主要向矿柱集中,空区顶板和矿柱的稳定是关键。

4.5.2 应力场演化 FLAC³ᴰ 计算理论及方法

采用三维快速拉格朗日分析(3D Fast Lagrangian Analysis of Continua,FLAC³ᴰ)方法,对该区矿体开采进行应力应变分析,对其稳定性进行评价。

4.5.2.1 空间的有限差分离散

有限差分的离散最基本单元为四面体单元（tetrahedron），四面体节点（局部）编号为 1 至 4，其面 n 正对着节点 n。

对于四面体单元，由散度定理可得：

$$\int_V v_{i,j} \mathrm{d}V = \int_S v_i n_j \mathrm{d}S \qquad (4-60)$$

式中 V，S——分别为四面体的体积和面积；

$[n]$——四面体面的外法向。

对于一个常应变率四面体，其速度场是线性的，因此，由式（4-60）可得

$$V v_{i,j} = \sum_{f=1}^{4} \bar{v}_i^{(f)} n_j^{(f)} S^{(f)} \qquad (4-61)$$

上标（f）是和面 f 相关的量。$\bar{v}_i^{(f)}$ 是面 f 三个点分量的平均值，即

$$\bar{v}_i^{(f)} = \frac{1}{3} \sum_{l=1, l \neq f}^{4} v_i^l \qquad (4-62)$$

将式（4-62）代入式（4-61），可得

$$v_{i,j} = -\frac{1}{3V} \sum_{l=1}^{4} v_i^l n_j^{(l)} S^{(l)} \qquad (4-63)$$

因此，四面体单元的每个应变率张量可表示为

$$\xi_{ij} = -\frac{1}{6V} \sum_{l=1}^{4} (v_i^l n_j^{(l)} + v_j^l n_i^{(l)}) S^{(l)} \qquad (4-64)$$

4.5.2.2 节点的运动方程

节点的平衡方程为

$$\sigma_{ij,j} + \rho B_i = 0 \qquad (4-65)$$

以上 i，j 满足爱因斯坦求和约定，其中 $B_i = \rho \left(b_i - \dfrac{\mathrm{d}v_i}{\mathrm{d}t} \right)$。

单元外力做功功率为

$$E = \sum_{n=1}^{4} \delta v_i^n f_i^n + \int_V \delta v_i B_i \mathrm{d}V \qquad (4-66)$$

而单元内功功率为

$$I = -\frac{1}{6} \sum_{l=1}^{4} (\delta v_i^l \sigma_{ij} n_j^{(l)} + \delta v_j^l \sigma_{ij} n_i^{(l)}) S^{(l)} \qquad (4-67)$$

应力 σ 在四面体各面的面力向量为

$$T_i^l = \sigma_{ij} n_j^{(l)} S^{(l)} \qquad (4-68)$$

因此内功率可写为

$$I = -\frac{1}{3} \sum_{l=1}^{4} \delta v_i^l T_i^l \qquad (4-69)$$

此为把式（4-55）代入式（4-56），并可写成

$$E = \sum_{n=1}^{4} \delta v_i^n \left(f_i^n + \frac{\rho b_i V}{4} - \int_V \rho N^n \frac{\mathrm{d}v_i}{\mathrm{d}t} \mathrm{d}V \right) \qquad (4-70)$$

根据虚功原理，有

$$-f_i^n = \frac{T_i^n}{3} + \frac{\rho b_i V}{4} - \int_V \rho N^n \frac{\mathrm{d}v_i}{\mathrm{d}t} \mathrm{d}V \qquad (4-71)$$

可进一步写成

$$-f_i^n = \frac{T_i^n}{3} + \frac{\rho b_i V}{4} - \left(\frac{\mathrm{d}v_i}{\mathrm{d}t}\right)^n m^n \qquad (4-72)$$

式中，m^n 为虚构的节点质量。空间中节点 $<l>$ 所用单元的等效节点力相加，即为该节点的不平衡力，并假定节点的外加集中力为 $[P]$，因此可有

$$F_i^{<l>} = \left(\frac{T_i}{3} + \frac{\rho b_i V}{4}\right)^{<l>} + P_i^{<l>} = M^{<l>} \left(\frac{\mathrm{d}v_i}{\mathrm{d}t}\right)^{<l>} \qquad (4-73)$$

当节点趋于平衡时，上述等效力也将等于0。

4.5.2.3　时间导数的显示有限差分

采用中心差分法，根据牛顿第二运动定律，节点速度计算公式为

$$v_i^{<l>}\left(t + \frac{\Delta t}{2}\right) = v_i^{<l>}\left(t - \frac{\Delta t}{2}\right) F_i^{<l>}\left(t, \{v_i^{<1>}, v_i^{<2>}, \cdots, v_i^{<p>}\}^{<l>}, \kappa\right) \qquad (4-74)$$

接下来，节点的位置也采用中心差分法进行更新，即

$$x_i^{<l>}(t + \Delta t) = x_i^{<l>}(t - \Delta t) + v_i^{<l>}\left(t + \frac{\Delta t}{2}\right)\Delta t \qquad (4-75)$$

同理，节点的位置也可更新为

$$u_i^{<l>}(t + \Delta t) = u_i^{<l>}(t - \Delta t) + v_i^{<l>}\left(t + \frac{\Delta t}{2}\right)\Delta t \qquad (4-76)$$

4.5.2.4　本构关系的增量形式

假定在一个 Δt 时间间隔内，速度保持是常量，那么本构模型的增量形式可表示为

$$\Delta \breve{\sigma}_{ij} = H_{ij}^*(\sigma_{ij}, \xi_{ij}\Delta t) \qquad (4-77)$$

对于小应变和应变梯度问题，应变增量可写为

$$\Delta \varepsilon_{ij} = \xi_{ij}\Delta t \qquad (4-78)$$

4.5.2.5　FLAC^{3D} 实现的其他问题

有限差分法同有限元法都生一组待解方程组。在有限元中，常采用隐式、矩阵解方法，而有限差分则为采用"显示"、时间递步法。

"显示"是针对一个物理系统进行数值计算时所用的代数方程式性质而言的。在用显式算法计算时，所有方程式一侧的量都是已知的，而另一侧的量只用简单的代入法就可求得。因此，有限差分不需要像有限元一样建立庞大的系统刚度矩阵，并且采用拉格朗日法，进行直接进行系统坐标和节点场量更新，对求解非线性问题具有非常高效率。

FLAC^{3D}算法基础是有限差分，计算稳定性是有条件的，即必须使其时步应取得足够小，才能防止误差的扩散。其显式算法的核心概率是计算"波速"总是超前于实际波速。因此，时步的选取必须小于某个临界时步。若用单元尺寸 Δx 的网格划分弹性体，满足稳定性定解条件的时步，即

$$\Delta t < \frac{\Delta x}{C} \qquad (4-79)$$

式中　C——波传播的最大速度，典型的是 P 波。

$$C_{\mathrm{P}} = \sqrt{\dfrac{K + \dfrac{4G}{3}}{\rho}} \qquad\qquad (4-80)$$

另外，在非惯性的静态和准静态问题中，运动方程必须添加阻尼

$$\widehat{F}_{(i)}^{<l>} = -\alpha \,|\, F_i^{<l>}\,|\, \mathrm{sgn}(v_{(i)}^{<l>}) \qquad\qquad (4-81)$$

其中 sgn 为求符号函数，由此上式可写成

$$F_i^{<l>} + \widehat{F}_{(i)}^{<l>} = M^{<l>} \left(\dfrac{\mathrm{d}v_i}{\mathrm{d}t}\right)^{<l>} \qquad\qquad (4-82)$$

上述形式的阻尼有以下优点：

（1）只有加速运动产生阻尼，因此对于静态的运动不会产生误差阻尼。

（2）阻尼常数 α 是个标量。

（3）由于该阻尼是频率非相关的，使用相同的常量可以不同自然周期区域产生等效的阻尼。

5 露天转地下开采过程的微震监测

5.1 露天转地下开采诱发的微震活动

矿床开采是一个动态的过程，随采矿工程的进行，矿床、围岩等地质体以及巷道工程的形态、应力环境等将处于不断的自我调整过程，开采活动影响范围内岩体、巷道工程的变形、破坏是一个复杂工程地质环境中矿山应力场演化过程的动态表现。采场、围岩的变形及地表岩体移动是采动地压显现的重要特征之一，对采动影响范围内岩体变形破坏实施过程监控是地压活动规律研究的基础和重要手段之一；然而，传统的位移监测是建立在不同空间和时间条件下的"独立、局部"行为，难以反映矿区范围内地压活动性的时空分布与整体规律。

露天转地下开采工程的失稳破坏与工程岩体内部的微震活动有着必然联系，当巷道工程、岩体发生了可监测到的位移时，实际上岩体内部已经发生了微破裂。一般岩体变形、位移的发生滞后于微震活动，微震活动是工程岩体发生失稳破坏的前兆。

把声发射与微震技术作为一种监测预警手段，是近几年发展起来的一种行之有效的确保地下工程及矿井生产安全的方法，通过微震监测，认识诱发微震的机理，进而发出预报和提出防治措施。

岩体声发射与微震监测技术是利用岩体受力变形和破坏过程中发射出的声波和微震来进行监测工程岩体稳定性的技术方法。声发射与微震现象是 20 世纪 30 年代末由美国 L. 阿伯特及 W. L. 杜瓦尔发现的。M. Cai 和 P. K. Kaiser 把所有的震动事件按振动频率分类，从而把声发射、微震、岩爆、地震等不同的现象广义成具有不同振动频率的震动事件（图 5 – 1）。

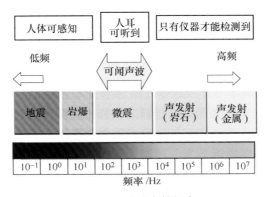

图 5 – 1　震动事件频率

在外界应力作用下，岩石内部将产生局部弹塑性能集中现象，当能量积聚到某一临界值之后，会引起微裂隙的产生与扩展，微裂隙的产生与扩展伴随有弹性波或应力波的释放并在周围岩体内快速释放和传播，即声发射；相对于尺寸较大的岩体，在地质上也称为微震（microseism，MS）。

岩体在破坏之前，必然持续一段时间以声的形式释放积蓄的能量，这种能量释放的强度，随着结构临近失稳而变化，每一个声发射与微震都包含着岩体内部状态变化的丰富信息，对接收到的信号进行处理、分析，可作为评价岩体稳定性的依据。因此，可以利用岩体声发射与微震的这一特点，对岩体的稳定性进行监测，从而预报岩体塌方、冒顶、片帮、滑坡和岩爆等地压现象。室内研究表明，当对岩石试件增加负荷时，可观测到试件在破坏前的声发射与微震次数急剧增加，几乎所有的岩石当负荷加到其破坏强度的60%时，会出现声发射与微震现象，其中有的岩石即使负荷加到其破坏强度的20%，也可发生这种现象，其频率约为$10^2 \sim 10^4$Hz，利用仪器对岩体声发射与微震现象进行监测。

岩体声发射与微震信号具有以下比较明显的特征：

（1）信号是随机的，非周期性的。

（2）信号频率范围很宽，上限可高达几万赫兹，甚至更高。

（3）信号波形不同，能量悬殊较大。

（4）振幅随距离增大迅速衰减。

岩体声发射源与信号如图5-2和图5-3所示。

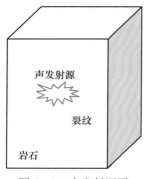

图5-2 声发射源图

图5-3 声发射信号图

产生波的部位叫做声发射源。波源处的声发射波形，一般为宽频带尖脉冲，包含着波源的定量信息。固体介质中产生局部变形时，不仅产生体积变形，而且产生剪切变形，因此会激起纵波（压缩波）和横波（剪切波）。纵波和横波在声发射源产生后通过材料介质自身向周围传播，一部分通过介质直接传播到传感器，形成声发射信号；还有一部分传到表面后产生折射，其中的一部分形成折射返回到材料内部，另一部分则形成表面波（又叫瑞利波，Rayleigh wave），沿着介质表面传播，并到达传感器，形成声发射信号。所以，传入传感器的声发射信号是多种波相互干涉后形成的混合信号（图5-4）。因为纵波的传播速度比横波快，总是最先到达，所以纵波又称为初至波（primary wave），可简称P波。横波又可称为续至波（secondary wave），可简称S波。最后到达的是表面波（简称R波）。

声发射与微震现象表征岩体稳定性的机理很复杂，岩体声发射与微震监测技术通过对信号波形的分析，获取其内含信息，以帮助人们对岩体稳定性做出恰当的判断和预测。针对这类信号特征，一般主要记录与分析下列具有统计性质的量：

（1）事件率（频度），指单位时间内声发射与微震事件数（次/min），是用声发射或

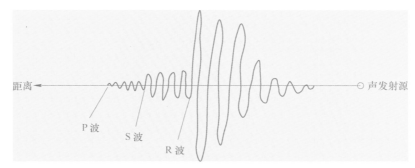

图 5-4　纵波、横波及表面波的传播次序

微震评价岩体状态时最常用的参数。对于一个突发型信号，经过包络检波后，波形超过预置的阈值电压形成一个矩形脉冲，这样的一个矩形脉冲叫做一个事件，这些事件脉冲数就是事件计数，计数的累计则称为事件总数。

（2）振幅分布，指单位时间内声发射与微震事件振幅分布情况，振幅分布又称幅度分布，被认为是可以更多地反映声发射与微震源信息的一种处理方法。振幅是指声发射与微震波形的峰值振幅，根据设定的阈值可将一个事件划分为小事件或大事件。

（3）能率，指单位时间内声发射与微震能量之和，能量分析是针对仪器输出的信号进行的。

（4）事件变化率和能率变化，反映了岩体状态的变化速度。

（5）频率分布，声发射与微震信号的特征决定于震源性质、所经岩体性质及监测点到震源的距离等。

特性参数与岩体的稳定状态密切相关，反映了岩体的破坏现状。事件率和频率等的变化反映岩体变形和破坏过程，振幅分布与能率大小，则主要反映岩体变形和破坏范围。岩体处于稳定状态时，事件率等参数很低，且变化不大，一旦受外界干扰，岩体开始发生破坏，微震活动随之增加，事件率等参数也相应升高，发生岩爆（冲击地压）之前，微震活动增加明显，而在临近发生岩爆（冲击地压）时，微震活动频数反而减少；岩体内部应力重新趋于平衡状态时，其数值也随之降低。若震源周围以一定的网度布置一定数量的传感器，组成传感器阵列，当监测体内出现声发射与微震时，传感器即可将信号拾取，并将这种物理量转换为电压量或电荷量，通过多点同步数据采集测定各传感器接收到该信号的时刻，连同各传感器坐标及所测波速代入方程组求解，即可确定声发射源的时空参数。

应用声发射与微震技术进行稳定性预报，所关心的是岩体是否发生此类活动，乃至可能引发岩爆的位置、时间及不稳定程度，其中对声发射与微震源进行精确定位是该方法的关键。在岩体发生声发射与微震现象时，所知道的是各个传感器的坐标和它所接收到信号的时刻，不知道的是声发射与微震发生的位置和时刻。

设震源位置的空间坐标为 (x, y, z)，发生时刻为 t，第 i 个传感器坐标为 (x_i, y_i, z_i)，传感器检测到的时刻为 t_i，声波传播的平均速度为 v，在震源和第 i 个传感器之间的走时方程为

$$(x_i - x)^2 + (y_i - y)^2 + (z_i - z)^2 = v^2(t_i - t)^2 (i = 1, 2, \cdots, m) \qquad (5-1)$$

式中　　　m——收到信号的传感器个数；

　　x, y, z, t——震源的时空参数。

式（5-1）方程为非线性，直接求解非常困难，需要寻找线性来代替此非线性方程。

用第 i 个测点的走时方程减去第 k 个测点的走时方程可得到一线性系统

$$2(x_i - x_k)x + 2(y_i - y_k)y + 2(z_i - z_k)z - 2v^2(t_i - t_k)t$$
$$= x_i^2 - x_k^2 + y_i^2 - y_k^2 + z_i^2 - z_k^2 - v^2(t_i^2 - t_k^2)(i,k = 1,2,\cdots,m) \qquad (5-2)$$

通过 i 和 k 的不同组合可以产生 $m(m-1)/2$ 个线性方程，其中只有 $m-1$ 个线性独立的方程。要求解由独立方程组成的方程组，必须有 4 个以上独立方程，也就是说至少需要 5 个传感器来接收同一信号。又由几何关系可知，三维空间中定位一个点的坐标位置（x，y，z），需要 3 个固定点，即微震监测过程中需要 3 个传感器来接受一个微破裂信号，才能定位出一个微震事件，如图 5 - 5 所示。对于这一线性超越方程组，是全部采用还是采用其中的一部分方程，以及采用其中的哪一部分，相应会对定位结果带来什么影响，这就需要一套算法来解决声发射源定位问题。

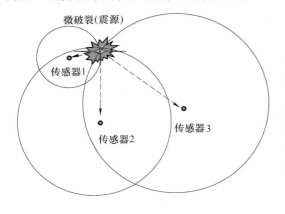
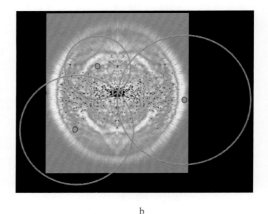

a   b

图 5 - 5 平面上微震事件定位模型

算法特点：
（1）采用初次定位和修正定位二次定位方法。
（2）依据 P 波在岩体介质中以常速度传播为假设。
（3）迭代求解条件方程采用正规化过程。
（4）对数据做多种加权。
（5）对定位结果给出质量评估。

5.2 微震监测技术原理

5.2.1 监测系统简介

微震监测系统（microseismic monitoring system，MMS）开发于 20 世纪 70 年代初期，伴随着信息技术、计算机技术的发展和计算机水平的提高而日趋成熟。岩体在主破坏之前，必然持续一段时间以微破坏前兆的形式释放积蓄的能量，产生相应的微破坏震动即微震。这种震动将以声发射的形式向四周传播。每一个微震事件都包含着岩体内部状态变化的丰富信息，对接收到的信号进行处理、分析，可作为评价岩体稳定性的依据。因此，利用微震的这一特点，对岩体的稳定性进行监测，从而预报岩体塌方、冒顶、片帮、滑坡和岩爆等地压现象，是一套集硬件、软件于一体的大型预警系统。

系统原理与常规地震监测系统基本一样，它具有更强的敏感性和更高的精确性，监测的地下微震的震级更小、精度更高，系统技术指标见表5-1。

表5-1 微震数据采集系统的技术指标

指 标	技 术 参 数
数字化	24位模数转换
传感器	敏感度为30V/g，最大输出信号为±5V，30通道加速计
网络可扩展通道	强大的集成功能，可扩展至256个通道
信号触发模式	阈值或STA/LTA
信号电压	直流≤24V
电源电压	220V AC
动态响应范围	>115dB
数据存储	可扩展至256MB的32MB内部固态存储（可选用USB、HDD），可记录并保存连续数据
数据存储格式	二进制和Access文件，方便用户获取多达16项事件特征的信息
信号采样率	50~10kHz
信号带宽	DC-1/4采样率
信号增益	0、6dB、20dB、40dB
辅助增益	6~72dB
能耗	<10W
电源供应	12V DC

微震监测系统专用的数据采集设备及处理软件用来辅助对诱发地震与自然地震的监控。Paladin™数据采集系统提供24位模数转换，能够在局域网或远程无线网络进行独立或多个终端运行；微震监测可视化软件MMS-View可直观地演示地层内部微破裂的时空分布规律，称之为"透视地层变化的眼睛"。

5.2.2 监测系统的组成及其主要功能

监测系统组成如图5-6所示，主要包括：Hyperion地面数字信号处理系统，Paladin数字信号采集系统，24位地震记录仪，数据通信调制解调器以及基于远程网络传输的MMS-View三维可视化软件。微震监测系统网络拓扑图如图5-7所示。

监测系统的主要功能：

（1）实时、连续采集现场产生的各种触发或连续的微破坏信号数据，及时了解微破坏时空分布规律，分析潜在岩爆的可能性，对现场安全生产提供直接指导性服务。

（2）通过远程无线传输系统，实现微震数据远程无线传输，允许用户在世界各地随时重新查看从远程站点采集到的数据信息。

（3）自动记录、显示并永久保存微震事件的波形数据。

（4）系统采集震源的自动与人工双重拾取，可进行震源定位校正与各种震源参数计算，并实现事件类型的自动识别。

（5）可利用软件的滤波处理器、阈值设定与带宽检波功能等多种方式，修正事件波形并剔除噪声事件。

（6）利用批处理手段可处理多天产生的数据列表。

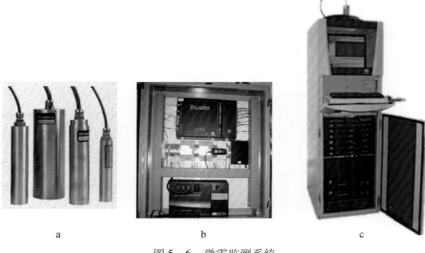

图 5 - 6 微震监测系统

a—传感器；b—Paladin 采集仪；c—Hyperion 地面数字信号处理系统

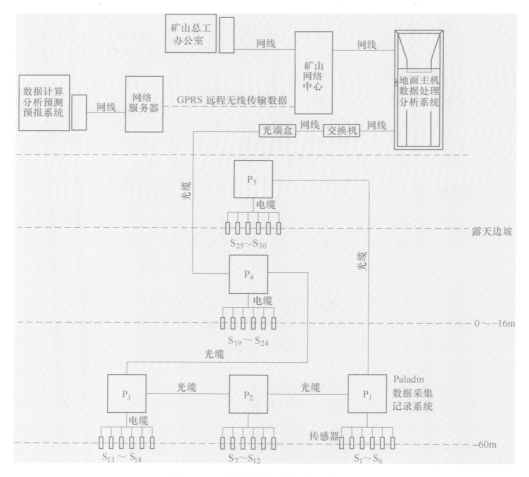

图 5 - 7 微震监测系统网络拓扑图

（7）配置的 MMS – View 可视化分析软件可导入待监测范围内的硐室、巷道、边坡等几何三维图形，提供可视化三维界面，实时、动态地显示产生的微震事件的时空定位、震级与震源参数等信息，并可查看历史事件的信息及实现监测信息的动态演示。

（8）在交互式三维显示图中，可进行事件的重新定位。

（9）可选择用户设定事件范围内的、所需查看的各种事件类型，并输出包括事件定位图、累积事件数以及各种震源参数的 Word 或 Excel 报告，用户可根据需要查看事件信息。

5.3 监测系统操作方法

5.3.1 模型导入

打开 SeisVis（图 5 – 8a），按照下面的操作步骤导入需要的模型，Options > View > Addview > Browse，选择输入模型的文件类型，导入相关模型即可（图 5 – 8b）。

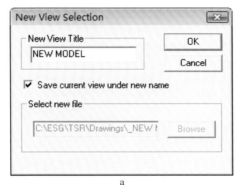

a

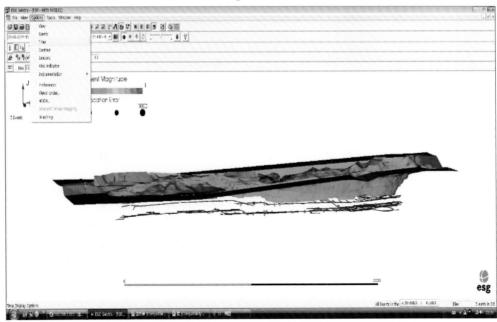

b

图 5 – 8　微震监测系统操作 SeisVis 图（a）和微震监测系统导入模型图（b）

5.3.2 事件时间范围查看

打开 SeisVis，点击 Options 下的 Time 选项，去掉 Online 勾选，在 Time Span 下输入想要查看的时间范围即可（图 5 – 9）。

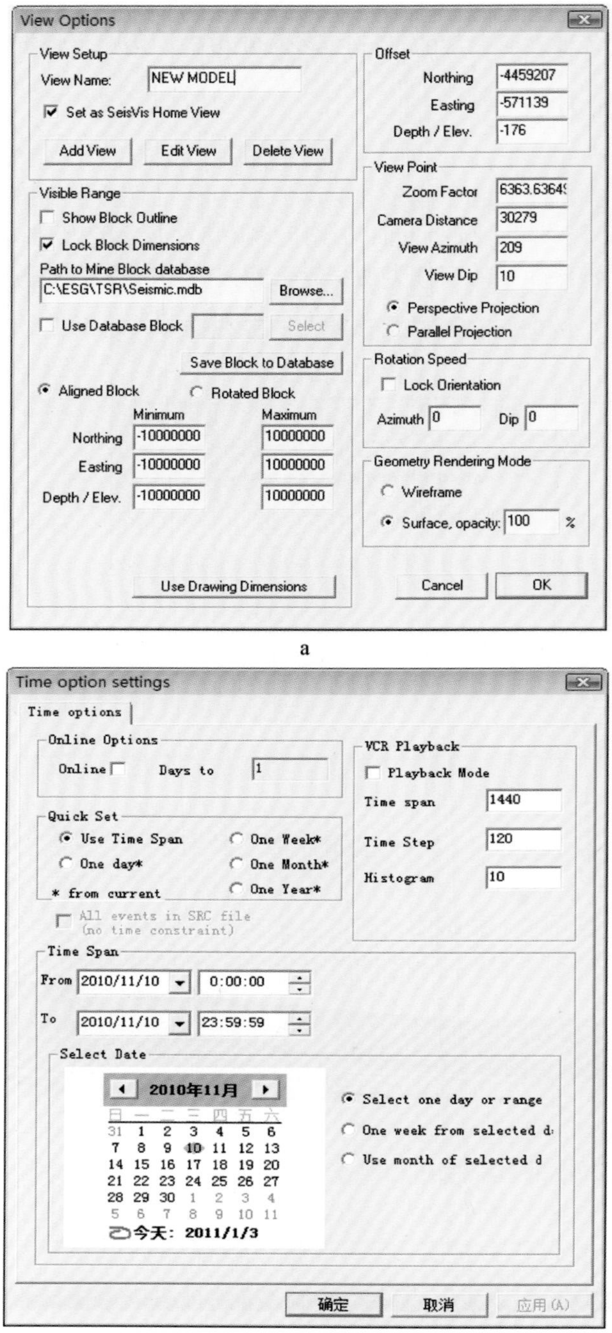

a

b

图 5 – 9 SeisVis 操作界面图

5.3.3 事件处理

打开 SeisVis，用鼠标选定一个事件球，点击右键，再点击 Wave – Manual Processing，进入 WaveVis 界面，点击 █，使系统再次自动获取 P 波拾取点，按 F2 快捷键，调整 P 波到达事件，再点击 █，系统重新计算事件定位点，实现对事件重新定位处理，如图 5 – 10 所示。

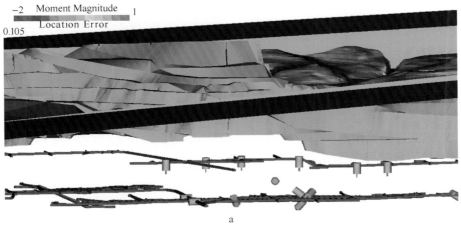

a

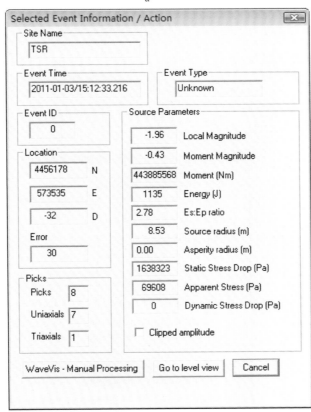

b

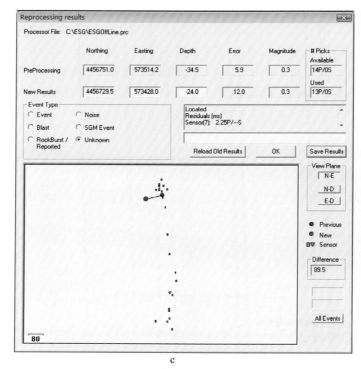

c

图 5－10 WaveVis 操作界面图

5.3.4 信号实时采集与记录

打开 HNAS 软件，点击 File 下的 Open Daily File 选项（图 5－11），选择所要采集的某一天，点击即可，在此命令里既可以查看历史上某一天的采集数据，也可以采集当天的实时数据。另外，当打开 HNAS 软件时，可以自动采集当天的实时数据。

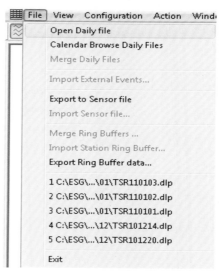

a

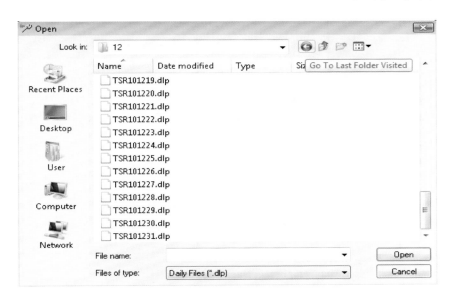

b

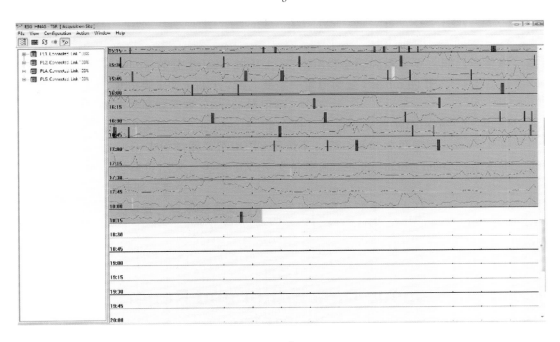

c

图 5 - 11 Open Daily File 操作界面图

5.3.5 HNAS 中连续数据的人工处理

选择一定范围的黄色区域（最长 3min 范围），按住鼠标左键，点击 Reprocess，实现对连续数据的人工处理。选择菜单栏中的 Auto Enable Process 可自动处理，即实现对连续数据的自动处理（图 5 - 12）。

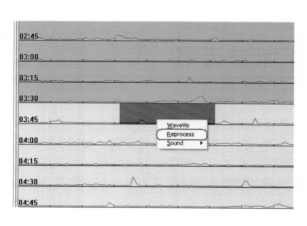

a   b

图 5 – 12   Auto Enable Process 操作界面图

5.3.6 数据过滤及报告生成

打开 DBEidtor（图 5 – 13），点击 Change Data Source 获取现场的微震数据，插入外部存储设备（移动用盘或 U 盘），然后运用 Achiever 进行数据存档，根据需要生成不同形式的数据报告。

5.3.7 远程网络传输及 MMS – View 的使用

打开 View Server（图 5 – 14），点击 找到数据库文件（MDB），点击 ▶，即开启了数据远程网络传输服务端。

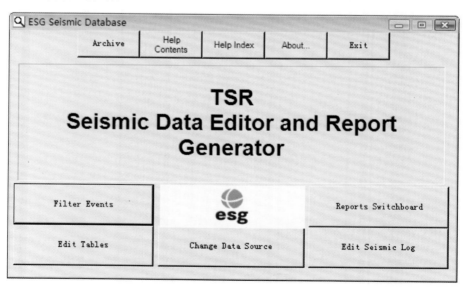

a

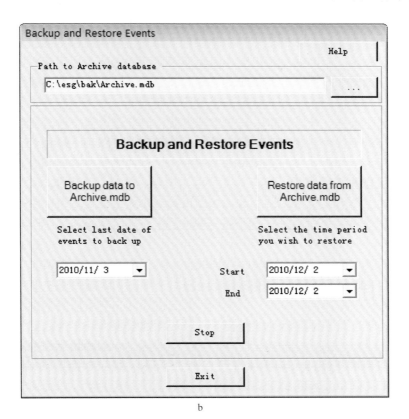

b

c

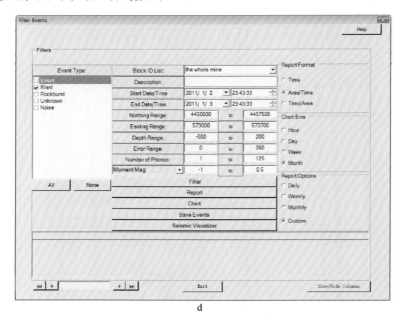

图 5-13 Change Data Source 操作界面图

图 5-14 View Server 操作界面图

点击 open 或或选择三维地质可视化模型文件（3ds），点击可以导入传感器的数据库信息，即可从远端实现对微震数据的查看。

打开 MMSView，设置 MMSView 接受远端数据服务器的 IP 地址与数据存放路径，点击"手动获得数据"，开始下载数据至指定路径。在本地电脑上使用 MMSView，也可不勾选"读取远端数据"，直接找到数据库文件存放的路径即可。

远端和本地电脑读取数据设置分别如图 5 –15 和图 5 –16 所示。

图 5 – 15　远端读取数据界面图

图 5 – 16　本地电脑读取数据界面图

三维矿山实施监测模型如图 5 –17 所示。

"显示设置"标签（图 5 –18）下，勾选"动态显示设定"中的"启用"，即可设定最近产生事件的闪烁时间；在"能量显示范围"下设定显示一定能量范围内的事件；在"能量球设定"下，以选定的某事件球能量为基准，按一定比例放大能量球。

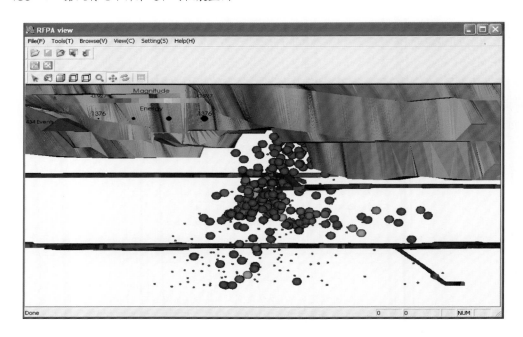

图 5 – 17　三维矿山实施监测模型图

图 5 – 18　微震事件数据显示界面图

　　"裁剪面"标签下，勾选"启用裁剪面"，可以查看一定范围内的事件（图 5 – 19）。

　　点击 ，开启数据分析控制台，在远端查看一定时间范围内的事件，不同类型事件及事件累积曲线图（图 5 – 20）。

　　图标说明：

　　（1）：发生事件累积曲线图。

　　（2）：数据传输的设置项。

图 5 – 19 微震事件群数据显示界面图

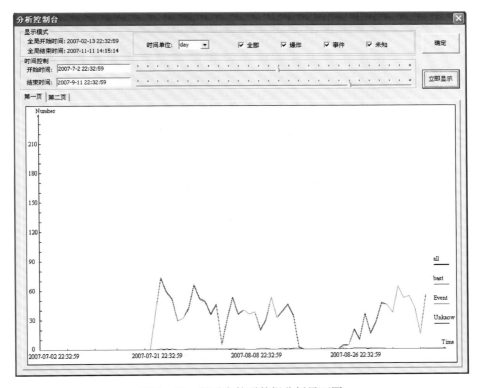

图 5 – 20 微震事件群数据分析界面图

（3）⬉：查看单个微震事件的三维坐标、能量等信息。

（4）⬉：调整三维地质模型的方向角。

（5）⬉：前视图 – 从前面查看模型。

（6） ：左视图 – 从左面查看模型。

（7） ：俯视图 – 从上面查看模型。

（8） ：放大查看模型。

（9） ：移动查看模型。

（10） ：动态演示。

（11） ：栅格。

5.3.8 监测系统常见操作问题

（1）网络不通。井上电脑 HNAS 上显示 ，表明网络不通，核实能否 PING 通井下电脑及访问局域网，检查网线连接是否良好，重新拔插网线，检查交换机、收发器工作是否正常。

（2）黄色区域不能处理。井上电脑 HNAS 上的黄色区域不能处理，检查是否在 HNAS 设置了自动处理事件（图 5 – 21）。

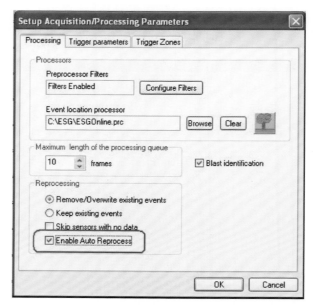

图 5 – 21 微震事件群数据处理界面图

（3）HNAS 上出现橙色区域。井上电脑 HNAS 上出现橙色区域，表明数据传输不同步，检查 Paladin 的 time 选项下及井下电脑的 IP 及子网掩码，数据端口的设置是否正确（图 5 – 22）。

（4）重启设置 Paladin。按住 Paladin 约 10s，待指示灯全部闪烁 5 下，即表明已经重启，随后重新设置各参数及时间同步选项，重启 HNAS，点击 set station time to PC。等待 20 ~ 30s，待 Diagnostics 选项下的 NTP 显示 ok，并且 HNAS 中有绿色区域出现，即表明设置成功。

（5）注意事项。微震监测系统是独立的数据采集系统，井下采集电脑及各 Paladin 采集仪应与局域网断开，不得随意改变系统各组件的 IP 地址，防止病毒侵入。

图 5-22　数据处理 Paladin 界面图

1) 井下采集电脑上除现在已经安装的软件外，不能安装其他任何软件，包括杀毒软件。

2) 井上井下电脑上的文件夹不能设置为完全共享。

3) 启设置 Paladin。按住 Paladin 约 10s，待指示灯全部闪烁 5 下，即已经重启。重启后，Paladin 的 IP 复位到 192.168.1.254，要逐一重新设置 Paladin 的 IP。

4) 井上电脑连接局域网或 internet 使用第二个网卡。

5) 拷出 WINDOWS 目录下的 license.cfg 文件。在重新安装 WINDOWS XP 与 ESG 系统情况下，把 license.cfg 文件放回 WINDOWS 目录下，ESG 系统才可使用。

6) 数据要定时拷贝出来，包括 JINAN 文件夹和 seismic.mdb、hnas.mdb 文件，防止数据在操作不当的情形下丢失。

7) 系统要专人专管，且不要在局域网内其他电脑上随意登陆 Hyperion 地面数字信号处理系统电脑。

5.4　石人沟铁矿微震监测实例

为监测露天转地下开采岩层变形影响，石人沟铁矿从加拿大 ESG 公司引进一套矿山微震监测系统（MMS），对微震活动实施全天候连续监测，井下微震监测系统传感器空间布置如图 5-23 所示，矿山于 2009 年 3 月 1 日运行监测。

30 通道的微震监测系统覆盖了整个石人沟铁矿露天转地下开采范围，分布于 3 个水平的传感器可对监测区域有效范围内露天转地下开采活动诱发的微破裂事件实施 24h 连续监测，获取大量微震事件的时空数据、误差、震级以及能量等多项震源参数，并对采集的数据进行滤波处理，提供震源信息的完整波形与波谱分析图，自动识别微震事件类型，通过滤波处理、设定阈值、带宽检波排除噪声事件。MMS-View 为用户提供中文界面操作，与三维地质模型相结合，实现远程网络微震数据传输，帮助用户对微震事件时空分布规律进行分析并做出科学决策。

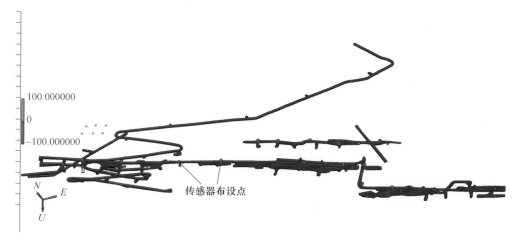

图 5 - 23 井下微震监测系统传感器空间布置图

5.4.1 采场稳定性分区

石人沟铁矿 1975 年建成投产，采用露天开采方式，矿山划分为南北两个采区，经过 20 多年的生产，露天开采已经结束，南区作为内部排土场，矿山正在由露天转入地下开采。石人沟铁矿露天转地下开采遇到了许多技术问题，如露天与地下生产的衔接与生产平稳过渡问题、露天采坑内排岩堆形成的重力对地下开采的影响、露天采坑积水对地下开采的影响、矿区内大断层与破碎带的影响、露天边坡稳定性问题、矿柱回收与空区处理问题等。随着地下开采的进行，可能出现以下两个影响地下开采安全生产的问题：

（1）地下开采引起的采空区和境界矿柱突然冒落危险性。设计井下用留矿法采矿，上面留 20～60m（不包括顶柱 6m）厚的境界矿柱，沿矿体走向每 50m 留一个 8m 宽间柱。随着采空区的形成（高 48m），境界矿柱、顶柱、间柱承受自重、上盘岩体和露天坑回填物的压力，如果采矿期间矿柱被破坏可能形成大规模冒落，不但造成矿石损失贫化，而且可能发生人员伤亡等重大事故，给矿山安全生产造成威胁。

（2）露天坑积水下渗引起的井下突然涌水可能性。设计对露天矿坑积水及其矿井排水采取了相应的安全措施：露天坑周边设防洪沟，坑内积水通过泵站排除，井下涌水设泵房、水仓和防水闸门等技术措施。因矿区内存在多条规模较大的断层带，其中 F_8 断层为导水的正断层，断层附近的岩体节理发育，井下开采诱发裂隙进一步开裂，岩体渗透性逐步提高，一旦和露天坑内积水形成良好的水力联系，势必引起井下突涌，给矿山安全生产造成重大灾害。无疑，顶部矿柱崩落也是引起突涌的重要原因。

露天转地下首采区在南区 -60m 水平，随着地下开采的发展，采深向下延深到 -120m 水平，要求顶柱在 3～5 年内保持稳定。地下开采形成采空区，若围岩强度较高且空区范围小，顶柱（露天采场坑底离采空区顶部的距离）较厚，只会局部采空区顶板崩落成拱，形成的裂隙带不会波及露天坑底。当采空区暴露面积较大，围岩不够稳定或其他不利因素作用（地下水下渗引起岩体强度弱化、爆破震动等），可能引起顶柱突然失稳、冒落的灾害。

地质条件和采矿条件分析：顶柱和围岩存在着天然不整合面，坑底有积水，开采将引起减小顶柱和围岩间不整合面的摩擦系数，并诱导积水渗入采空区，进一步降低该不整合面的抗剪强度，上覆回填物的压力和水压作用将使得顶柱沿与围岩的接触面滑动脱落，造成突冒、突涌的危害。

沿矿柱走向的不同位置，矿柱倾角、宽度、厚度、顶柱的高度、地表回填物的高度差别较大，加上断层的赋存，使得采场不同位置的稳定性差别较大。详情如下：

（1）19断面、21断面、26断面，由于矿体厚度较小（小于10m），预留的顶柱高度较大，开采引起的顶柱拉应力区较小，稳定性较好。

（2）16断面、18断面、28断面，矿体厚度较大（10~20m），开采引起的顶柱拉应力区较大，存在失稳破坏的可能。

（3）20断面、25断面，开采将切穿断层（F_8、F_{18}），轻则由于围岩冒落和涌水影响巷道掘进，严重时将形成突冒、突涌危害。

根据上述分析结果对采场稳定性进行分区，指出不同位置顶柱稳定状态，为微震监测系统设计提供依据。

石人沟铁矿地下开采时的矿房长度大大超过它的宽度，近似按照二维平面应变问题建模，但是由于矿房中有数量较多的间柱存在，而二维平面应变模型因没有考虑间柱的支撑作用，导致计算结果偏于保守，故建立三维计算模型，更为真实地模拟分析矿柱围岩的稳定性，以及通过应力分析找出整体危险区域，以便于对其采取相应的支护和监测措施，所采用计算模拟软件为 MSC. Patran 和 MSC. Nastran。

5.4.1.1 计算模型与方案

应用 MSC. Patran 软件建立整个矿山模型，包括回填物、围岩、矿体、断层。模型范围坐标为：X：$-130.000 \sim 350.150$m；Y：$-200.000 \sim 179.000$m；Z：$-148.600 \sim 120.000$m，主要考察区域是 F_{18} 和 F_{19} 断层之间的矿体，模型全部采用六面体单元，在 X 和 Y 向采取各自方向限制，底面完全固定，上表面自由的约束方式，模型只分析在重力作用下的应力分布情况，模型中各种材料的力学性质是根据物理实验得到的（图5-24）。

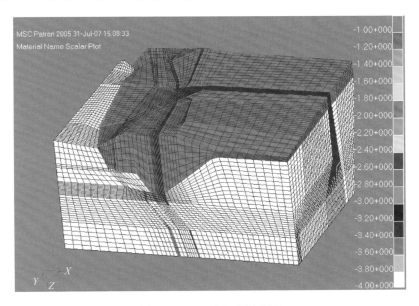

图 5-24　三维模型网格图

根据软件的特点，矿房一步完成，顶柱位置选择数值解析结果的最安全位置 -6m，把 -6 ~ -60m 矿体都作为矿房采出。模型没有分步开挖，直接计算整个矿房被开挖后的情况。

模型中的关键部位是四条矿体同 F_{18} 断层和 F_{19} 断层之间的关系，各矿体编号为 Ⅰ 、Ⅱ 、Ⅲ 、Ⅳ（图 5-25）。

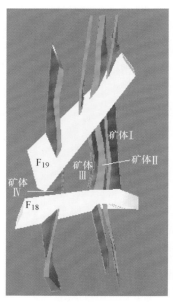

图 5-25 矿体与 F_{18} 和 F_{19} 断层的关系图

方案一：留设两个中间矿柱。矿柱留设方案如图 5-26 所示，F_{18} 断层两侧分别留 12m 矿柱，F_{19} 断层两侧分别留 15m 矿柱，断层之间的矿体留两个 10m 矿柱，三个矿房。

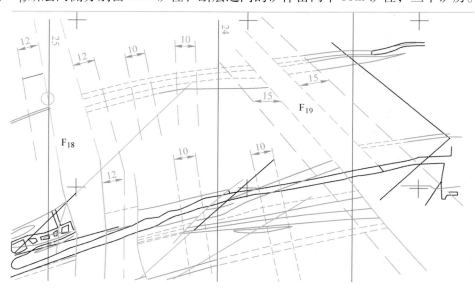

图 5-26 南区 -60m 水平 F_{18}、F_{19} 断层附近安全矿柱设计图（方案一）

方案二：留设一个中间矿柱。矿柱留设方案如图 5 - 27 所示，F_{18} 断层两侧分别留 12m 矿柱，F_{19} 断层两侧分别留 15m 矿柱，断层之间的矿体留一个 20m 矿柱，位置偏于 F_{19} 断层 5m，留设两个矿房。

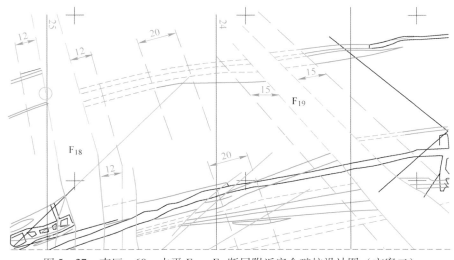

图 5 - 27　南区 -60m 水平 F_{18}、F_{19} 断层附近安全矿柱设计图（方案二）

5.4.1.2　计算结果与分析

建立三维计算模型分析矿体受力情况的目的是为了能够更为真实地模拟分析矿柱围岩的稳定性，以及通过应力分析找出整体危险区域，以便于对其采取相应的支护和监测措施。

方案一：留设两个中间矿柱的计算结果如图 5 - 28 ~ 图 5 - 30 所示。

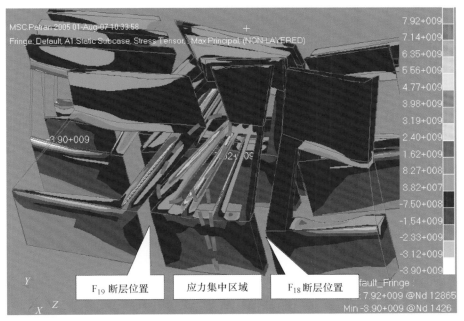

图 5 - 28　矿区最大主应力图

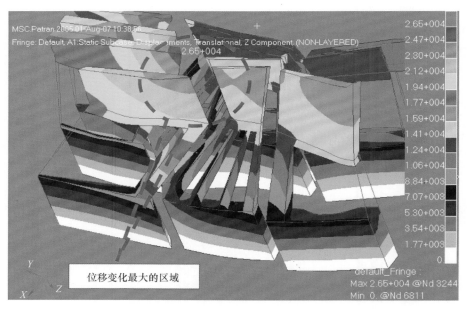

图 5 - 29 矿区重力方向位移变化图

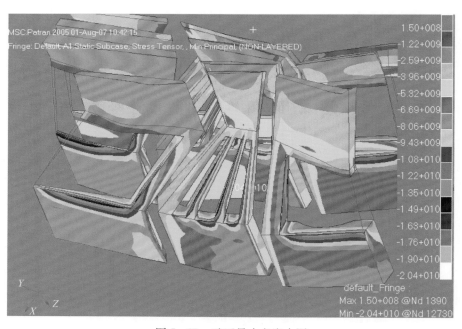

图 5 - 30 矿区最小主应力图

从矿区最大主应力图（图 5 - 28）可以看出，整个模型应力最为集中的位置是 F_{19} 矿体与矿体Ⅳ相交位置，是矿区最为危险的地带，F_{18} 断层两侧应力均匀。从矿区重力方向位移变化图（图 5 - 29）中可以清楚看到，F_{19} 断层与矿体Ⅲ和矿体Ⅳ相交的位置下沉量最大。从矿区最小主应力图（图 5 - 30）中也很直观看到矿体Ⅳ中的矿柱受力比较集中。

从模拟结果得出，F_{19} 断层两侧的矿体Ⅲ和矿体Ⅳ的矿柱尺寸需要加大到 20m 才能保证安全，同时此区域要做好锚固措施。矿体Ⅲ和矿体Ⅳ间柱尺寸也要相应增加，增加到12～15m可以保证安全。对于F_{18}断层两侧矿体可以按照原设计尺寸的12m矿柱开采。

　　方案二：留设一个中间矿柱的计算结果，如图5-31～图5-36所示。

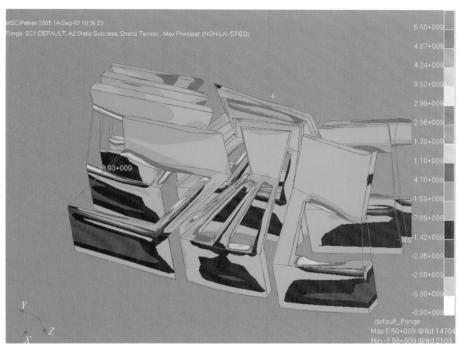

图5-31　矿区最大主应力图（正视图）

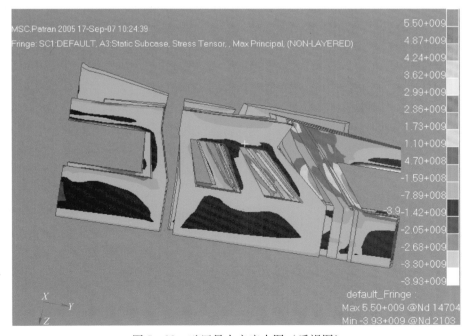

图5-32　矿区最大主应力图（后视图）

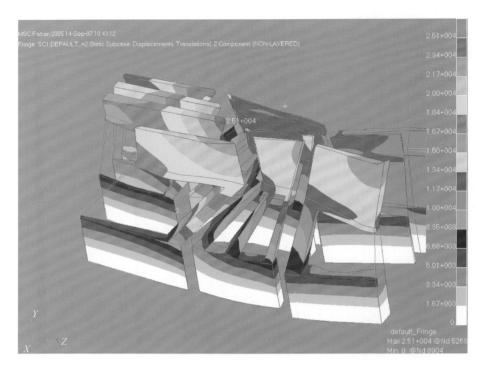

图 5 – 33　矿区重力方向位移变化图（正视图）

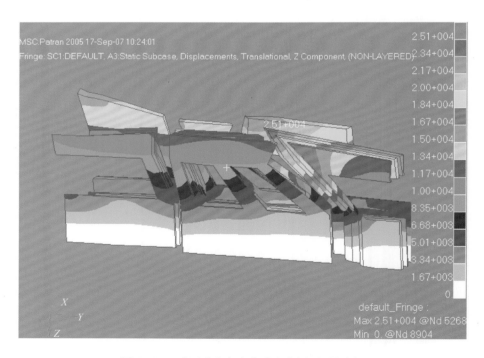

图 5 – 34　矿区重力方向位移变化图（后视图）

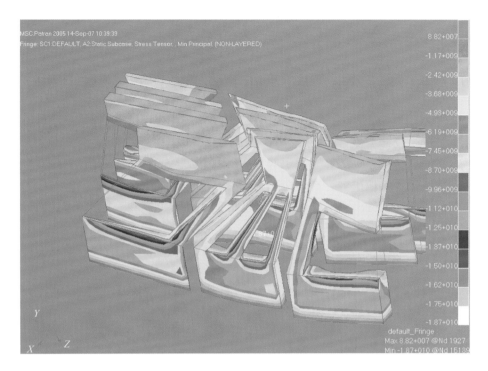

图 5 – 35 矿区最小主应力图（正视图）

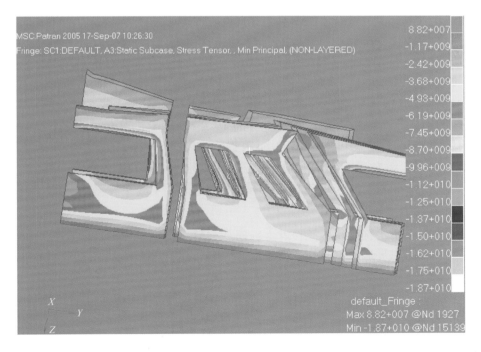

图 5 – 36 矿区最小主应力图（后视图）

从图 5-31~图 5-36 可以看到，Ⅳ号矿体，只留设一个矿柱，可以维持稳定，但是Ⅰ、Ⅱ、Ⅲ号矿体都不能保证稳定。

三维计算结果表明，按照原第一个设计方案，F_{19} 断层两侧矿柱为 15m，F_{18} 断层两侧矿柱为 12m，在两个断层之间的矿体内开设两个分别为 10m 的中间矿柱和三个矿房。对于 F_{18} 断层两侧的矿体围岩能够保证安全生产，但是对于 F_{19} 断层两侧矿体稳定性较差，不能保证安全生产。

按照原第二个设计方案，F_{18} 断层两侧分别留 12m 矿柱，F_{19} 断层两侧分别留 15m 矿柱，断层之间的矿体留一个 20m 矿柱，位置偏于 F_{19} 断层 5m，留设两个矿房。对于矿体Ⅳ能够保证稳定，但是其他矿体存在安全隐患。

在稳定性研究的基础上，对矿区围岩进行稳定性分区，目的是指出不同位置顶柱稳定状态，为微震监测系统设计提供指导。

石人沟铁矿微震监测系统设计方案如图 5-37 和图 5-38 所示。

（1）稳定区：16~19、23、24、28 断面之间范围，由于矿体宽度较窄（小于 10m），厚度大（30~35m），开采引起的顶柱拉应力区较小，稳定性较好，这部分区间间柱变薄和不考虑间柱的以及减小顶柱厚度，都能保证顶柱长期稳定。

（2）亚稳定区：19~22、26 断面，矿体宽度较大（10~20m），厚度小（23~30m）开采引起的顶柱拉应力区较大，这部分区间间柱变薄或减小顶柱厚度，当前稳定性处于极限状态，顶柱长期稳定难以保证。

（3）潜在失稳区：20 断面附近，24~25 断面，开采将切穿断层（F_8、F_{18}），由于围岩冒落和涌水影响巷道掘进，可能形成突冒、突涌危害。

5.4.2 监测系统方案

石人沟铁矿井下开采 -60m 水平沿矿柱走向的不同位置，矿柱倾角、宽度、厚度、顶柱的高度、地表回填物的高度差别较大，加上断层的影响，使得采场不同位置的稳定性差别较大。如 5.4.1 节分析所得的 19~22、26 断面开采引起的顶柱拉应力区较大，稳定性处于极限状态；20 断面附近，24~25 断面，开采将切穿断层（F_8、F_{18}），由于围岩冒落和涌水影响巷道掘进，可能形成突冒、突涌危害。因此，这些区域都是不稳定区域，对井下开采造成影响，这些危险区域布置监测设备，进行重点监测。

露天转地下开采工程监测区域划分为：露天边坡、井下 0~-16m 水平、-60m 水平三个层面，在空间上形成监测阵列，覆盖露天转地下开采的整个矿区。微震监测系统网络拓扑图（如图 5-39 所示）。

监测范围内布设 30 个传感器，其中在露天边坡布设 6 个，井下 0~-16m 水平 6 个、-60m 水平 18 个，考虑到传感器的灵敏度，每个层面上，两两传感器之间的距离平均在 80~120m，在空间上形成一个均衡的分布状态，应力场分析确定传感器的布设方案，传感器的孔底三维坐标见表 5-2，Paladin 系统安装如图 5-40 和图 5-41 所示。

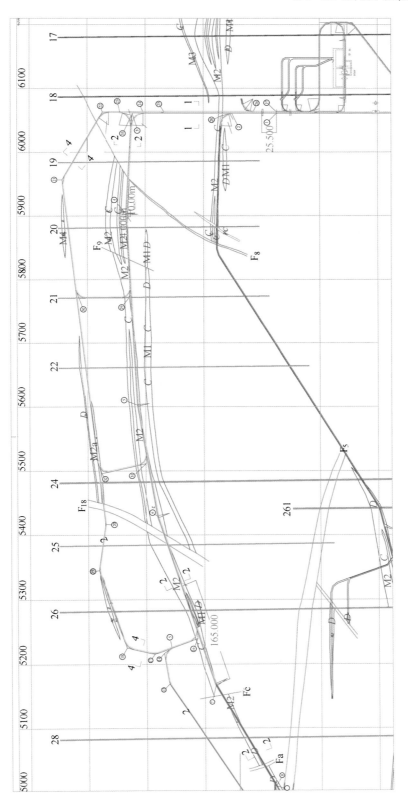

图 5-37 石人沟铁矿井下开采-60m 水平平面稳定性分区图

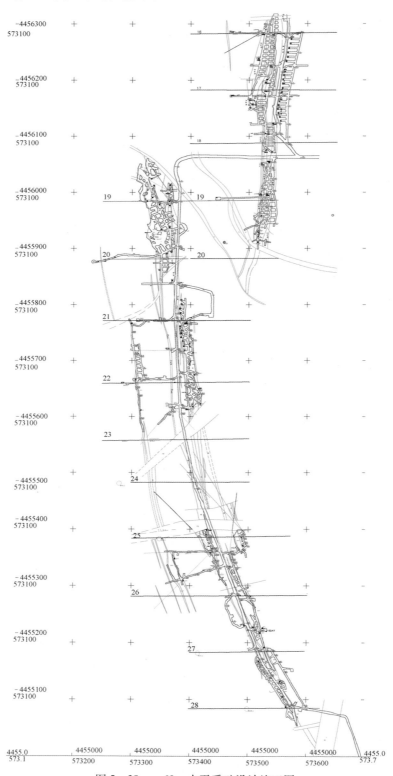

图 5-38 -60m 水平采矿设计施工图

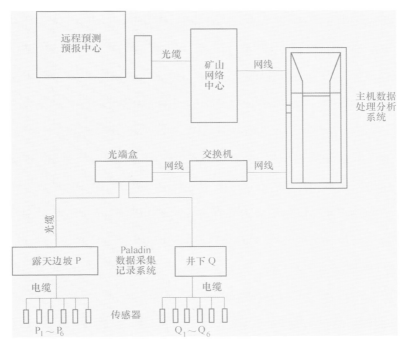

图 5 - 39 微震监测系统网络拓扑图

表 5 - 2 传感器孔底三维坐标

水　平	传感器	X	Y	Z
-60m	1	4456834.873	573510.068	-57.384
	2	4456682.914	573530.772	-56.929
	3	4456779.428	573480.704	-55.043
	4	4456782.606	573541.071	-57.61
	5	4456535.417	573544.084	-57.048
	6	4456427.418	573555.047	-56.239
	7 ~ 9	4456216.567	573557.407	-56.898
	10	4456115.291	573555.027	-56.341
	11	4456057.319	573546.884	-58.852
	12	4456058.565	573483.487	-59.688
	13	4456057.418	573394.882	-57.822
	14	4455980.238	573375.184	-57.057
	15 ~ 17	4455866.42	573370.917	-57.739
	18	4455711.931	573381.625	-57.548
0 ~ 16m	19	4456326.564	573587.022	-8.4
	20	4456282.053	573591.582	-8.278
	21	4456203.892	573571.71	0.866
	22	4456125.433	573555.080	1.668
	23	4456074.375	573557.764	0.696
	24	4456015.108	573572.299	1.121

水 平	传感器	X	Y	Z
	25	4456780.779	573497.961	35.354
	26	4456798.711	573498.637	33.484
露天边坡	27	4456811.158	573499.590	32.574
	28	4456738.720	573516.931	23.453
	29	4456770.690	573513.673	19.686
	30	44568014.888	573520.708	20.473

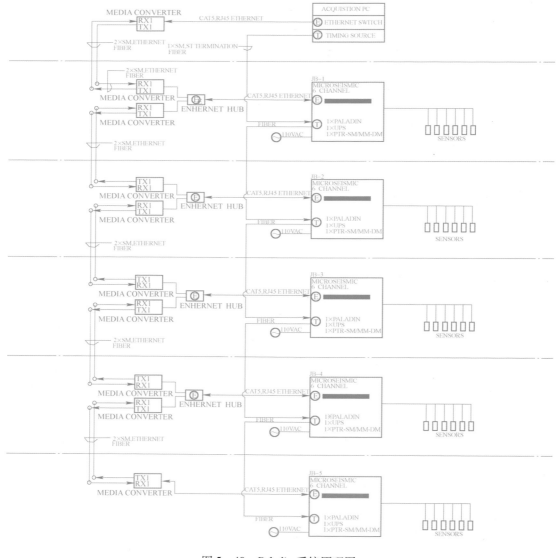

图 5 - 40 Paladin 系统原理图

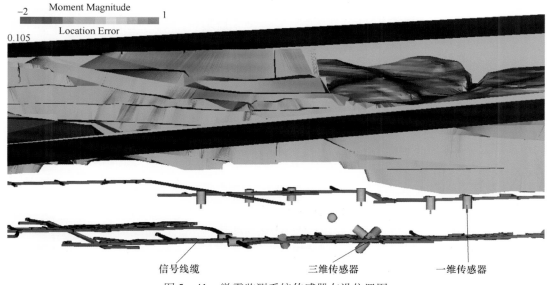

图 5-41 微震监测系统传感器布设位置图

5.4.2.1 监控传感器安装

传感器钻孔孔径 32~38mm，钻孔深度 3~5m，为了便于安装传感器，应尽量往顶板上钻孔，孔的倾角大于 70°，钻孔位置示意图如图 5-42 所示。传感器安装于孔底，安装前应全面检查孔底成孔情况。预先至少要打好 4 个钻孔，并测量实际钻孔的准确孔口三维坐标，通过几何计算获得各个孔底的三维坐标，孔底坐标输入系统软件参与定位计算。由于微震活动随着采矿活动的进行而不断改变，为了以后能重复利用传感器，该系统采用可回收式安装。

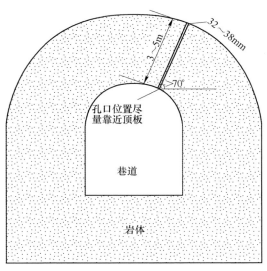

图 5-42 钻孔位置示意图

用快速凝固树脂固定到孔底，利用安装杆安装，把传感器电缆穿过传感器安装工具的孔，用安装杆将传感器滑向钻孔底部，并固定 4~5min。等树脂凝固后，小心移出安装杆和工具，连传感器线接到电源上，并检查偏压是否处于 18~22V 之间。另外，传感器将安装于孔底的灌浆柱头螺栓上，建议使用电缆螺栓灌浆树脂。之后，按顺序安装好各个传感器，并附带柱头螺栓（螺栓与垫圈）和纸杯。

传感器电缆选择 AWG20 规格的屏蔽双绞电缆。如果使用多对电缆，电缆应该单独屏蔽。屏蔽范围从系统到传感器，除系统外，其他的不接地。安装传感器前，应在钻孔口测试传感器，确保传感器工作正常。若连接到一个 28V 的电源上（如 HMS 系统），传感器偏压范围在 18~22V；或者若连接到一个 24V 的电源上（如 Paladin 系统），传感器偏压范围在 14~18V。如果偏压范围错误，检查电源极性或者通向钻孔的电缆。若连接反向，电压应在 2~4V。

5.4.2.2　线缆安装

井下线缆靠近巷道壁悬挂敷设，敷设高度适宜，易于以后维修更换。水平巷道内的线缆悬挂点间距为 3.0~5.0m，传感器安装处视现场环境预留一定长度的线缆。井上线缆采用架空方式。各种线缆避免靠近电力电缆敷设，如遇到电力电缆、架空线与传感器电缆交叉的地方，交叉处应加屏蔽措施和防电火花装置，并保证传感器电缆、光缆在架空线上方经过。避免过往行人、矿车的刮蹭，减小爆破作业等活动对线缆的破坏影响。线缆穿过风门、硐室部分时，每条线缆用塑料管或垫皮保护。巷道内的线缆每隔一定距离和在巷道岔口处，悬挂标志牌，视现场情况而定。不可将电缆悬挂在风、水管上，线缆应敷设在管子的上方，与其净距不小于 300mm。

传感器通过电缆连接到 Paladin 记录仪上，每个传感器附带有 15m 长的电缆线，这种电缆需要与长电缆拼接，长电缆要到市场上购买。长电缆规格为 AWG20（American Wire Gage Standard）、带有铝线圈屏蔽的铜芯 3 芯铜电缆。这种长电缆屏蔽线要拼接到端头的传感器屏蔽线上，并且继续连接到 Paladin 上，关键是传感器与 Paladin 间的屏蔽线要连接正确，整套连接使用相同规格的电缆。

Paladin 与地下 PC 机间的数据通信将通过电话电缆采用 DSL 调制解调器传输。这样，就需要在每个 Paladin 记录仪与地下硐室里的 PC 机间安装电话电缆。

地下 PC 机与地面 PC 机间的数据通信通过光纤采用 TCP/IP 协议传输，因此需要安装单模式光纤。

5.4.2.3　电源

地下设备如 Paladin 和 PC 机需要电源，需要在 Paladin 记录仪的场所与地下 PC 机上连接 220V AC 的电源。若电压不稳，还需要与矿山协商安装稳压器。

每个 Paladin 盒能很好地接地也是必要的。

5.4.2.4　连接盒

每个 Paladin 需放入连接盒，连接盒中还包括传感器终端、交直流电（AC/DC）转换器和一个不间断电源（UPS）部件。这些连接盒需要直接固定在移动墙上，Paladin 单元的位置、连接盒与 Paladin 之间，要确保无其他电源与电缆连接。

5.4.2.5　光纤的安装

A　光缆连接

常见的光缆有层绞式、骨架式和中心束管式光缆，纤芯的颜色按顺序分为本、橙、绿、棕、灰、白、黑、红、黄、紫、粉红、青绿，这称为纤芯颜色的全色谱，有些光缆厂家用"蓝"替换色谱中的某颜色。多芯光缆把不同颜色的光纤放在同一束管中成为一组，这样一根多芯光缆里就可能有好几个束管。正对光缆横截面，把红束管看作光缆的第一束管，顺时针依次为白一、白二、白三、……，最后一根是绿束管。

光纤接续应遵循的原则是：芯数相等时，要同束管内的对应色光纤对接；芯数不同时，按顺序先接芯数大的，再接芯数小的。光纤接续有熔接、活动连接、机械连接三种方法。在工程中大都采用熔接法。采用这种熔接方法的接点损耗小，反射损耗大，可靠性高。

B 光缆测试

光纤在选择、敷设、连接完成后还需要对其进行测试工作，使用的仪器主要是 OTDR 测试仪，用加拿大 EXFO 公司的 FTB–100B 便携式中文彩色触摸屏 OTDR 测试仪（动态范围有 32/31db、37.5/35db、40/38db、45/43db），它可以测试光纤断点的位置、光纤链路的全程损耗、了解沿光纤长度的损耗分布、光纤接续点的接头损耗等技术指标。为了测试准确，OTDR 测试仪的脉冲大小和宽度要适当选择，按照厂方给出的折射率 n 值的指标设定。在判断故障点时，如果光缆长度预先不知道，可先放在自动 OTDR，找出故障点的大体地点，然后放在高级 OTDR。将脉冲大小和宽度选择小一点，但要与光缆长度相对应，盲区减小直至与坐标线重合，脉宽越小越精确，当然脉冲太小后曲线显示出现噪波，要恰到好处。再就是加接探纤盘，目的是为了防止近处有盲区不易发觉。

在判断断点时，如果断点不在接续盒处，将就近处接续盒打开，接上 OTDR 测试仪，测试故障点距离测试点的准确距离，利用光缆上的米标就很容易找出故障点。利用米标查找故障时，对层绞式光缆还有一个绞合率问题，那就是光缆的长度和光纤的长度并不相等，光纤的长度大约是光缆长度的 1.005 倍，利用上述方法可成功排除多处断点和高损耗点。

5.4.2.6 硐室选择

微震数据采集设备应布置在远离杂电干扰、无大的机械噪声的硐室内，且保持硐室干燥，通风良好，信号电缆的布置应尽量远离动力电缆及照明电线，适宜布置与巷道无电缆布置的另一侧，如果不能避免，应将信号电缆与其他电缆成垂直布置形式，以减小对信号电缆的干扰。信号电缆用铁丝固定在沿线路拉好的钢丝上，以抵抗井下爆破时的冲击波或岩石冒顶对其的扰动。在该系统中，–60m 水平传感器的集线器安装在竖井附近，0~16m 水平传感器的集线器安装在风门外的巷道内，露天边坡传感器的集线器安设在斜井入口处。5 个 Paladin 采集系统分别安放在 –60m、0m 靠近主竖井的巷道内，地表边坡 Paladin 采集系统安设在斜井入口内 5m 的巷道壁。经过现场调查，三个硐室温度适宜，均满足无大的噪声、震动、杂电、电火花、高压电、强磁干扰，以及爆破产生的烟雾、粉尘等，但要注意防潮、防腐蚀和短路。

综上所述，在微震监测系统（MMS）建立之后，应对各传感器、电缆、光缆、集线器、连接盒等设备逐个进行检验，确保各设备所受到的干扰影响达到最小。由于井下爆破活动较频繁，所以要对微震监测系统进行必要的保护措施，以免受到爆破震动等带来的岩石的破坏对各个设备的影响。

5.4.3 监测信号抗干扰

5.4.3.1 干扰信号的类型

微震监测系统每天都可以检测到大量的信号，有时达到数万个，其中包括有效信号和无效信号，有效信号中还包括大量的干扰信号，其中由于生产运输等产生的干扰信号占据绝大部分。

井下的噪声源非常多，通过大量的噪声信号分析，井下噪声可以归纳分类为以下四种类型：

（1）电气噪声。电气噪声主要是井下的各种电器设备等产生的电气干扰，主要包括三类：一类是如风机、综掘机等大型动力机械运行的电磁干扰、动力电缆、线路相互干扰等；另一类是声发射监测系统本身产生的电气噪声；第三类为电缆与传感器或主机接头处接触不紧而产生的噪声。电气噪声特点是：1）一部分噪声属于白噪声，即各种频率成分都有，振幅变化不大，主要是由电子元器件自身产生的；2）一部分噪声的频率基本固定，是由设备运行产生的感应；3）电器设备启动时产生的尖脉冲信号，幅度可能很大，但持续时间极短。接头接触不紧产生的噪声一般幅度很大，波形连续且振幅变化极大，波形失真，该类噪声在认真操作的前提下出现的概率非常小。

（2）机械作业噪声。机械作业噪声主要是井下工作面各类机械设备在作业过程中产生的噪声，如综掘机作业、风钻作业、钻机作业、风镐作业、锚杆钻机作业等。其基本特点是规律性较强。在机械作业时，集中产生大量信号，并具有明显的周期性，这是机械运转频率所固有的。对于综掘机、大直径钻机等在短期内波形呈现出连续的特点，即使偶尔不连续，持续时间都较长；对于风镐、风钻等设备，噪声信号呈现出明显的等间距特点。机械作业噪声的振幅一般变化较小。

（3）人为活动噪声。人为活动噪声主要是工作面附近人为活动过程中产生的作业噪声，如人工诱导冒落、敲帮问顶、架设支架、出渣、爆破、整修巷道、连接管道、敲打钻杆、从矿车上搬卸重型材料等过程中产生的噪声。人为活动噪声是最难滤除的一种噪声，因为它产生的方式多样化，呈现出的规律性一般不强，频率变化范围较宽，振幅变化也较大，特点一般不十分明显，有些噪声与有效 AE 信号十分相似，但是与机械噪声等相比，其信号数量相对较少。

（4）随机噪声。随机噪声主要是传感器附近的片帮、垮落以及安装探杆的钻孔内、孔口垮落时碰击到探杆或传感器引起的噪声。随机噪声的特点是，有些幅度大，有些幅度小，频率有高频，也有低频成分，波形形状很像有效 AE 信号，但信号的出现比较集中。

5.4.3.2 干扰信号的排除

A 供电系统的抗干扰

微震监测系统属于有源设备，需要有稳定的电流供应才能保障其正常工作。如果供电系统不能输出稳定的电压，即使电压尖峰值没有超过系统的保护电压范围，由于系统长期在不稳定的环境下运行，会大大降低系统自身的使用寿命，也会受到交变电流感应产生低频电磁干扰，影响系统监测信号的效果。

从以下几个方面来进行电压保护措施，保障系统能检测到有效信号：

（1）实行电源分组供电，执行系统驱动电源与信号采集设备的控制电源分开，以防止设备间的干扰。

（2）采用隔离感应式变压器和不间断电源。

（3）采用高抗干扰性能的电源，如利用频谱均衡法设计的高抗干扰电源。

（4）采用软、硬件结合的看门狗（watchdog）技术抑制尖峰脉冲的影响。

B 信号传输通道的抗干扰

该监测系统是由地面微震数据处理系统、井下微震数据采集系统、传感器三大部分组成。传感器采集的微震信号，由内置于传感器中的信号放大器放大输出，经由信号电缆传至井下的 Paladin 微震采集仪，并进行信号的 A/D 转换后输出，由于数字信号传输距离有限，因此再由调制解调器将数字信号转换成模拟信号，再通过电话双绞线将模拟信号传输至井下微震采集工作站，然后再经过 A/D 转换成数字信号经过光纤传输至地面微震数据处理系统，同时与矿山网络中心连接，达到实时监控、远程数据采集以及远程监控的目的。

采用双绞屏蔽线传输可以有效地抑制周期性的尖峰干扰与系统设备间的用电干扰。对于低抗电磁干扰，选择编织屏蔽最为有效，因其具有较低的临界电阻。而对于射频干扰，箔层屏蔽最有效，因为编织屏蔽依赖于波长的变化，它所产生的缝隙使得高频信号可自由进出导体。而对于高低频混合的干扰场，则要采用具有宽带覆盖功能的箔层加编织网的组合屏蔽方式，编织屏蔽适用于低频范围，而箔层屏蔽适用于高频范围。

C 接地抗干扰

在低电平放大电路中合理"接地"是减少"地"噪声干扰的重要措施。有多个电源和多个传感器考虑要接地，并将地线汇集到公共点，然后用一条粗导线与系统的公共端接在一起，埋入地下。

D 监测信号滤波处理

井下很多种情况都会对微震监测产生波形干扰，有些情况（如爆破、机械工作等）还会引起微震事件的产生，由于这些情况是以声波或电磁波的形式对微震监测形成干扰，如果不能很准确地将这些干扰滤除，将会严重影响微震监测的效果和准确性。根据这一特点，可以在微震监测系统中设置频率监测范围，滤掉微震声发射信号的频率范围以外的大部分信号。

E 硬件滤波

首先将信号通过带通有源带通滤波器巴特沃斯（butterworth），然后经过双积分 A/D 转换来消除有用信号上的干扰信号，这样就把大部分低频与超高频信号滤除，保留微震信号，主要用于从输入信号中提取需要的一段频率范围内的信号，而对其他频段的信号起到衰减作用。

F 软件滤波

采用单纯的硬件电路滤波，处理不好很容易滤去有用信号，辅以软件滤波是智能传感器独有的，对包括频率很低（如 0.01Hz）在内的各种干扰信号进行滤波，一个数字滤波程序能为多个输入通道共用。常用的方法有平均值滤波、中值滤波、限幅滤波、惯性滤波。在本系统中，把幅度大于采样周期和真实信号的正常变化率确定相邻两次采样的最大可能差值作为噪声处理。

5.4.4 监测数据采集与传输

石人沟铁矿于2008年8月购买ESG公司的微震监测系统，经现场安装调试，于2009年3月投入使用，实时采集了大量现场声发射事件信息，形成了Access数据库。为充分利用岩体稳定性信息，分析岩体内部应力演化过程，与数值模拟、大规模科学计算相结合进行有效的矿山动力灾害预测预报分析，开发了MMS微震数据采集与后处理系统和远程传输系统。

MMS系统以VC++6.0为平台，面向对象，结合OpenGL三维图形库，利用ADO技术对微震数据库进行操作。MMS系统的主要模块分为两部分：一是三维图形导入模块；二是数据库管理和图形操作模块。

MMS系统的作用是实时读取传感器传回的信息，并将其显示在与三维地质模型对应的空间中，按自定义时间历程显示微震数据的数量及震级，时间片内的微震数量或震级超过一定约束时发出报报警信号。同时可以与力学数值模拟结果进行对比分析，得到更加准确的岩体信息。

5.4.4.1 设置OpenGL图形绘制环境

用VC++6.0中的AppWizard工具生成一个基于单文档的应用程序框架，设置OpenGL图形绘制环境主要包括设置包含文件和库文件路径。

加入头文件：在VC中选择［Tools］->［Options］，将弹出Options对话框，选择Directories标签页，在Show directories for项内选Includes files将Include内的GL文件夹加入Directories内（图5-43）。

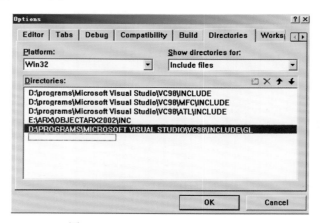

图5-43 OpenGL头文件包含设置

加入OpenGL库：选择菜单［Project］->［Settings］，将弹出Project Settings对话框，在该对话框内选择Link标签页。在该对话框中的Object/Library Module文本框中加入OpenGL. lib、glu32. lib、glaux. lib三个库文件（图5-44）。

这样一个在Windows环境下进行OpenGL编程开发的框架便形成了。

5.4.4.2 系统模块与主要数据结构

系统模块主要包含三个模块，一为三维模型导入模块，二为数据处理模块，三为远程访问模块。三维模型导入模块的功能是将用AutoCAD构建的三维地质模型导入该系统中，

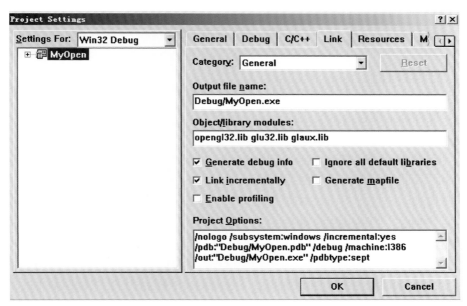

图 5 – 44　OpenGL 库文件包含设置

并进行渲染；数据处理模块为本系统最主要的功能模块，实现了系统绝大部分功能，如图形的三维操作、裁剪、数据库微震记录的显示，传感器的显示，时间控制、时域内微震数量统计及震级报警等。远程访问模块是为实现数据远程操作与分析而设计的，可通过局域网和 Internet 网络访问微震数据库，扩大了现场监测数据与管理人员之间的接触界面，方便微震数据的管理。

　　A　三维模型导入模块

　　该模块的功能为读入 *.3ds 文件。并且这种格式文件，在三维图形领域内，国际上是比较通用的一种标准，此外 *.3ds 文件虽然是二进制文件，但它有比较规范的格式，读取相对比较容易。这样，在前面用 AutoCAD 建立的三维地质模型直接可以导出为 *.3ds 文件，该模块便会将其读入系统中。

　　3ds 文件是基于"块"存储的，这些块描述了诸如场景数据，每个编辑窗口（Viewport）的状态、材质、网格数据等数据。每个块都包含一个 ID 和块长度的块头，如果不需要对某块的信息进行读取，可以直接跳过该块读取下一个块。与许多文件格式类似，为了读取的方便，3ds 文件中数据的存储方式是 Intel 式的，也就是说是高位放在后面，低位放在前面。比如：网格块的块头 ID，0x4000 在文件里是以 00 40 存放的。

　　每个块都以表 5 – 3 的块头形式开始。

表 5 – 3　每个块头开始形式

开　始	结　束	长　度	作用描述
0	1	2	块的 ID
2	5	4	该块的长度
6	…	…	块数据

3ds 文件是严格按照块来划分、分层的，通常一个块会包含下级子块作为自己的数据，而子块又有其自身的子块，是一种递归结构，如果你从一个一级块开始，按照跳过每块长度找寻下一块的做法，无疑是无法访问到二级子块的；相反的，从二级子块开始，却有可能回到一个一级块。

按 3ds 文件的划分方式，有一个块是所有块的根块，称之为主块（即 MAIN3DS 块）。所有的 3ds 文件都是以它开始的，它总是位于整个文件的最开始（你可以把它的块 ID 当作识别 3ds 文件的标志），延伸到整个文件结束。

主块下包含两个块，它们是一级子块：一个描述场景数据的主编辑块（ID ＝ ＝0x3d3d）和一个描述关键帧数据的关键帧块（ID ＝ ＝0xb000）。相对于关键帧块，主编辑块对我们更重要。它包含了场景中使用的材质（纹理是材质的一部分），配置，视口的定义方式，背景颜色，物体的数据等一系列数据，可以说它就表示了我们当前编辑场景的状况和当前窗口的配置数据。

根据 3ds 文件格式的特点利用 VC＋＋6.0 建立了 3DSLoader 工程，生成主系统的一个库文件，专门负责读取三维模型数据。

B　数据操作模块

数据操作模块是系统的主要功能模块，如微震事件、传感器布局的显示，三维图形的控制，人机交互式操作，控制设置等功能均在该模块中实现。基于系统需要实现的功能，采用面向对象方式编程。系统所涉及的物件主要有传感器，微震事件，以及对这些物件的管理，在 VC＋＋中分别用 Sensor 类、Explode 类和 AEmanage 类来描述。

Sensor 类（图 5-45）封装了传感器的属性和方法，因为传感在系统中只是起到定位的作用，所以其成员变量为三维空间的坐标和方位、倾角等，成员方法为自身的显示。

图 5-45　传感器类成员函数及变量

Explode 类（图 5-46）封装了微震事件的属性和方法，微震事件在系统中显示为一系列具有颜色的小球，其半径代表震级的大小，颜色代表事件的类型，所以微震事件的属性包括颜色、震级（半径）、位置误差、事件类型、发生时间等，成员方法主要包括设置材料属性、设置颜色及事件的显示等等。为确保微震数据安全，将其成员变量均设为私有变量，只在 Explode 类内部可以直接调用与修改它的成员变量，而在此类外部只可以通过接口函数来对其成员进行操作与修改。

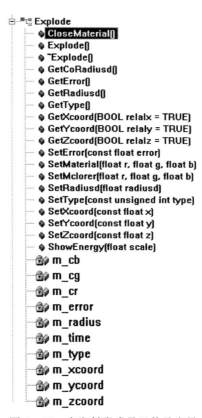

图 5 – 46　声发射类成员函数及变量

ESGmanage 类（图 5 – 47）是所有类信息交换的中心，大部分对数据库内容操作的方法集中在该类中。系统中的控制变量一般在此类中定义。其中主要的成员方法为：传感器及微震事件数据的获取与显示，计算图形显示范围，设置时间步长，确定震级安全级别，绘制单位时间内微震事件频数，设置显示模式等。为了使数据能够做到安全使用，Explode 类和 Sensor 类只可以访问与操作，对 AEmanage 类外部而言，也只暴露给外面一个本类的指针，这就可以达到数据安全的目的，而且使程序结构清晰易懂。

C　远程访问模块

利用客户端/服务器结构实现客户端与服务器之间的远程访问功能。客户端/服务器模式在操作过程中采取的是主动请求的方式，首先服务器方要先启动，并根据请求提供相应的服务，其工作流程如下：

（1）打开一通信通道并告知本地主机，在某一地址和端口上接收客户端请求。

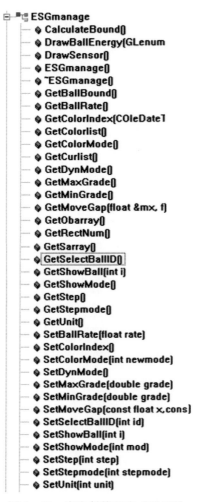

图 5 – 47 声发射管理类成员函数

（2）等待客户请求到达该端口。

（3）接收到服务请求，处理请求并发送应答信号。

（4）返回第（2）步，等待下一请求。

（5）关闭服务器。

对于客户方，其工作流程为：

（1）打开一个通信通道，并连接到服务器所在主机的特定端口。

（2）向服务器发服务请求，等待并接收应答。

（3）请求结束后关闭通信通道并终止。

在该软件中将服务器和客户端作为一个动态链接库嵌入在主程序中，具体实现是使用 Windows Socket 流式套接字来实现这一功能，基于 TCP 的 SOCKET 编程提供面向连接、可靠的数据传输服务，数据无差错无重复的传送，且按发送顺序接收。具体实现步骤见表 5 –4。

表 5 – 4　远程访问实现步骤

服务器端程序	客户端程序
创建套接字（socket）	创建套接字（socket）
将套接字绑定到主机 IP 地址和端口上（bind）	向服务器发出连接请求（connect）
将套接字设为监听模式，准备接收客户请求（listen）	与服务器端进行通信（send/recv）
等待客户请求，当请求到来时接受请求并返回一个套接字（accept）	关闭套接字
用返回的套接字和客户端进行通信（send/recv）	
返回，等待下一个请求	
关闭套接字	

　　按上述方法实现远程访问功能，并将该功能集成在主程序中供主程序调用，其界面如图 5 – 48 所示，分为两种形式读取微震数据，一种为远程访问模式，当用户端是通过 Internet 或局域网与微震监测服务器相连时应通过该方式进行数据传输；另一种为本地磁盘读取模式，这种方式直接用于微震监测服务器上。

图 5 – 48　远程访问对话框

　　微震监测系统可视化软件 MMVTS 通过将现场检测到的声发射信号纪录分析并通过网络（包括远程网络）将现场获得的微震活动性信息实时传递到灾害分析预报中心。MMVTS 系统是用来对微震监测数据进行后处理的软件，其目的是能把抽象的数据信息转换成直观的图形图像及相应曲线、直方图信息，从数据采集到监测预报实现自动化。极大的方便工作人员理解岩体内微震发生的时间及空间分布规律，并为岩爆灾害的预测提供了可靠的依据。

5.4.5　监测数据预处理

　　在系统和检测范围内，由工作面的推进、机械活动、风机的运行以及电机车运输等各种因素产生的信号都会被微震监测系统所接收。如何识别出各种不同的信号，尤其是快速识别出哪些信号由岩体内部发生破裂产生的以便及时采取措施，避免发生事故，保护作业工人的生命安全，指导安全生产，是微震监测的主要目的。通过微震信号的时频特征分析，总结提炼出不同信号的重要波形特征，提取信号参数属性是十分必要的。

5.4.5.1 监测系统接收波形分析

尽管矿山微震监测系统的安装环境要求尽量避免嘈杂、电火花、高压电、强磁干扰以及爆破产生的烟雾、粉尘等影响，但由于井下环境的限制，置于井下生产作业环境中的微震监测系统，仍不可避免受到来自周围各种杂电、机械噪声的干扰，对微震监测的信号识别造成了很大的影响，对其进行滤波处理是必须进行的。由于干扰信号存在多样性的特点，用软件门槛值进行滤波过于单一化，有时会把有用的监测信号给滤掉，这样会给分析微震信号的工作带来很大的难度。因此必须对井下各种噪声逐一进行全波形分析，才能准确把握其特点及其变化。然后将这些基本特征与有效 AE 信号的特征对比，从而可以把有效的信号从复杂的噪声中分析出来，为微震活动信息的分析做好准备。为此，在井下对工作面作业全过程的工序进行记录，并与监测主机采集的信号进行一一对应，对每一种噪声源产生的噪声进行反复回放分析、总结和归类，建立了适合于井下噪声信号和 AE 的数据库。

（1）微震监测记录具有明显的波形特征，振幅大、频率低、延续时间短、传感器接收到波的时间不相同。由于每种事件产生的波段不同，使得有些干扰能够很容易的与微震波区分开来。所以虽然井下各种干扰信号较多，有些干扰信号很强，但是实际上很容易与有效信号区分开来，不会干扰地震的正常检测，对于资料解释和定位不会带来很大的影响。根据检测记录可以总结出地震波的一些重要特征，这些特征使得微震信号能够被识别，并且可靠性高。微震信号波形如图 5-49 所示。从图 5-49 可知，离震源较近的传感器，弹性波传输距离短，到达峰值时间短，波形振幅大，能量较高，持续时间短，近似于谐振波形，为有效的微震信号。

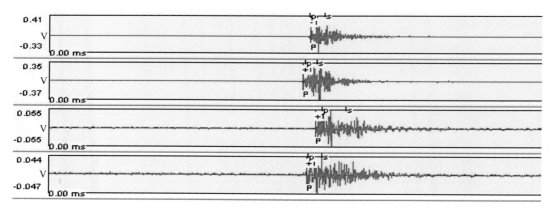

图 5-49 微震信号变形

（2）在干扰信号形成的波形中，以爆破波形最常见。爆破波形、工作面连续作业波形、未知波形如图 5-50～图 5-52 所示。矿山开采活动不断，巷道掘进作业几乎每天都在进行。爆破在金属矿山是最频繁的活动之一。爆破会引起顶板松动冒落，岩体破裂，甚至发生岩爆，引起断层活化，发生岩层滑移，给矿工造成巨大生命隐患。因此，爆破震动产生的信号也是关注的焦点,研究爆破震动的信号波形特征有助于进一步了解岩石破坏模式,预测发生灾害的潜在区域。

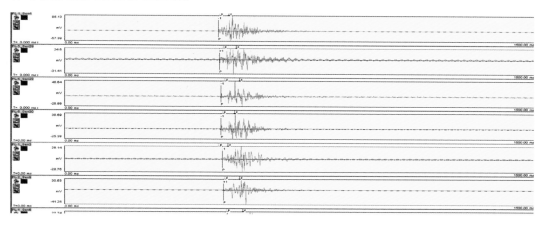

图 5 – 50 爆破波形

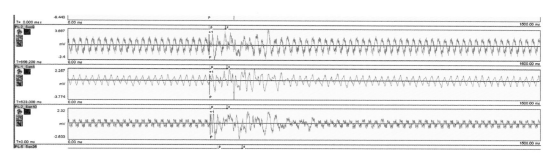

图 5 – 51 工作面连续作业波形

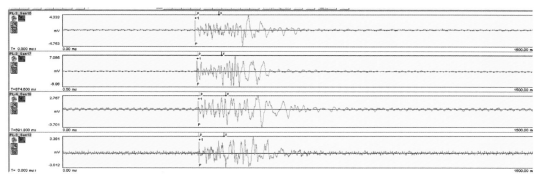

图 5 – 52 未知波形

(3)井下很多种情况都会对微震监测产生波形干扰,有些情况(如爆破、机械工作等)还会引起微震事件的产生,由于这些情况是以声波或电磁波的形式对微震监测形成干扰,如图 5 – 53 所示,如果不能很准确地将这些干扰滤除,将会严重影响微震监测的效果和准确性。根据这一特点,可以在微震监测系统中设置频率监测范围,滤掉微震声发射信号的频率范围以外的大部分信号。

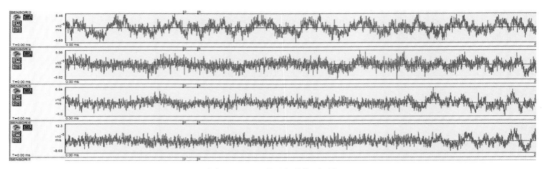

图 5-53 电磁干扰波形

5.4.5.2 微震波形数据库

井下的噪声多种多样，各种噪声的特点各不相同，即使是同一种噪声，因为产生的条件和环境等因素的不同也会表现出不同的特点，所以，必须对井下各种噪声都逐一进行全波形分析，才能准确把握其特点及其变化。然后利用这些基本特征与有效 AE 信号的特征对比，从而可以把有效的 AE 信号从复杂的噪声中分析出来，为微震活动信息的分析做好准备。为此，在井下对工作面作业全过程的工序进行记录，并与监测主机采集的信号进行一一对应，对每一种噪声源产生的噪声进行反复回放分析、总结和归类，建立了适合于石人沟铁矿的井下噪声信号和 AE 声发射的数据库，如图 5-54 ~ 图 5-66 所示，其中：以下所有波形图中的横坐标为时间（ms），纵坐标为振幅值即输出电压（V）。该波形分类和噪声源数据库的建立对研究滤噪方法非常有用，可反复进行分析和总结，并对滤噪方法、滤噪软件的滤噪效果进行实际检验，以不断补充完善一套符合本矿微震活动规律的滤噪方法。

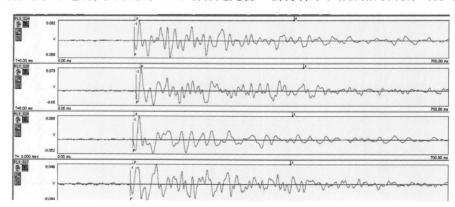

图 5-54 标准微震波形

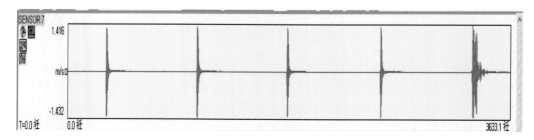

图 5-55 敲击实验波形

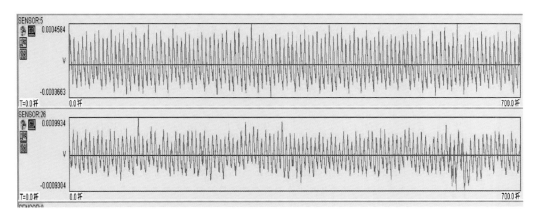

图 5 - 56　电流干扰

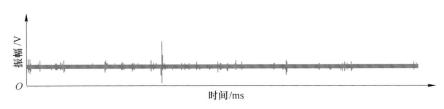

图 5 - 57　风机转动和振动

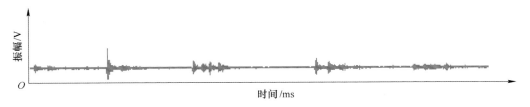

图 5 - 58　矿车装卸和维修

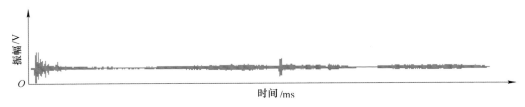

图 5 - 59　矿车行驶的撞击和驶过

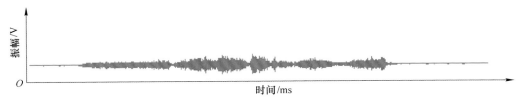

图 5 - 60　矿车一次通过

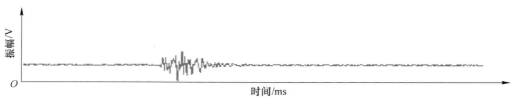

图 5 - 61 大块矿石爆破

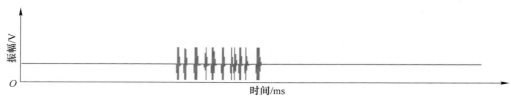

图 5 - 62 巷道掘进爆破

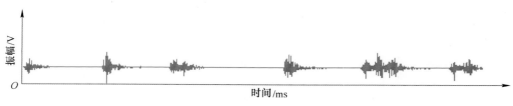

图 5 - 63 采场采矿爆破

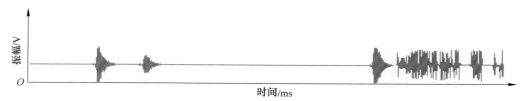

图 5 - 64 放炮及炮后有效 AE 信号

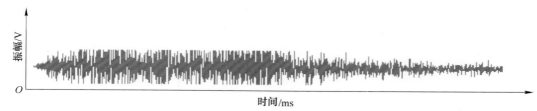

图 5 - 65 溜井集中放矿

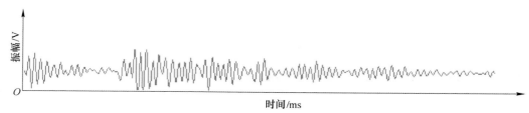

图 5 - 66 溜井内普通放矿

从图 5-57~图 5-66 所列举的波形图中可以看出，众多原因产生的各种信号波形的特征明显不一样，大部分波形持续时间较短，在数十毫秒到数秒之间。其中敲击伸入岩体内部锚杆等金属物体或巷道围岩时产生的信号持续时间最短，一般只有 10ms 左右；而矿车通过信号为干扰信号，其信号持续时间很长，一般长达 1min 左右，可以明显区分；溜井内放矿持续时间亦比较长，特别是倒进含有大块矿石的信号可达到 6000~10000ms；风机转动引起的振动和矿车装卸货信号没有多大规律性，振幅也不太相同；顶板泄水孔水流冲击巷道岩体、巷道掘进爆破、矿房采矿大爆破以及敲击巷道围岩体产生的信号一般规律性都很强，每次振动波形振幅也大致相当，持续时间很短，尾波不很发育；只有敲击巷道围岩体信号因为敲击能量的大小振幅不一样，两次波形产生的时间差也不规律；大部分信号都衰减较快，只有爆破后余震信号衰减慢一些，矿车通过信号次之，而且余震信号成分较复杂，表明爆破诱发了岩体震动，起到了卸压的作用。

各种信号的特征对比见表 5-5。

表 5-5 不同微震信号特征比较

信号类型	持续时间/ms	衰减情况	尾波情况	振幅数量级/mV	频率分布/Hz
矿车通过	约 50000	快	无	100	<10
溜井放矿	3000~10000	较快	不发育	1000	<50
风机振动	100~300	较快	较发育	100	<500
矿车装卸货	100~500	较快	较发育	100~1000	<300
大块矿石爆破	200~400	快	较发育	1000	<150
采矿大爆破	50~150	很快	无	1000~10000	<500
围岩敲击	<100	快	不发育	100	<600
巷道掘进爆破	50~100	很快	无	1000~10000	<500
有效冲击信号	10~80	较快	较发育	1000	约 1000
冲击余震	800~1500	较慢	较发育	100~1000	<500

震动波传播路径不同决定其复杂性质，由于工作面震动波在不同成分的矿体岩层、填充体、巷道、铁轨等介质中传播，波的相互干扰较大，给准确定位带来很大难度。所有的震动波形的震源并非集中于一点，而是一种呈立体状的体震源。以上列出的是系统运行以来监测、整理出来各地下采场采矿活动所产生的典型波形信号，随着监测数据的不断完善，得到的波形信号种类将会更加齐全。如何进一步完善不同微震信号的特征比较指标，建立真正普遍化、实用可靠的识别技术，并对微震复杂信号进行识别及除噪，使信号识别更快速、准确、有效，仍需大量的统计和分析研究，最终会建立起完备的波形类型和噪声源数据库。

5.4.6 微震监测结果解析

由前述围岩稳定性分区确定了：16 剖面、17 剖面、18 剖面为稳定区，开采引起的顶柱拉应力区较小，稳定性较好；19 剖面、20 剖面为潜在失稳区。19 线、20 线的 F_8 断层附近，开采将切穿断层，可能形成突冒、突涌危害（图 5 – 67）。19 线、20 线的保安矿柱的尺寸、展布位置对整个矿区的安全十分重要。

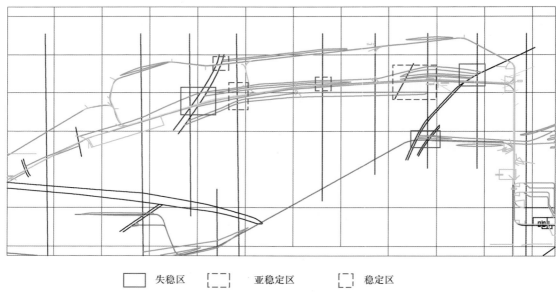

失稳区　　　亚稳定区　　　稳定区

图 5 – 67　井下开采 – 60m 水平平面稳定性分区示意图

微震监测系统自 2009 年 10 月 1 日安装，调试正常连续监测，石人沟铁矿露天转地下开采微震监测所揭示的岩体工程潜在破坏和岩石破裂集中区域如图 5 – 68 所示。

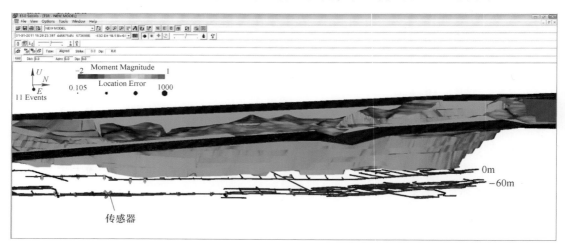

图 5 – 68　石人沟铁矿三维模型和传感器布设位置示意图

5.4.6.1　微震监测数据的时空分布规律

图 5 –69 是矿山 2009 年 9 月时段微震事件连续数据，表明 A、B、C 三个区事件较集中。

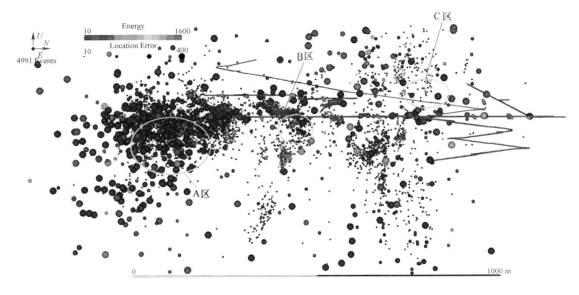

图 5-69 微震事件空间分布图

A 区事件多,但能级小,误差大,这是因为 A 区事件大多发生于矿山的南区,0m 水平以上,这个区域已经停产,许多采空区已经封闭,内部顶板多有塌落,因此有很多的小事件产生,个别大能级事件与空区内的冒顶有关,特别是在 0m 巷道风门西侧的一个空区中设置的传感器,已经被冒落的岩石所掩埋,在传感器被损坏之前,传出大量高能级的信号,形成大能级事件。但由于这个传感器所附着的岩壁已经破碎,所以其波速降低,而系统算法中的波速设置并没有改变,所以定位精度差。后经分析,单独调整了这个传感器的波速,大事件坐标逐渐集中在这几个空区中,经现场考察,在洞口观察到空区的冒落岩石堆。目前矿山正在建立全尾砂充填系统,对这些空区进行治理。

B 区为生产区域,事件能量大而集中,去除爆破事件,溜井放矿事件以后,可以精确定位的有效微震事件很多,分析事件的走向可以与这个区域的断层破碎带很好的吻合,为在该区域生产安全提供有效的信息。

C 区所标示的大能级事件,其坐标大多与生产斜井口的矿车卸矿有关,分析事件发生时间与矿车卸矿时间以后,对其进行了有效的剔除。剔除后的所剩下的小能级事件集中于边坡之上。现场考察,可见西边坡风化破碎,常有落石。特别是生产斜井工作场地以北常有行人,要加强边坡的治理工作。

图 5-70 反映了在停产和正常生产过程中的微震事件的累积和演化过程。2010 年 2 月 1 日至 2010 年 3 月 10 日矿山处于非正常生产中,图中微震事件与前后月份相比,数量明显减少,能级也明显小。22 号矿房附近大能量事件仍有发生,正好对应该试验矿块的紧张施工过程。在本阶段,项目组试图从微震信号的能级及时间、空间的密度来确定预警的标准,但施工过程正常有序,并没有危险事件的发生,因此只给出了一些参考的数据,并没有最终给出预警的标准值。

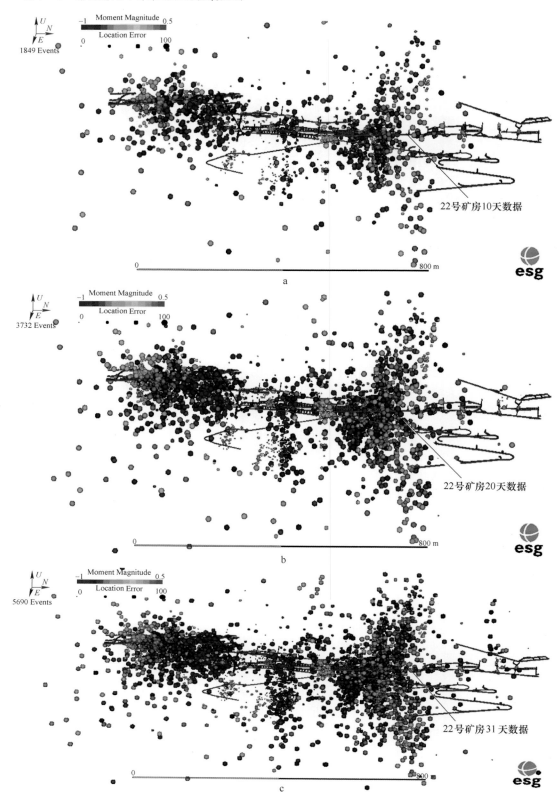

a

b

c

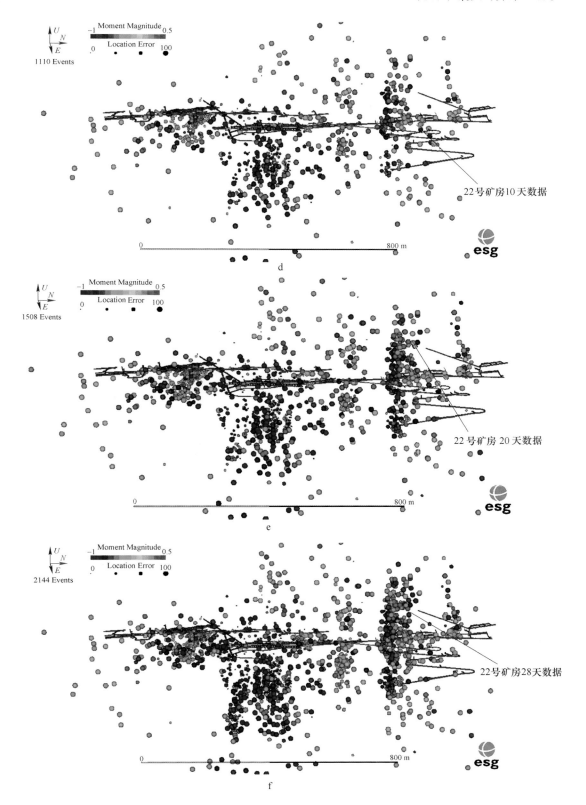

d

e

f

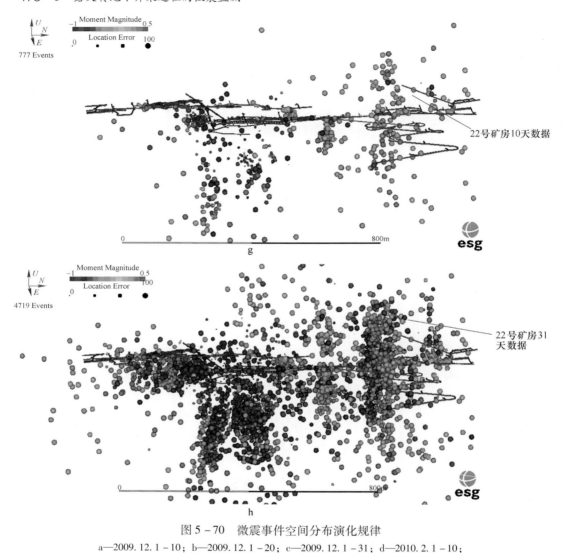

图 5 - 70 微震事件空间分布演化规律

a—2009. 12. 1 - 10；b—2009. 12. 1 - 20；c—2009. 12. 1 - 31；d—2010. 2. 1 - 10；
e—2010. 2. 1 - 20；f—2010. 2. 1 - 28；g—2010. 3. 1 - 10；h—2010. 3. 1 - 31

通过对一天或多天的微震数据进行云图分析（图 5 - 71），可以从宏观上分析这一时间段内监测区域内应力、应变的集中区，从而把握和发现潜在的危险部位，结合矿山实际，指导安全生产。

通过微震监测系统一年多的监测，对 19 线、20 线附近区域数据优先处理，进行数据演化，发现原设计（F_8 断层两侧留设至少 12m 保安矿柱，F_9 断层两侧留设至少 20m 的保安矿柱，两个断层之间留设两个 12m 间柱）并没有很好的贯彻，随着铁矿石价格的上涨，保安矿柱和间柱被部分采出，加上石人沟铁矿运输主巷为脉内布置受爆破震动影响较大，19 线附近微震事件大量集中，出现大规模的裂隙发育，虽未表现出大规模的垮塌，但运输主巷出现落石垮冒现象。为了保障安全生产，在进行能量计算处理后，先后多次向矿山管理层提出预警，并成功预报了两次较大规模的垮冒发生，为矿山的安全生产和确保矿工安全提供了有力的支撑。

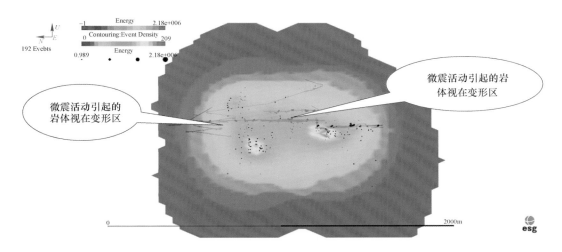

2009年12月10日微震事件密度云图

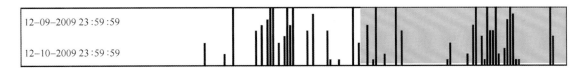

2009年12月10日微震事件柱状图

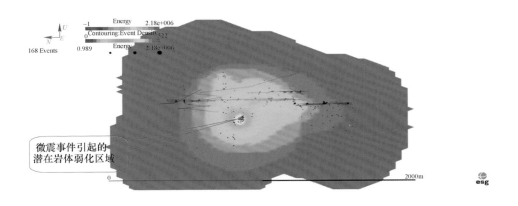

2009年12月20日微震事件密度云图

2009年12月20日微震事件柱状图

a

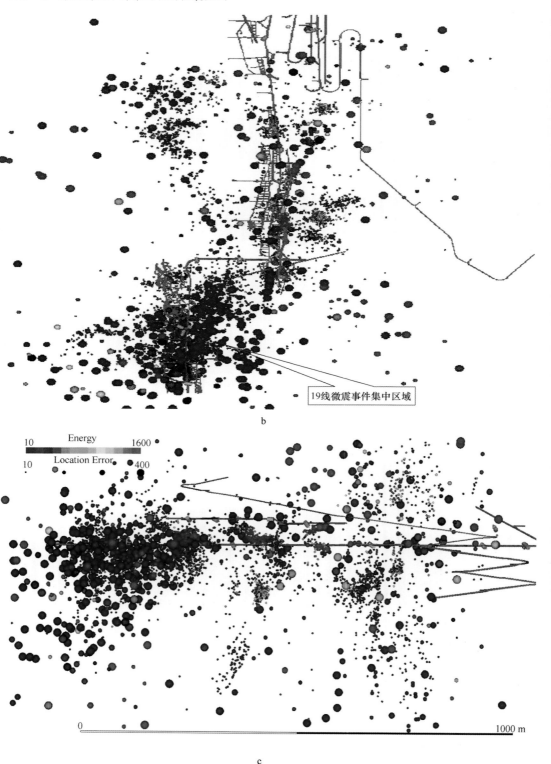

图 5-71 2009 年 12 月 10 日和 20 日的微震事件云图分析 (a) 和危险区域 (b, c)

从一年多连续采集数据、几次小规模垮冒预测与实际垮冒发生对比分析看，就石人沟运输主巷安全情况而言，可以得出以下初步结论：

（1）从目前的数据来看，垮冒发生的具体位置和发生的具体时间很难预测，有待进一步摸索，但是受微震影响出现的破坏区域完全有预测的可能，即预测巷道的危险区域。

（2）垮冒发生前，破坏区域确实存在一定的前兆：从时间上看，前兆不是出现在大规模垮冒前几个小时甚至更短，而是一日或者多日；从距离上看，并不仅仅是微震峰值区域内会发生垮冒，周围的几十米到上百米区域，也会发生垮冒，这与能量的传递和积累有关。

（3）为了保证-60m运输主巷的安全，综合石人沟铁矿岩体性质和岩体物理力学性质参数，提出了以下开采建议：

1）为确保运输主巷的功能，对主巷采用刚度及强度较高的钢筋网及复合锚杆托盘进行支护，从而能够充分转化围岩中膨胀性塑性能并能最大限度的利用围岩的自承能力。

2）对19线、20线附近采用锚索在关键部位进行二次支护，从而利用深部围岩强度达到对浅部围岩的控制。

3）对于19线、20线之间的断层区域和破碎带区域要加强锚杆和锚网的密度，以确保围岩稳定。

4）对于微震事件较为集中的区域以及峰值区域，要进行现场重点监测，利用全站仪进行位移观测，并及时敲帮问顶，破碎严重的要使用马蹄形可塑性金属支架，支架背后铺设金属网，并喷射混凝土联合支护。

以上建议均被石人沟铁矿所采用，并在2010年5月对断层所在区域使用了马蹄形可塑金属支架支撑，取得了很好的效果。

5.4.6.2 应力集中区微震事件分析

为了确保充填站外延边坡稳定，需要在16~17号勘探线附近回填露天坑对充填站外延边坡进行压脚处理。但该区段的境界顶柱中有大量非法采空区（表5-6和图5-72），最近距离坑底只有4~8m（16线位置），境界顶柱岩体破坏程度较大，大量坑底汇水通过岩体裂隙汇入地下，同时该位置18线以南在-90m大量矿块已经采空，2号排土场继续内排回填，隔离顶柱能否有效承载上覆回填物的静载荷和冲击载荷是问题的关键，一旦隔离顶柱在上覆载荷作用下失稳破坏，不仅可能诱导其下采空区连锁垮塌引发上部充填站外延边坡变形，而且在降雨情况下将诱发细颗粒的回填物料和水溃入地下空区，发生突水、突泥灾害。

表5-6　17~18号勘探线间地下采空区统计

采空区编号	底板标高/m	平均高/m	平均宽/m	长/m	容积/m³
FCK32	-90	18	58	75	78300
FCK16	0.8	20	17	93	31620
FCK17	0.8	14	17	170	40460
M1-18	-60	32		45	
M2-6	-60	22		45	6831

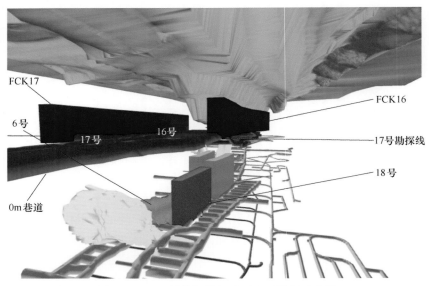

图 5-72 17 号勘探线间地下空区情况示意图

A 边坡岩体地质调查

a 结构面调查

工程岩体的软弱结构面，对岩体稳定性影响重大，其形状、力学性质及空间组合条件，在某种程度上控制着矿山地压活动与工程岩体的稳定性。用现场调查的方法，研究岩体结构面的性质和特征，对其进行定性和定量的描述，在岩体稳定性分级中具有重要的意义。通过结构面调查确定的定量指标，还可以反映岩体结构的特征。在石人沟北区露天采场 12 勘探线附近西边帮 30m 平台先取了 5 个测点，在露天坑底选取了 3 个测点，进行结构面测量，如图 5-73 所示。井下有 -60m 北 12 穿选取了 3 个测点，受现场照明条件限制，只有 1 个测点有效。

图 5-73 石人沟西边帮某一测点现场结构面测量图

b 调查方法

针对目前岩体结构面信息获取主要以人工现场接触测量为主，劳动强度大、效率低下的现状，采用先进的 ShapeMetrix 3D 数字摄影测量系统，对现场岩体表面大量结构面进行测量，得到结构面详细信息，为节理、裂隙信息的快速获取开辟了新的途径。

ShapeMetriX 3D 是奥地利 3GSM 公司生产的一套 3D 软件和测量产品，是一个全新的、高水平的岩体几何参数三维不接触测量系统，应用到岩土工程、工程地质和测量方面，用来构建岩体和地形表面真三维数字模型，提供相应软件分析系统对三维数字模型进行处理，来得到岩体大量、翔实的几何测量数据，记录边坡、隧道轮廓和表面实际岩体不连续面的空间位置和产状、确定采矿场空间几何形状、确定开挖量、危岩体稳定性鉴定、块体移动分析等。进行数字摄影测量，建立边坡表面三维实体模型，得到边坡结构面几何信息和赤平极射投影图，进而对结构面的各种几何信息进行数理统计计算，得出结构面倾向、倾角、迹长等概率分布模型，为岩体质量评价和边坡的维护、稳定性分析提供强有力的依据。

合成的岩体表面三维模型如图 5-74 所示。

图 5-74　合成的岩体表面三维模型

c　调查结果

结构面调查结果见表 5-7。

表 5-7　石人沟铁矿结构面调查结果

测点位置	测点	产状 倾向∠倾角	结构面条数	密度/条·m^{-1}
露天边坡西帮 +30m 水平	1	138.61°∠20.04°	12	4.7969
		271.57°∠49.16°	39	5.8379
		77.83°∠85.42°	30	6.9422
	2	74.99°∠67.67°	67	3.3659
		130.63°∠9.77°	41	2.2459
	3	101.60°∠77.75°	55	14.9327
		359.98°∠13.20°	26	16.8980
		276.05°∠40.51°	13	8.2732
	4	99.95°∠84.02°	38	2.6393
		39.95°∠9.63°	40	4.0246
		302.53°∠42.18°	17	2.5328
	5	110.69°∠84.19°	43	9.1708
		187.47°∠37.45°	47	6.5638
		131.77°∠59.39°	28	6.0305

测点位置	测点	产 状	结构面条数	密度/条·m⁻¹
		倾向∠倾角		
露天坑底 +12m 水平	1	43.35°∠44.92°	24	3.4196
		170.95°∠47.81°	23	2.9054
		274.99°∠36.03°	29	3.6916
	2	171.87°∠25.80°	34	9.1028
		216.13°∠76.76°	24	3.9953
		144.84°∠56.13°	18	10.0429
	3	248.16°∠86.38°	61	6.7748
		157.78°∠53.15°	32	4.0980
		332.70°∠27.50°	28	5.7232
-60m 巷道水平	1	11.20°∠88.61°	45	4.3575
		81.72°∠52.06°	54	5.4939

表 5 - 8 列出的是一组倾向西的优势结构面，结构面倾角在 40°~80°之间，与露天边坡东帮边坡（图 5 - 75a）平行或近似平行，东边帮类似顺层边坡，对东帮边坡稳定性影响较大；而西帮边坡（图 5 - 75b）被结构面切削后类似反倾边坡。

表 5 - 8 影响边坡稳定的一组优势结构面

测点位置	测点	产 状	结构面条数	密度/条·m⁻¹
		倾向∠倾角		
露天边坡西帮 +30m 水平	1	271.57°∠49.16°	39	5.8379
	3	276.05°∠40.51°	13	8.2732
	4	302.53°∠42.18°	17	2.5328
露天坑底 +12m 水平	1	274.99°∠36.03°	29	3.6916
	2	216.13°∠76.76°	24	3.9953
	3	248.16°∠86.38°	61	6.7748

图 5 - 75 石人沟露天矿边坡

a—东边帮；b—西边帮

B 岩体质量评价

根据国标《工程岩体分级标准》提出两步分级法：第一步按岩体的基本质量指标 BQ 进行初步分级；第二步针对各类工程岩体的特点，考虑其他影响因素，包括天然应力、地下水和结构面方位等对 BQ 进行修正，再按修正后的 BQ 进行详细分级。

a 岩石抗拉强度与抗压强度

岩石力学参数指标参照表 5-9。

表 5-9 岩石物理力学性质试验总表

岩石名称	块体密度 /g·cm^{-3}	抗压强度 /MPa	抗拉强度 /MPa	抗剪参数		变形参数	
				黏聚力 c/MPa	内摩擦角 φ	弹性模量/GPa	泊松比
M$_1$ 矿体	3.58	99.44	11.95	21.83	48.36	80.3	0.21
M$_2$ 矿体	3.46	130.77	10.52	23.67	53.33	75.9	0.20
M$_4$ 矿体	3.54	101.06	8.91	20.70	51.05	78.5	0.31
黑云母角闪斜长片麻岩	2.74	141.58	14.37	27.54	55.08	69.8	0.26
废石	2.7			21	42		

b 岩体完整性系数 K_V

由岩体结构面参数可计算岩体完整性系数，计算式如下

$$K_V = 1.0 - 0.083J_V \qquad J_V \leqslant 3$$
$$K_V = 0.75 - 0.029(J_V - 3) \qquad 3 \leqslant J_V \leqslant 10$$
$$K_V = 0.55 - 0.02(J_V - 10) \qquad 10 \leqslant J_V \leqslant 20$$
$$K_V = 0.35 - 0.013(J_V - 20) \qquad 20 \leqslant J_V \leqslant 35$$
$$K_V = 0.15 - 0.0075(J_V - 35) \qquad J_V > 35$$

式中　　　　　J_V——岩体体积节理数，指单位体积内所含节理（结构面）条数，条/m^3，可用下式计算

$$J_V = N_1/L_1 + N_2/L_2 + \cdots + N_n/L_n$$

L_1，L_2，$\cdots$，L_n——垂直于结构面的测结长度；

N_1，N_2，$\cdots$，N_n——同组结构面的数目。

c 岩体基本质量指标 BQ

由下式计算得到的岩体的 BQ 值见表 5-10。

$$BQ = 90 + 3R_c + 250K_V$$

表 5-10 岩体基本质量指标 BQ

测点位置	岩体种类	岩体体积节理数 J_V	岩石完整性系数 K_V	抗拉强度 R_t/MPa	饱水抗压强度 R_c/MPa	岩体基本质量指标 BQ
露天边坡 +30m	黑云母角闪斜长片麻岩	17.577	0.39846	14.37	99.1~135.9	486.93~597.36
		5.6118	0.6742578			555.88~666.31
		40.1039	0.11172075			415.24~525.68
		9.1967	0.5702957			529.89~640.32
		21.7651	0.3270537			469.08~579.51

续表 5 - 10

测点位置	岩体种类	岩体体积节理数 J_V	岩石完整性系数 K_V	抗拉强度 R_t/MPa	饱水抗压强度 R_c/MPa	岩石基本质量 BQ
露天坑底 +12m	黑云母角闪斜长片麻岩	10.0166	0.549668	14.37	99.1 ~ 135.9	524.73 ~ 635.16
		23.141	0.309167			464.60 ~ 575.04
		16.596	0.41808			469.13 ~ 571.13
北 12 穿 -60m	片麻岩	9.8514	0.5513094	14.37	99.1 ~ 135.9	525.14 ~ 635.57

根据岩体结构特征和基本质量指标, 参考 BQ 分级标准, 将稳定性划分为 3 类, 见表 5 - 11。

表 5 - 11 岩体稳定性分级

测点位置	岩体种类	岩体基本质量指标 BQ	定性级别	稳定性特点
-60m 北 12 穿	片麻岩	525.14 ~ 635.57	I ~ II	极稳定 ~ 稳定
露天边坡 12 勘探线附近 +30m	黑云母角闪斜长片麻岩	486.93 ~ 597.36	I ~ II	稳定
		555.88 ~ 666.31	I ~ II	极稳定 ~ 稳定
		415.24 ~ 525.68	II ~ III	中等稳定
		529.89 ~ 640.32	I ~ II	极稳定 ~ 稳定
		469.08 ~ 579.51	II	稳定
露天坑底	黑云母角闪斜长片麻岩	524.73 ~ 635.16	I ~ II	极稳定 ~ 稳定
		464.60 ~ 575.04	II	稳定
		469.13 ~ 571.13	II	稳定

根据结构面调查分析, 石人沟铁矿的矿岩稳定性级别大体可分为 3 级, 从极稳定到中等稳定。其中地下 -60m 北 12 穿附近岩石硬度高, 岩体较稳定, 稳定性级别总体为 I ~ II 级, 稳定到中等稳定; +30m 水平露天西帮 12 号勘探线附近边坡岩体为三个等级均存在, 岩体破碎, 稳定到中等稳定。露天坑底水平边坡岩体主要为 I ~ II 级, 岩体中稳以上。

C 微震监测信息的岩体质量反演评价

上述 BQ 分级的岩体质量评价方法只考虑了静态的因素, 矿山岩体工程施工周期长, 围岩在开采过程中受到动态因素的影响, 如降水开采扰动、爆破震动等因素, 岩体内部产生大量微裂隙, 这些微裂隙是岩体结构面调查不能体现的。石人沟铁矿安装了微震监测系统, 可对岩体内部的破裂事件进行实时监测。监测过程中虽然没有发生大的围岩失稳, 但诸多的局部破裂事件为岩体质量劣化提供了佐证。结合 17 线的微震监测数据对附近围岩行了反演评价。

对于基于微震监测的岩体稳定分析而言, 了解岩体内部岩石微破裂的分布规律直接的方式无疑是研究微震事件在岩体内部的分布规律, 以此来预测岩体内部损伤分布达到研究岩体稳定性的目的。图 5 - 76 所示为监测系统监测到 17 号勘探线周围的微震事件空间分布图 (图中圆球代表微震事件, 大小代表能量, 圆球越大能量越大, 不同颜色表示矩震级)。由图 5 - 76 可以看出, 微震事件主要集中在 17 号勘探线附近露天坑坑底到 -60m 水平巷道以上部分, 成条带分布。

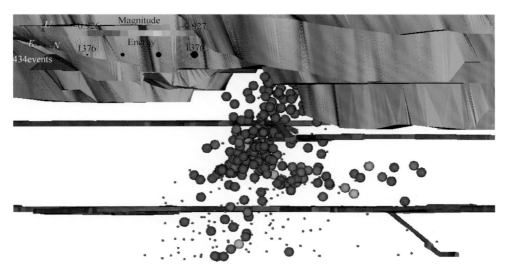

图 5 – 76　17 号勘探线附近微震事件空间分布（沿矿体走向）

　　图 5 – 77 所示为沿 17 号勘探线剖面周围的微震事件密度云图（沿倾向），其中颜色从蓝色到红色过渡，越靠近红色代表事件密度越大，颜色越靠近蓝色代表事件密度越小。三个采空区（FCK16、FCK17 和 18 号）所包围的区域为一个事件密度密集区。现场勘测发现该处位于露天坑底端部以下部分，有非法采空区存在且非法采矿区与露天坑底部间的岩层较薄。另外，露天坑被作为内土场存在，不断有尾矿排入坑内。在露天矿转地下后，一直进行开采作业。因此，事件密度分布规律形成原因可能是由于这个区域上覆应力增加，坑底－巷道－采空区间的岩层较薄以及地下采动三个主要原因引起的。

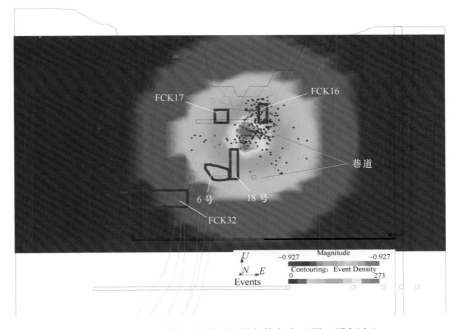

图 5 – 77　17 号勘探线附近微震事件密度云图（沿倾向）

图 5 - 78 所示为沿 17 号勘探线剖面周围的微震事件能量损失密度云图（沿倾向），橙色部分密度较大，蓝色部分密度较小，中间密度依次过渡。露天坑底到 FCK16 空区之间、FCK16 采空区底板围岩、6 号采空区顶板岩体能量损失较大（橙色区域），该区域岩体损伤严重，岩体质量严重劣化，降低了围岩稳定性。

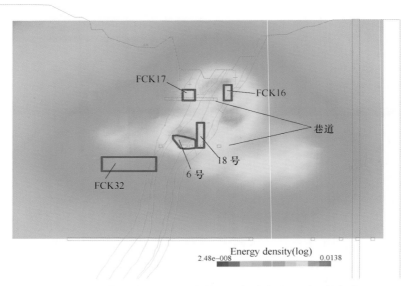

图 5 - 78　17 号勘探线附近微震事件能量损失密度云图（沿倾向）

图 5 - 79 和图 5 - 80 所示分别为 17 号勘探线附近的微震事件密度云图（沿走向）和能量损失密度云图（沿走向）。沿矿体走向更直观地看出充填站所在位置的露天坑底围岩微震事件的分布情况。坑底围岩中破裂事件很多，能量损失较大，虽然没有发生大规模的破坏失稳事故，但围岩质量肯定大大的劣化。

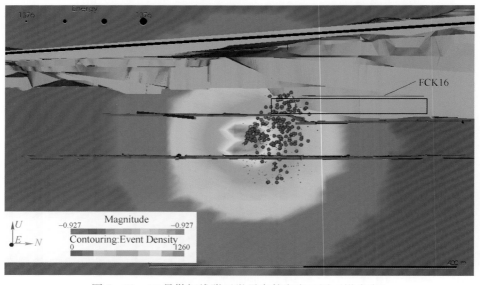

图 5 - 79　17 号勘探线附近微震事件密度云图（沿走向）

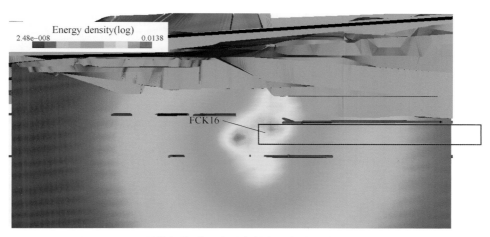

图 5-80 17 号勘探线附近微震事件能量损失密度云图（沿走向）

图 5-81 所示为 17 号勘探线周围微震活动引起的岩体变形区，区域内岩体变形较大，岩体稳定性受岩体变形影响较大，并且多个采空区处于变形区域内部。

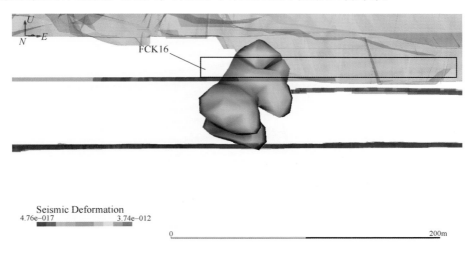

图 5-81 17 号勘探线周围微震活动引起的岩体变形区

通过以上分析可以得出，在充填站外沿边坡的下方围岩中，采空区 FCK16 与 18 号采空区之间为事件密集区，围岩质量劣化较大。在 FCK16 顶、底板围岩以及 6 号采空区的顶板围岩，微震事件的能量损失最大（图中橙色区域），劣化最严重。这些区域的围岩在充填站外沿露天坑回填后，由于上覆岩层自重荷载增加，可能会导致 18 号采空区与 FCK16 空区围岩破坏，空区垮落而诱发充填站外沿边坡发生大变形，影响充填站的正常运转。

D 应力计算与稳定性分析

a 计算方案

据此，选取 17 号勘探线进行数值计算，分析回填对坑底境界顶柱及边坡稳定性的影响，为回填方案设计提供科学依据。图 5-82 是 17 勘探线剖面图，选取 6 号采空区底板线至地表区域建立计算力学模型，图中蓝色区域为 5 个已探明的采空区，其中包括 3 个非法采空区（FCK16、FCK17 及 FCK32）和 2 个计划内的采空区（6 号和 18 号）。坑底境界顶柱的力学参数参照 2003 年《石人沟铁矿露天转地下开采防止突冒、突涌灾害研究》科研报告提供的指标，见表 5-12。建立的数值模型如图 5-83 所示，由于 FCK32 空区离边坡岩体较远，计算模型中没有考虑其影响。

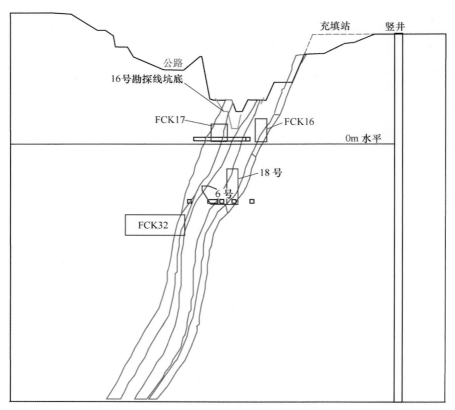

图 5-82　17 勘探线剖面图

表 5-12　石人沟铁矿岩体物理力学性质参数

材料编号	岩石名称	块体密度 /g·cm⁻³	抗压强度 /MPa	抗剪参数		变形参数		依　据
				黏聚力 c/MPa	内摩擦角 φ/(°)	弹性模量 /GPa	泊松比	
1	M1 矿体	3.00	10.00	2.20	38.00	48.0	0.21	霍克－布朗公式
2	M2 矿体	3.00	13.00	2.40	38.00	48.0	0.21	霍克－布朗公式
3	黑云母角闪斜长片麻岩	2.71	9.00	0.684	36.00	43.1	0.22	1989 年边坡报告
4	散体	2.00	0.2	0.001	32.00	01.0	0.32	类比法

　b　计算结果分析

图 5-84 所示为回填方案的计算结果。通过回填前后对比可以发现，回填前，6 号和 18 号采空区之间的间柱存在较小的压剪破坏；回填后，由压脚作用，边坡体及围岩的应

图 5 - 83 数值模型

力状态得到改善，虽然对空区而言，上方增加的回填岩层产生了自重荷载，但并没有使破裂进一步发展，所以依据 2003 年指标计算对回填后对顶柱和边坡围岩影响不大。

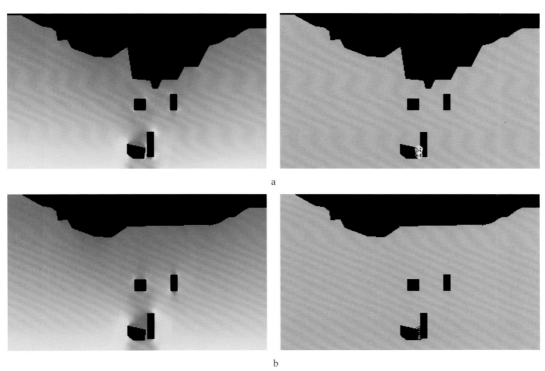

a

b

图 5 - 84 回填前后的应力与破坏位置对比

a—回填前应力场和损伤场；b—回填后应力场和损伤场

　　图 5 - 85 所示计算方案的围岩力学参数为 2003 年《石人沟铁矿露天转地下开采防止突冒、突涌灾害研究》报告中的力学参数。但是，该区域边坡岩体与坑底境界顶柱岩体已揭露多年，由于降雨、风化和爆破震动等采动影响，岩体内次生裂隙增多，损伤劣化加剧；通过上述微震监测分析，该区域围岩内发生大量的微破裂，这更加验证了该区域境界顶柱岩体质量劣化，力学强度指标进一步衰减。因此，计算结果并不能反映出目前该区域坑底境界顶柱岩体回填后的稳定状况。

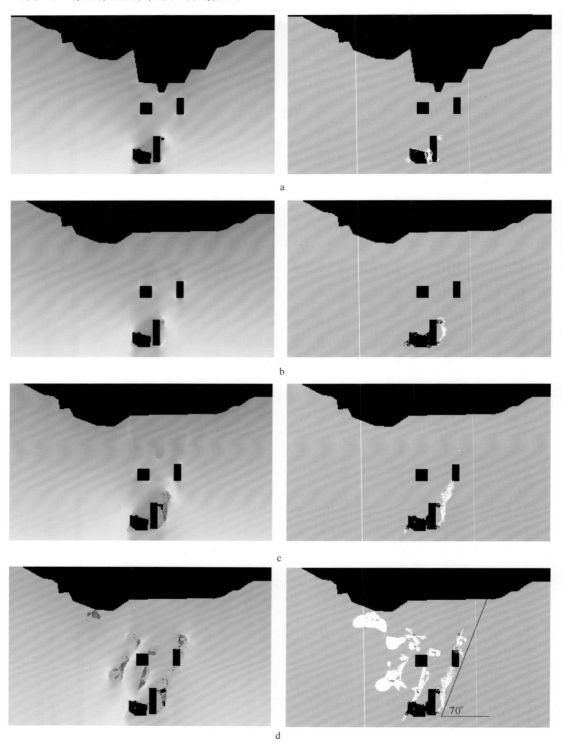

图 5 – 85　围岩强度降低 50% 后回填方案分析

a—回填前应力场和损伤场；b—回填后应力场和损伤场；c—回填后 16 号空区围岩破坏；

d—回填后引发沿回填体与围岩的界面、矿体与围岩的界面处形成剪切滑移带

考虑到该区域境界顶柱岩体质量劣化，其强度折减 50%（围岩抗压强度 4.5MPa，更准确的指标需要进行现场测试分析才能确定）。计算结果表明，回填前在采空区边角已有破坏。回填后，在 18 号采空区的右侧壁出现压剪破坏区，右侧边帮片出，破裂向上发展，与 FCK16 采空区左下破裂区贯通，发生连锁垮塌，FCK16 空区顶板围岩、FCK17 顶底板围岩都相应发生破坏垮落。围岩破坏垮落角约为 70°，波及不到充填站，但是邻近空区破坏诱发围岩变形叠加，若按照 66°矿体倾角作为岩层移动角，将波及充填站。

图 5 - 86 所示为采用有限差分软件 FLAC 计算得到的剪应力分布情况。可以看出回填前后 18 号采空区围岩剪应力集中情况，回填后上覆荷载的增加在 FCK16 左下与 18 号右上采空区之间围岩中形成了明显的剪应力集中带，这也验证了 RFPA 的计算结果。回填后 18 号采空区围岩应力的增加使其稳定性降低，一旦 18 号采空区围岩破坏冒落，破裂会以剪应力集中带为桥梁，传递至 FCK16 空区，诱发 FCK16 空区破坏冒落，空区变形叠加，将会导致边坡也发生大变形，影响充填站的基础稳定。

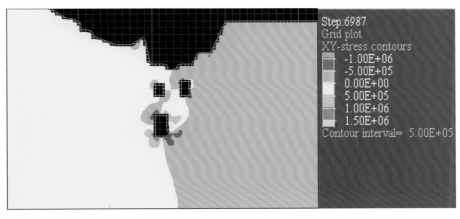

a

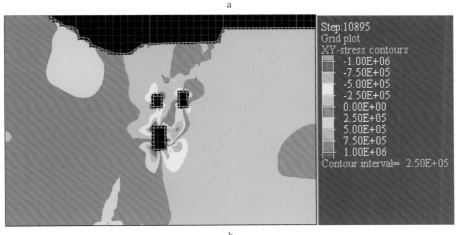

b

图 5 - 86 FLAC 计算的剪应力分布情况

a—未回填；b—回填后

综合以上开展的工作和分析，可以得出如下的结论和建议：

（1）充填站外沿边坡下方与其稳定性密切相关的空区主要有 4 个，即 0m 水平的 FCK16 和 FCK17 两个非法空区，−60m 水平的 6 号和 18 号采空区；其中 FCK16 和 FCK17 为物探推断的采空区，6 号空区为实测采空区，18 号空区为根据矿房参数推断的采空区。

（2）边坡岩体地质结构调查表明，石人沟矿围岩节理较发育，但岩块的力学指标相对较高，整体岩体质量等级中稳以上；在构造上，有一组节理面近似平行于东帮边坡面沿其走向发育，东边帮类似顺层边坡，而西帮边坡则类似反倾边坡。

（3）微震数据分析表明，采空区围岩劣化严重，特别是 FCK16 空区围岩与 −60m 水平 6 号与 18 号空区围岩。

（4）通过计算，FCK16 和 FCK17 空区跨度不大，露天坑底回填可能不会引起 FCK16 和 FCK17 空区的坍塌。

（5）回填后的上覆载荷传递到 6 号和 18 号采空区两侧帮上，使该空区围岩应力增大，据北京科技大学的空区探测报告，6 号采空区为不稳定空区，加之 18 号空区边墙很高（32m），极易引起空区侧帮剪切破坏；一旦 18 号、6 号采空区围岩破坏就会诱发右上方 FCK16 空区垮落，若围岩冒落沿图 5−87 所示红线发展，岩移角变为 64°左右，上下空区连锁破坏使得围岩变形相互叠加，波及充填站。

（6）矿山更深水平都在回采作业，对上部空区的稳定的都有一定影响，因此建议充填 6 号、18 号采空区，以确保回填方案的顺利实施。

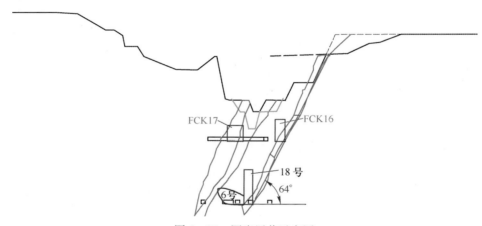

图 5−87 围岩冒落示意图

6 露天转地下开采风险控制安全技术

6.1 露天转地下开采重大危险有害因素辨识

矿山开采一般要经历露天开采期、露天转地下开采过渡期和地下开采期三个阶段，对处于露天转地下过渡期间的矿山，由于受原有生产系统和地质条件的制约较多，在由露天生产转入地下开采时会面临较多的困难。为实现露天向地下开采的安全平稳过渡，必须对过渡期内存在的重大危险、有害因素进行辨识与分析，以控制过渡期间生产引发的次生灾害，实现矿山本质安全。

露天转地下开采具有过渡期长、地压复杂、露采工程与地采工程相互影响的特点，存在的重大危险、有害因素主要集中在露天边坡极限破坏、地下巷道与采场失稳、爆破震动致灾、地下突水与泥石流、覆盖层和境界顶柱安全结构弱化等几个方面。

6.1.1 露天边坡极限破坏

影响露天转地下开采矿山边坡稳定性的因素除矿山地质构造、岩体结构面、地下水、边坡结构参数以及爆破震动之外，还因露天矿边坡位于地下采动影响范围内，露天开采活动已对露天边坡的地质结构产生了一定的变化，应力分布已发生变化，弱面裂隙进一步发育和扩张，甚至发生的微破裂已造成岩体内部局部破坏，转入地下开采后，边坡岩体再次受到地下采动影响，且二次采动极大地改变了应力分布，并可能使前期的微观破坏发展成为宏观上的破坏，从而诱发上部边坡体产生滑移而失稳。露天边坡体这种采动时间与空间的不同步对应关系，使露天边坡破坏机理更加复杂，也使地下开采对露天边坡的影响成为露天转地下开采的主要安全问题之一。

露天转地下开采边坡岩体的破坏作用主要表现在三个方面：

第一，经露天开采作用，地下采动影响范围内的边坡岩体整体强度已降低。

第二，露天开采活动使原有岩体与弱面分布等地质情况恶化。

第三，改变了地下采动影响区域内边坡岩体的应力分布状态。进入地下开采后，形成了地下开采的移动界限（图 6 - 1 中线 CD 和线 GH），与原有的露天边坡境界线（图 6 - 1 中线 AB 和线 EF）相比，露天转地下开采初期，地下开采对露天坑下部边坡的影响程度较上部大，但随着地下开采水平的逐渐下降和移动范围的不断扩大，露天边坡将逐渐进入地下开采的移动范围之内。

若采用崩落采矿法（图 6 - 1a）开采，则需形成覆盖层（Ⅲ），以降低露天开采与地下开采之间的相互影响。随着地下开采的进行，覆盖层随着开采水平的下降而下降，露天边坡由于底部水平方向应力的解除而失去水平方向的支撑作用，形成了局部的"悬空"。地下开采前期，由于处于移动范围之内的露天边坡整体强度已大大降低，在地下采动影响下，边坡会有部分岩石滑落至露天底部。随着地下开采移动范围的不断扩大和覆盖层的持

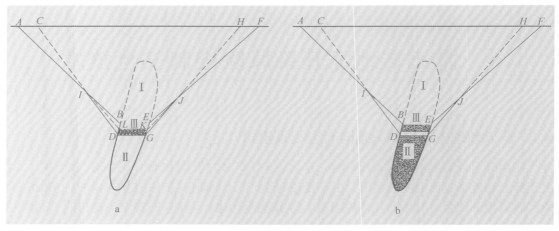

图 6-1 露天边坡境界线与地下开采移动界限关系图

续下降，进入地下开采移动界限范围内的露天边坡（图 6-1 中 *BLI* 和 *EKJ*）越来越大，直至所有露天边坡都进入移动界限范围内。进入地下开采移动界限范围内的露天边坡在地下开采采动影响下不断滑塌，不仅不利于露天坑最终边坡稳定性，滑落的岩体也对露天转地下覆盖层形成了冲击，也不利于地下开采安全。

工程上一般采用爆破的方式消除"悬空"的边坡，既消除了边坡的滑坡危险（尤其是危险地段）又解决了地下开采覆盖层的不足问题。但局部削坡往往使露天坑局部边坡角变大，增加了整体滑坡的风险，而整体削坡工程量又较大。

若采用空场采矿法或充填采矿法（图 6-1b）开采，则需形成境界顶柱（Ⅲ），以隔离露天采场与地下工程，降低相互影响。由于境界顶柱和地下开采矿柱的存在，使露天边坡在地下开采期间始终存在水平方向的支撑作用，虽然地下开采的移动界限范围不断扩大，但是露天边坡水平方向上的应力并未完全解除，只是在矿柱上发生了应力集中。根据地下开采采空区的大小和受影响范围内露天边坡的结构特征选择合理的境界顶柱和采场矿柱的尺寸，可在一定程度上保证露天边坡的稳定性。若采用充填采矿法或嗣后充填采矿法，回采完毕的矿房由充填料浆代替，一方面使集中在矿柱上的应力分散到充填体中，另一方面也限制了隔离矿柱和采区矿柱破坏的空间，从而有利于保护露天坑边坡稳定性。

6.1.2 地下巷道与采场失稳

露天转地下开采的地下生产部分，无论是采用崩落采矿法还是充填采矿法进行回采，对围岩带来的直接影响都是不断变化的采动应力，也使围岩变形与破坏具有明显的动态特征。

巷道围岩的受力状态是随回采过程而变化的，不同的采矿阶段的受力状态有所不同。采准阶段，巷道围岩除受垂直应力作用外，同时还要受水平应力作用，此时巷道围岩处于双向与三向受力状态。采用崩落采矿法回采时，在形成切割槽后，切割槽法线方向的水平应力被解除，围岩变为双向与单向应力状态，并随着后退式崩落回采的进行，进路之间矿柱的支承面积越来越小，围岩应力也随之越来越集中；而采用充填采矿法时，被解除的是拉底形成后的竖直应力，矿房内的竖直应力在被解除后转移到两端的矿柱中，形成应力集中，虽然随着后期充填的进行，充填体分散了部分集中在矿柱中的应力，但由于充填体与矿柱之间不可能形成类似原岩的结合，因此，充填体的主要作用并不是分担围岩应力，而是阻止围岩进一步变形破坏。

地下采场中采动应力和主应力作用方向的不断变化，不仅产生了使巷道发生不对称破坏的偏斜载荷，同时也可能引起压应力与拉应力和剪切应力之间的转换变化，导致大量应变能释放，加速地下巷道的片帮、冒顶，甚至垮塌。

6.1.3 爆破震动致灾

露天转地下开采的矿山在过渡期间存在着露天与地下同时开采的特殊阶段，露天与地下同时采矿产生的爆破震动势必会造成相互之间的影响。

露天爆破对地下工程的破坏性影响主要是爆破所产生的地震波在岩体界面产生拉伸作用所致。炸药爆炸时，无论介质是空气还是岩石，都将会有冲击波产生。在距离爆源一定距离内，岩体中的冲击波转化为应力波，而且这种波是呈放射状向四面八方扩散的。岩性比较好时，震速、动应力、动应变值较大，扰动时间短；相反，岩性较差时，震速、动应力、动应变值则较小，扰动时间长。尽管岩体中存在的大量节理、裂隙和软弱夹层等会严重阻碍应力波的传播，加速应力波的衰减，但由于采场每天都进行生产爆破，频繁爆破震动应力加剧裂隙的发展，仍会对采场围岩造成剧烈的伤害，而且每次爆破时由不同炮孔产生的各种振动波形会在不同地点发生叠加，不同波形的波峰与波峰或波谷与波谷叠加处，会加剧对岩体的破坏作用，造成地下巷道工程的破坏。

地下爆破对露天边坡的影响主要是表现在加速露天边坡的破坏。地下开采爆破形成的振动波转换成应力应变波再传至地表，在传播过程中，造成边坡岩体节理和裂隙的不断扩张，并在风化、降水等其他自然因素影响下，加速边坡体的失稳、垮塌。

对于采用空场采矿法和充填采矿法开采的露天转地下矿山来说，由于需要预留境界顶柱，露天和地下开采所产生的爆破震动会对境界顶柱的稳定性产生较大的影响。对境界顶柱下的矿体进行地下开采后，形成的采空区使境界顶柱局部竖直方向的应力被解除，并在所留矿柱上发生应力集中，露天和地下开采爆破产生的冲击波转化为应力波，从震源位置传播到境界顶柱，以应力波的形式作用于顶柱，使顶柱产生拉伸或者剪切破坏，并使矿柱和境界顶柱的节理、裂隙等结构发生一定程度的变化，降低了岩体的物理力学特性，再加上地下水的软化、润滑作用影响，使境界顶柱整体结构遭到破坏。

6.1.4 地下突水与泥石流

露天转地下开采矿山的上部为残存的露天深凹盆地，汇水面积往往达数十万平方米，甚至上百万平方米。深凹露天矿山转入地下开采后，特别是用崩落采矿法进行地下开采时，露天坑与地下采场之间松散的覆盖层成为良好的水力通道，上部深凹露天坑所汇集的大气降水会直接沿覆盖层渗入地下生产系统。露天坑雨水汇集存在着时间短、强度大、速度快的特点，大气降水后，雨水迅速沿坡面径流汇集，并在短时间内形成较大的洪峰量，且带有较大的动能，对地下安全生产造成严重的影响。因此，在确定深凹露天转地下矿山的防排水措施时，不仅要防范井下正常基岩裂隙涌水，更要防范暴雨季节雨水的径流汇集和渗入。

采用崩落法开采的矿山，开采矿体的上部需形成覆盖层，覆盖层由形态各异、随机分布、不均匀性大的岩石或岩石颗粒组成，具有一定的渗透性。当覆盖层结构组成中岩石颗粒较大时，其渗透性较强，覆盖层对水的缓渗作用较弱，地表水能顺利的通过覆盖层的孔隙渗入地下，从而增加了井下涌水量；随着岩石颗粒的变小和均匀性的增加，覆盖层渗透性降低，缓渗作用逐渐加强，地表水渗入井下的速度也逐渐较小；当覆盖层中 200mm 以下粉状颗粒达到一定比例（一般为 75% 左右）时，覆盖层具有一定的隔水能力，此时地表水对井下的渗透较小，但如果遭遇持续暴雨天气，造成露天境界底部大量积水，覆盖层中松散的固体颗粒会与积水充分混合，在采矿爆破震动的诱发作用下形成泥石流，冲击井下生产系统。

大气降水露天坑积水除了对地下采场的渗透和形成泥石流冲击破坏之外，露天坑边坡溜塌是降水造成的另一个主要危害。雨水对边坡稳定性的影响主要表现在水对岩层弱面夹层的软化影响、边坡中水压力、岩土含水量和密度的增加、岩土的干湿循环及风化、渗透应力与变形和物理化学作用等几个方面。对于露天高陡岩质边坡，第一，由于开挖卸载，引起边坡岩体应力状态的重新分布，岩体内的节理、裂隙也进一步发育、扩展，并有可能出露到地表，这些都将引起边坡岩体的构造及物理力学性质发生变化，为边坡岩体中地下水提供了通道；第二，岩体经过露天开挖后，原地下水位下降较快，枯水季节地下水位处于较低的水平，上部形成了厚度较大的非饱和区，丰水季节降雨从地表沿边坡中的节理、裂隙向下渗透，在地下水位以上的非饱和区形成了上层滞水，从而增加了以往饱和渗流模型所无法考虑到的对岩质边坡的稳定和排水的不利因素，使边坡岩体的排水和变化机理更加复杂；第三，露天边坡的形成过程中，由于表面植被、第四系及风化岩层的剥离，使新鲜岩石直接暴露出来，极大地改变原来的水力联系，暴雨季节，降水直接入渗到暴露的岩体裂隙，地下水位迅速上升，并可能产生地下水露头，此时，孔隙水压力随之增加，而在地下水迅速下降时，水力梯度则突然增加，而诱发较大的动水压力，同时，降水流入各种结构面和软弱夹层，一方面软化了软弱层的抗剪强度，另一方面地下水位上升，更增加了边坡的滑动力，使边坡发生渐进性破坏。由于地下水的这个特点，使得在雨季边坡的不稳定性明显加强，实际边坡失稳事例也主要在雨季发生。

6.1.5 覆盖层和境界顶柱安全结构弱化

6.1.5.1 覆盖层因素

采用崩落采矿法开采的露天转地下矿山在地下开采时需先形成覆盖层。覆盖层是露天采坑与地下采场之间的安全隔离层，覆盖层的结构特征与厚度对露天转地下开采，尤其是地下开采的安全性影响巨大。

从对露天边坡安全考虑，覆盖层能改善边坡应力状态。矿山地下开采时，回采下降速度一般较慢，每个分层的进路在回采放矿后相当一段时间内处于静止状态，此时的覆盖层废石在其他进路不断崩矿与放矿干扰下将进一步运动而更密实，产生积压作用，有助于改善其附近围岩边帮接触部分的应力情况，使围岩边帮松散废石的二维岩石应力分布变为三维应力分布，提高围岩的极限破坏强度，废石形成一定的卸载区，改善边坡应力集中，提高边坡稳定性。

从地下采空区考虑，覆盖层能降低采空区危害。随着采矿的进行，可能出现顶板围岩滞后冒落的情况，此时就形成了采空区。当采空区达到一定的规模后，顶板围岩一旦失稳就发生大规模的突然冒落。冒落的岩体对其下采空区内的空气进行瞬间的压缩，压缩气浪沿巷道冲出，产生巨大的动力冲击，摧毁井下设施和伤害作业人员。覆盖层有降低采空区冒落危害的功能，主要体现在它作为散体垫层对冒落载荷的滤波、消波作用。在垂直气流方向的岩块上，气体的质点速度为零；在岩块之间，气体的流动产生摩擦。在岩块后面产生旋涡，这样气体在通过散体过程中产生了驻点内能和旋转动能消耗了气体的能量，从而使气浪通过散体垫层后压力与速度降低。

从防排水安全考虑，覆盖层对塌陷区通道起到一定的阻碍作用。露天转地下开采时因露天坑通过陷落区覆盖层直接作用于矿体之上，雨季露天坑积水可能直接沿地下开采陷落区流入井下，不仅造成装矿困难和贫化，并有可能造成淹井，直接危害矿山生产作业与人身安全。覆盖层由不同块度的岩石和不同粒度的泥沙构成，当地表水入渗时，覆盖层对地表洪水的灌入有一定的阻隔、削峰、延时作用，可以延缓洪峰，为井下排水赢得更多救援时间，但覆盖层对地表水的阻隔作用过强时，造成露天境界底部大量积水，在一定条件下可能形成泥石流，加重对井下生产系统的破坏。

从经济角度考虑，未形成覆盖层或覆盖层厚度不足时，采下的矿石部分不能放出或造成矿岩石混杂，引起矿石贫化。

6.1.5.2 境界顶柱因素

采用空场采矿法和充填采矿法开采的矿山，需在露天采场与地下采场之间保留境界顶柱。境界顶柱的稳定性受岩体物理力学性质、地下采场结构参数、露天与地下爆破开采作业、地下水和地表降水等因素影响较大。

构成境界顶柱岩体的岩性及物理力学性质是决定境界顶柱稳定性的主要因素之一。境界顶柱范围内存在断层（尤其是张裂性断层）、破碎带等地质构造时，将破坏境界顶柱的整体性，在露天和地下爆破采矿的影响下，这些地质构造的破坏作用将快速显现，并产生大量破坏性的次生构造或促使原有的隐伏性构造显现出来，极大地影响境界顶柱的稳定性。

地下采场结构参数也是决定境界顶柱稳定性的另一个主要因素。地下采矿方法的选择和采场参数的确定将直接决定采场顶板暴露面积和暴露时间，在境界顶柱岩性确定的情况下，境界顶柱垂直下方采场顶板暴露面积越小越有利于境界顶柱的稳定性。同时，采用充填采矿法或空场嗣后充填采矿法，及时充填采空区，减小采空区暴露时间，也将有利于境界顶柱的稳定性。

在露天转地下开采过渡期间，露天和地下在垂直方向上同时开采，露天和地下采矿爆破产生的地震波在岩体中传播。露天爆破与地下爆破同时进行或时间间隔过短，露天和地下的爆破地震波在境界顶柱范围内相遇并发生叠加，会加剧对境界顶柱的破坏作用。

岩石遇水作用后，会引起某些物理、化学和力学等性质的改变。露天转地下开采的矿山上部为残存的露天深凹盆地，汇水面积往往达数十万平方米，降雨径流直接影响地下排水，给井下生产造成危害。如果顶柱中节理裂隙发育，地表径流将沿裂隙渗入顶柱中，此时裂隙网络渗流对裂隙壁将施加法向渗透压力和切向拖曳力，由此形成的渗流场会影响境界顶柱的稳定性。

6.1.6 其他危险、有害因素

露天转地下开采矿山存在的其他危险、有害因素主要有覆盖层的漏风影响、露天与地下回采顺序不当、滑坡对露天坑地下工程的冲击等。

（1）当露天境界底部崩落以后，由于地下采场和地表之间的覆盖层存在孔隙连通，且它们之间存在压力差，如果覆盖层厚度不足，很容易造成地下开采系统漏风，使井下通风量不足，作业条件恶化，影响正常生产。

（2）在露天转地下开采过程中，露天、地下在垂直方向上同时开采，随着露天台阶向下推进和地下开采的展开，露天台阶不断降低并越来越接近境界顶柱，地下开采完的矿房也将形成采空区。露天开采台阶的降低和地下采空区的形成，以及露天与地下爆破采矿的影响，使境界顶柱必然发生明显的应力变化，并有可能在采空区上方的顶柱产生应力集中。因此过渡时期的露天与地下开采作业应注意密切配合，研究合理的回采顺序。

（3）露天边坡受自身地质构造、采矿爆破震动、地下水及大气降水等综合因素的影响，可能发生局部的滑坡，滑下的边坡岩体将对露天境界底部的境界顶柱或覆盖层形成冲击，若滑坡体的量较大，将可能影响露天境界顶柱的稳定性。

6.2 露天转地下开采安全评价

6.2.1 露天边坡防护安全评价方法

露天边坡可靠性研究方法一般分为三类，即定性分析法、定量分析法和非确定性模型分析法。

6.2.1.1 定性分析法

定性分析法主要包括工程类比法、图解法、专家系统法和 RMR – SMR 法。

（1）工程类比法。工程类比法实质上就是利用已有的边坡稳定性状况及其影响因素等方面的经验，并把这些经验应用到类似的所要研究边坡的稳定性分析和设计中去的一种方法。它需要对已有的边坡和目前的研究对象进行广泛的调查分析，全面研究工程地质因素等的相似性和差异性，分析影响边坡变形破坏的各主导因素及发展阶段的相似性和差异性，分析它们可能的变形破坏机制、方式等的相似性和差异性，兼顾工程的等级、类别等的特殊要求。通过这些分析，来类比分析和判断研究对象的稳定性状况、发展趋势、加固处理设计等。

（2）图解法。图解法定性分析边坡稳定性主要有两种：一是利用图解求边坡变形破坏的边界条件，分析软弱结构面的组合关系，分析滑体的形态，滑动方向，评价边坡稳定程度；二是用一定的诺模图或关系曲线来表征与边坡稳定有关参数间的关系，并由此求出边坡稳定安全系数，或根据要求的安全系数及一些参数来反分析其他参数（φ、c、结构面倾角、坡角、坡高等）。它目前主要用于土质或全强风化的具有弧形破坏面的边坡稳定性分析。

采用图解法分析露天转地下边坡稳定的几种情况见表6 – 1 ~ 表6 – 3。

表 6-1　一组结构面与坡面的边坡稳定性分析

结构面与边坡关系	平面图	剖面图	赤平投影图	边坡稳定情况
内倾		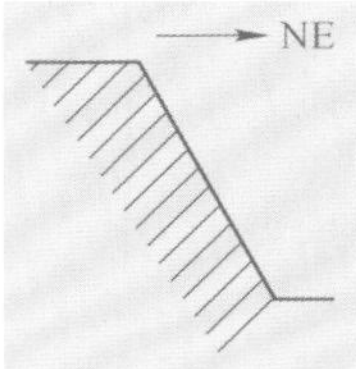	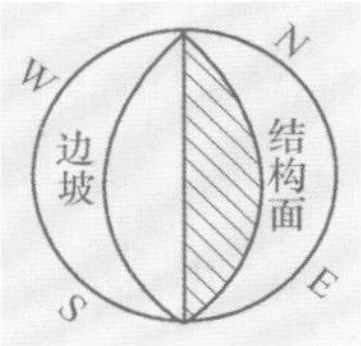	稳定，滑动可能性小
外倾结构面倾角 β 小于边坡角 α	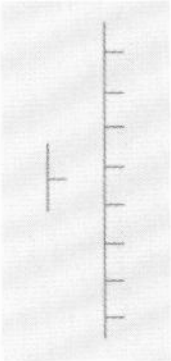	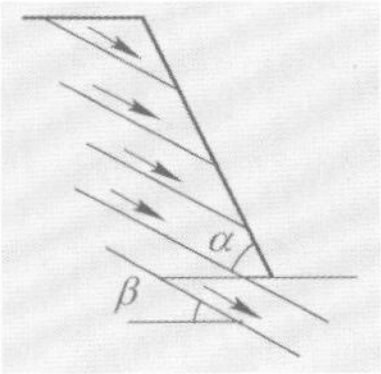	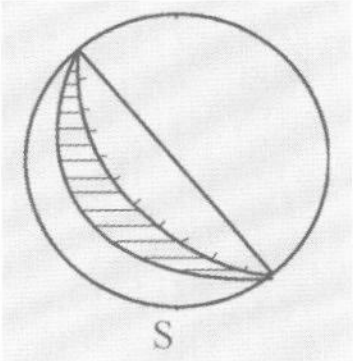	不稳定，易滑动
外倾 β 大于 α	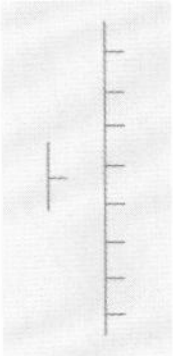	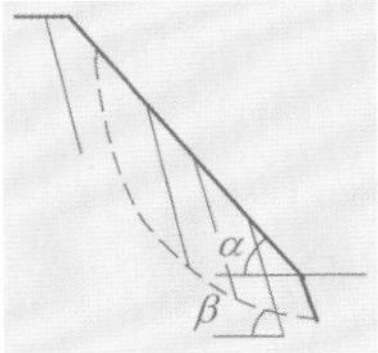	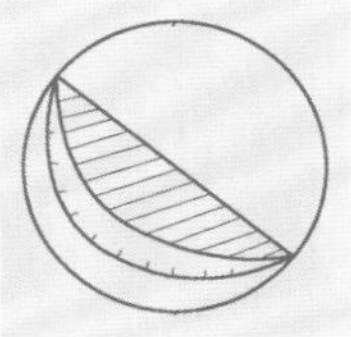	滑动可能性较小，可能沿软弱结构面产生深层滑动
外倾，斜交夹角大于40°	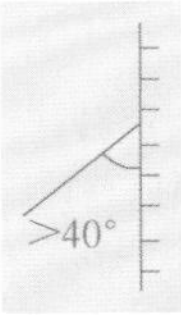	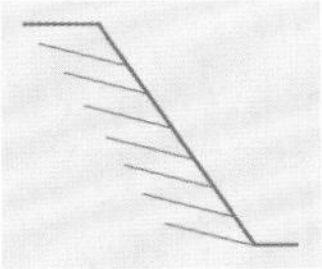	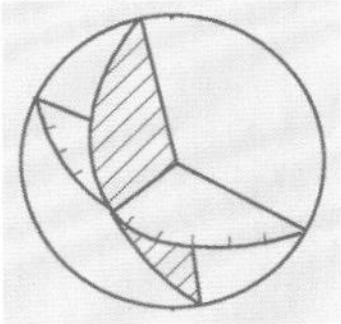	一般较稳定，坚硬岩层滑动可能性小
外倾，斜交夹角小于40°	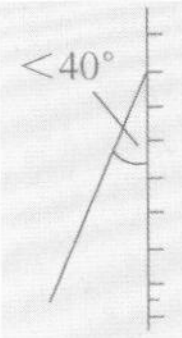	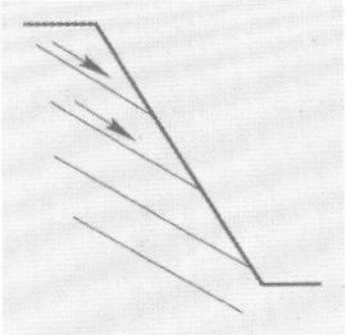	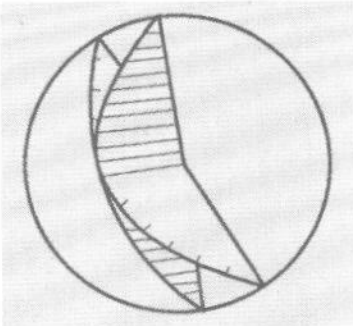	不很稳定，可能产生局部滑动

表 6-2　两组结构面与坡面走向基本一致的稳定性分析

结构面与边坡关系	平面图	剖面图	赤平投影图	边坡稳定情况
两组内倾	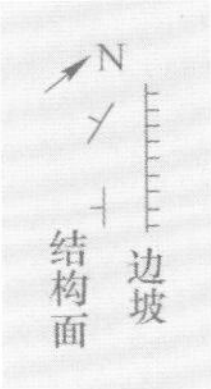	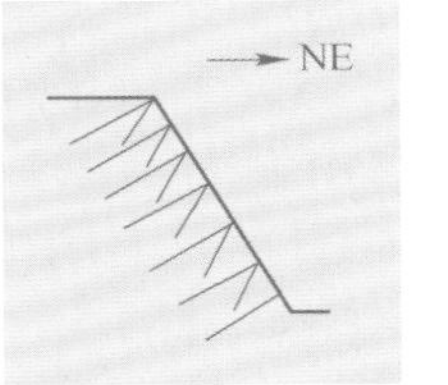	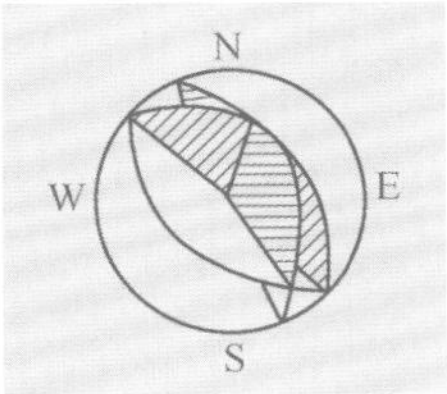	较稳定，坚硬岩层滑动可能性小
两组外倾，$\beta < \alpha$	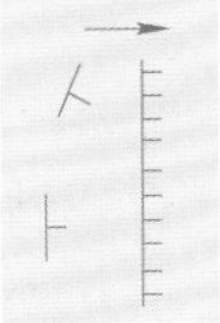	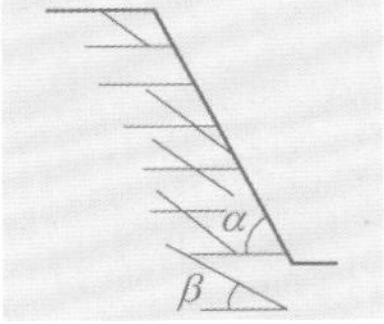	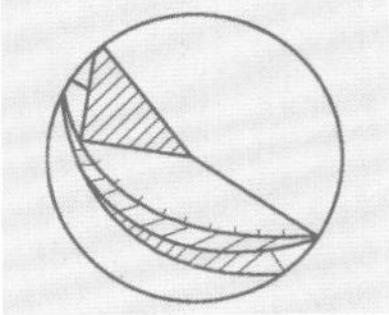	不稳定，较破碎，易滑动

结构面与边坡关系	平面图	剖面图	赤平投影图	边坡稳定情况
两组外倾，$\beta > \alpha$				较稳定，可能产生深部滑动
一组外倾，一组内倾，$\beta < \alpha$				不稳定，较易滑动
一组外倾，一组内倾，$\beta > \alpha$				可能产生深层滑动，内倾结构面倾角越小越易滑动

表 6 - 3 两组结构面与坡面走向斜交的稳定性分析

结构面与边坡关系	平面图	剖面图	赤平投影图	边坡稳定情况
结构面交线倾向与坡面相反				稳定，滑动可能性小
结构面交线倾向与坡面相同，倾角大于坡面角				无滑动临空面，滑动可能性小
结构面交线倾向与坡面相同，倾角小于坡面角				不稳定，可能沿交线方向滑动

（3）专家系统法。边坡稳定分析专家系统就是进行边坡工程稳定性分析与设计的智能化计算机程序。它把某一位或多位边坡工程专家的知识、工程经验、理论分析、数值分析、物理模拟、现场监测等行之有效的知识和方法有机地组织起来，建成一个边坡工程知识库，然后利用智能化的计算机程序来模拟并再现人（专家）脑的思维（推理与决策）过程，吸收其合理的知识结构，寻求优化的技术路径，同时，它又能建立计算机模型，结合相关学科不同专家的知识进行推理和决策，对所研究的对象（边坡）进行稳定性评价，如 ES³A 边坡稳定性评估专家系统。ES³A 边坡稳定性评估专家系统分岩坡和土坡两个子库建立了包含综合环境因素、岩体特性、不连续面特性、边坡形状、支护形式、施工特点等方面的知识结构。运用模糊数学、概率统计和置信度计算等方法，识别边坡可能的失稳模式，并定性和定量评估边坡的稳定性。

（4）RMR – SMR 法。传统岩石力学分类体系主要是 Q 分类体系和 RMR 分类体系，主要通过岩体的单轴抗压强度、RQD、节理条件、节理间距和地下水 5 个方面对岩体的质量进行综合评分，主要适用于地下开挖工程。由于岩质边坡的稳定性不仅取决于岩体本身的条件，还取决于边坡的几何特性、控制结构面的产状和开挖面产状的相对关系等，因此在宏观评定边坡稳定性时，还需要对 RMR 的评分加以修正，就形成了边坡稳定的 SMR 体系，其综合评分值为

$$SMR = RMR - \lambda(F_1 F_2 F_3) + F_4 \qquad (6-1)$$

式中 RMR——岩体质量评分，得分值计算参照表 6 – 4、表 6 – 5；

       λ——结构面条件系数，当结构面存在断层和夹泥层时，取 1.0；当结构面存在层面、贯通裂隙时，取 0.8 ~ 0.9；当结构面存在节理时，取 0.7；

   F_1，F_3——分别为边坡面与控制结构面之间倾向和倾角之间的系数，见表 6 – 6；

       F_2——结构面的倾角系数，见表 6 – 6；

       F_4——爆破开挖方法的系数。

表 6 – 4   边坡岩体质量分类

序号	参　数	分　值　范　围				
1	点载荷强度/MPa	>10	10 ~ 4	4 ~ 2	2 ~ 1	<1
	单轴抗压强度/MPa	>250	250 ~ 100	100 ~ 50	50 ~ 25	25 ~ 5, 5 ~ 1, <1
	分值	15	12	7	4	2, 1, 0
2	RQD/%	100 ~ 90	90 ~ 75	75 ~ 50	50 ~ 25	<25
	分值	20	17	13	8	3
3	不连续面间距/m	>2	2 ~ 0.6	0.6 ~ 0.2	0.2 ~ 0.06	<0.06
	分值	20	15	10	8	5
4	不连续面状态	很粗糙，不连续，闭合，未风化	稍粗糙，张开度 <1mm，两壁微风化	稍粗糙，张开度 <1mm，两壁风化严重	光滑或夹泥厚度 <5mm 或张开度为 1 ~ 5mm，连续	夹泥厚度 >5mm 或张开度 >5mm
	分值	30	25	20	10	0
5	不连续面中地下水状况	干	润	湿	滴	流
	分值	15	10	7	4	0

表 6 - 5　RMR 岩体质量评价分级

评分值	100 ~ 81	80 ~ 61	60 ~ 41	40 ~ 21	≤20
分级	I	II	III	IV	V
质量描述	非常好	好	一般	较差	非常差
平均稳定时间	15m 跨度 20 年	10m 跨度 1 年	5m 跨度 1 周	2.5m 跨度 10h	1m 跨度 30min
岩体黏聚力/kPa	>400	400 ~ 300	300 ~ 200	200 ~ 100	<100
岩体内摩擦角/(°)	>45	45 ~ 35	35 ~ 25	25 ~ 15	<15

表 6 - 6　不连续面产状的调整值

不连续面状况		很有利	有利	一般	不利	很不利
P	$\|\alpha_j - \alpha_s\|$	>30°	30° ~ 20°	20° ~ 10°	10° ~ 5°	<5°
T	$\|\alpha_j - \alpha_s - 180°\|$					
P/T	F_1	0.15	0.40	0.70	0.85	1.00
P	$\|\beta_j\|$	<20°	20° ~ 30°	30° ~ 35°	35° ~ 45°	>45°
P	F_2	0.15	0.40	0.70	0.85	1.00
T	F_2	1.0	1.0	1.0	1.0	1.0
P	$\beta_j - \beta_s$	>10°	10° ~ 0°	0°	0° ~ -10°	< -10°
T	$\beta_j + \beta_s$	<110°	110° ~ 120°	>120°	—	—
P/T	F_3	0	6	25	50	65

注：P 代表平面滑动；T 代表倾斜破坏；α_s、β_s 分别为边坡的倾向与倾角；α_j、β_j 分别为不连续面的倾向与倾角。

SMR 分类见表 6 - 7。

表 6 - 7　SMR 分类评述

序号	I	II	III	IV	V
SMR 分级	0 ~ 20	21 ~ 40	41 ~ 60	61 ~ 80	81 ~ 100
岩体状况	很差	差	一般	好	很好
稳定性状况	很不稳定	不稳定	部分稳定	稳定	很稳定
边坡破坏方式	大型平面或土状破坏	平面滑动或大型楔体破坏	部分平面滑动或许多楔体破坏	部分楔体破坏	无破坏
加固方式	重新开挖设计	大力支护或重新设计	系统支护	局部支护	无需支护

6.2.1.2　定量分析法

由于岩体结构的复杂性，使露天边坡难以进行完全的定量分析。目前的边坡稳定性分析方法只能算是半定量的分析方法。边坡稳定性定量分析方法主要有极限平衡法、岩体位移坐标计算法和数值分析法。

A　极限平衡分析法

极限平衡分析法是工程实践中应用最早，目前较普遍使用的一种定量分析方法，并有了多种极限平衡分析方法，如 Fellenius 法、Bishop 法、Sarma 法、楔体极限平衡分析法等，其中 Sarma 法既可用于滑面呈圆弧形的滑体，又可用于滑面呈一般折线形滑面的滑体极限平衡分析；楔体极限平衡分析法则主要用于岩质边坡中由不连续面切割的各种形状楔形体的极限平衡分析。

近年来还发展到将有限元法引入到极限平衡分析法中，通过有限元法计算出可能滑面上各点的应力，然后再利用极限平衡原理计算滑面上的点安全系数及沿整个滑面滑动破坏的安全系数。

B　边坡岩体位移坐标计算法

露天转地下开采在未确定岩层滑动位置前，在矿山地质剖面图上规划出可能的岩体位移。

滑动线各点坐标计算

$$x = 0.5y\sin\pi_i\left(\ln^{\tan\frac{\pi_i}{2}} - \frac{\cos\pi_i}{\sin^2\pi_i}\right) \qquad (6-2a)$$

$$y = \frac{\tau_{ai}}{r\left(1 - \dfrac{\sigma_{ni} - \sigma_{ni}\tan\varphi_i}{\sigma_{ni} + \tau_{ni}\cot\varphi_i}\right)\sin\pi_i\cos\pi_i} \qquad (6-2b)$$

$$\pi_i = \arctan\frac{\tau_{ni}}{\sigma_{ni}}$$

$$\tau_{ni} = f(\sigma_{ni})$$

式中　σ_{ni}——相应于第 i 点角度值的正应力，MPa；

　　　φ_i——强度实验得出的第 i 点的内摩擦角；

　　　y——相应于各点的深度，m。

根据计算结果确定安全技术措施，包括限制露天矿同时爆破的炸药量，台阶坡面崩落岩石形成护坡岩堆的参数，定期用仪器检测地下采矿盘区中的矿柱和上覆岩层的地应力与应变。

C　数值分析方法

数值分析方法分为有限单元法、离散单元法和边界元法等。

a　有限单元法

有限单元法是数值模拟方法在边坡稳定评价中应用最早最广泛的方法，可用来求解弹性、弹塑性、黏弹塑性、黏塑性问题。

有限元数值模拟的基本思想是将连续体离散为只在节点相连的单元，将荷载移植到节点上，利用插值函数并考虑边界条件，由矩阵力法或矩阵位移法方程组统一求解连续结构体的应力场和位移场。

由于有限单元法能方便地模拟各种复杂的结构、复杂边界及荷载条件，在模型构建、材料的物理力学参数取值、荷载确定合适的条件下，可以得到比较准确的解答，且能在低成本的情况下反复进行模拟试验，是一种在岩土工程界得到广泛应用的模拟试验研究方法。

采用有限单元法计算的一般步骤为：

（1）选择计算范围。大多数的岩土工程问题都涉及无限域或半无限域，而有限单元法是在有限的区域内进行离散化，为了使这种离散方法不会产生较大的误差，必须取足够大的计算范围。但计算范围太大，单元不能划分的较大时，又会付出很大的计算工作量，致使计算时间过长；计算范围太小，边界条件又会影响到计算误差，所以必须划定合适的计算范围。

（2）设定边界条件。计算范围的外边界可采取三种方式处理：一是位移边界条件，即假定边界点位移为零；二是应力边界条件；三是混合边界条件。

（3）选择单元类型。有限单元法中单元类型繁多，主要分为低次单元和高次单元。单元类型的选择与边坡岩体的力学性质、计算域的形状和划分密度相关；单元划分的大小应按地质条件、计算部位及计算机性能来确定，单元越细，精度越高，但占用机时越长。

（4）选取岩体物理力学参数。

（5）选取岩土体的本构模型。Drucker – Prager 弹塑性本构模型是最早提出且适用于岩土材料的弹塑性本构模型之一，它的最大优点在于采用简单的方法考虑了静水压力对屈服和破坏的影响，而且模型参数少，仅内摩擦角 φ 和黏聚力 c 两个，可以直接利用已有的岩土工程勘察资料。

（6）开挖过程的模拟。

（7）三维有限元数值模拟计算结果分析。从有限元模拟结果，可以对边坡及地表位移变形、应力状态进行分析。

目前国际上比较常用的大型有限元分析软件有 ANSYS、FLAC、ADINA 等。

b 离散单元法

离散单元法能反映岩块之间接触面的滑移、分离与倾翻等大位移的同时又能计算岩块内部的变形与应力分布，并在模拟过程中考虑了边坡失稳破坏的动态过程，允许岩土体存在滑动、平移、转动和岩体的断裂及松散等复杂过程，具有宏观上的不连续性和单个岩块运动随机性，可以较真实、动态地模拟边坡在开挖过程中的应力、位移和状态变化，预测边坡的稳定性，在岩质高边坡稳定性的研究中得到广泛的应用。

应力应变关系：

（1）法向力。

$$F_n = K_n U_n \qquad (6-3)$$

式中　F_n——法向力；

　　　K_n——法向刚度系数；

　　　U_n——叠合尺度。

所谓的叠合是在数值计算时的一个假定的量，将它乘上一个刚度系数 K_n 作为法向力的一种度量，计算时可以增大 K_n 而使 U_n 取得很小表示相同的力。如果块体单元边界界面相互重叠，如图 6 – 2b 所示，则有两个角点与界面接触。这时通过 K_n 的作用，用界面两端的作用力来代替该边的合力。

（2）剪切力。由于块体所受的剪切力与块体运动和加载的历史或途径有关，因此剪切力要用增量 ΔF_s 来表示。

$$\Delta F_s = K_s \Delta U_s \qquad (6-4)$$

式中　ΔF_s——剪切力的增量；

　　　K_s——节理的剪切刚度系数；

　　　ΔU_s——两块体之间的相对位移。

（3）破坏条件。式（6-3）和式（6-4）表示的是弹性情况，但在塑性条件下，需

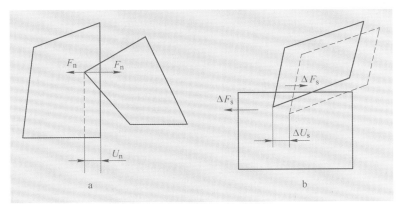

图 6 - 2　法向接触力与位移关系图

要考虑岩体的破坏条件。

1）法向张力破坏：当块体分离时，即叠和量小于零时，块体间作用力表现为拉力，若拉力超过节理的抗拉强度时，法向作用力随即消失，如图 6 - 3 所示，S_t 表示节理的抗拉强度。

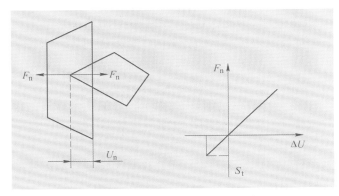

图 6 - 3　法向接触力与叠合量的关系

2）切向塑性破坏：如图 6 - 4 所示，剪切强度采用 Mohr - Coulomb 准则，在每次迭代时验算剪切力 F_s 是否超过 $c + F_n\tan\varphi$，如果超过，则表示块体之间产生滑动，此时剪切力取极限值 S_s，$S_s = c + F_n\tan\varphi$，否则 F_s 与 U_s 为线性关系，即

当 $|F_s| < c + F_n\tan\varphi$ 时：　　　　　　　$|F_s| = K_s U_s$　　　　　　(6 - 5a)

当 $|F_s| > c + F_n\tan\varphi$ 时：　　　　　　　$|F_s| = c + F_n\tan\varphi$　　　　(6 - 5b)

式中　c，φ——分别为节理的黏聚力和摩擦角。

使用离散元最常用的程序之一是 UDEC。程序把岩体概化为块体和块体之间的界面（或接触）的组合，块体代表岩石材料，其可以是刚性的或完全可变形的，接触代表岩体中的结构面，并假定其是可变形的。如果块体是可变形的，块体进一步划分为一种三角形常应变有限差分网格，在单元的节点计算运动，块体材料本构关系的应用在单元中产生新的应力。

UDEC 的计算循环包括两步：一是对所有的接触面，二是对所有的块体。完成这两步

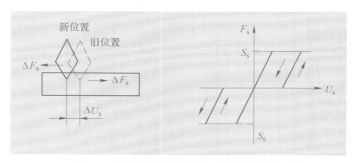

图 6-4 切向接触力与滑移位移的关系

就构成了一个计算循环。UDEC 使用显式时步算法完成块体——接触系统运动方程的积分。它把时步选择的足够小，以使一个时步中一个块体和它的相邻块体之间的干扰不传播。这种解决方法与连续介质的显式有限差分法（FLAC）所使用的方法是同等的。

6.2.1.3 非确定性模型分析法

虽然采用某种分析方法可以计算出边坡安全系数，但边坡作为一个系统，影响其稳定性因素很多，而且有的因素还具有随机性和不确定性，计算过程中很难把握，同时研究边坡稳定性的最终目标不是为了求得稳定安全系数，而是为了找到一个合理的准确的稳定性分析途径，预防边坡事故发生。因此，建立边坡稳定性分析的非确定性模型，考虑参数的随机性、不确定性、模糊性是边坡稳定性分析的一个发展趋势。非确定性模型分析法主要包括神经网络法、模糊综合评价法和灰色系统理论评价法。

A 神经网络法

神经网络法是 20 世纪 80 年代发展起来的人工智能的一个分支，近年来开始运用于岩土工程问题研究中，其中又以 BP 神经网络模型运用最为广泛。BP 网络结构模型主要由输入层、隐含层和输出层组成（图 6-5），其中隐含层可以为一层亦可以是多层。神经网络理论的应用，考虑到尽可能多的影响因素，建立这些影响因素与边坡稳定安全系数之间的非线性映射模型，然后用模型来预测和评价边坡的安全性。

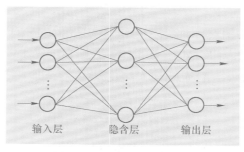

图 6-5 BP 神经网络模型

BP 神经网络的输入层主要来自于边坡稳定性影响因素，主要分为地质因素、水文因素、环境因素、结构参数及时间因素 5 类。其中地质因素主要包括岩体结构、地质构造、不连续面性状及岩石质量指标 RQD；水文地质因素主要包括地下水与降水；环境因素包括内部构造应力和外部扰动；结构参数主要包括边坡角、边坡高度，台阶设置等；时间因素主要为边坡形成时间及边坡的流变破坏速率。针对以上影响因素的重要情况，以及数值参数的获取情况，经过分析选出 7 个参数作为构建的 BP 神经网络模型的输入层，即：边坡岩石黏聚力、边坡岩石内摩擦角、边坡岩石 *RQD* 值、边坡角、边坡高度、年降雨量、最大地震烈度。

BP 神经网络的输出层为边坡稳定评价等级，分为 4 级，其期望输出的 4 级的值依次定位：第 1 级（边坡极不稳定）＝（1 0 0 0），第 2 级（边坡不稳定）＝（0 1 0 0），第 3 级（边坡基本稳定）＝（0 0 1 0），第 4 级（边坡稳定）＝（0 0 0 1）。

采用 Matlab 软件计算设计的 BP 神经网络模型，判断边坡稳定性。必要时，可以根据以往的勘察结果以及破坏过的边坡案例，选出一些较为典型的样本数据进行 BP 神经网络模型计算的检验。

B 模糊综合评价法

在以往的边坡稳定性分析时，对于影响参数的不确定性、不精确性和数量上的分散性的特点，一般会按照统计学的方法进行剔除，最后确定一个值来分析边坡稳定计算，这样得到的结果会存在一定的误差，因此很难在工程中得到直接利用。模糊综合评价法对处理具有模糊性的事物和概念具有一定的优越条件。比如对一个边坡的评价为"该边坡易失稳"，实际上就是一个模糊性的判断。因此实际工程中可用模糊综合评价法对边坡稳定性进行分级。

下面介绍用模糊综合评价法分析某露天矿高陡边坡稳定性的实例。

边坡稳定性评价由两个集合构成，一个是分析级别集合，用 D 表示，即 $D = [D_1 \ D_2 \cdots D_m]$；二是分析指标集合，用 E 表示，即 $E = [E_1 \ E_2 \cdots E_n]$。每个指标影响因素有 m 个状态集，共有 n 个指标因素，分别用 U_1，U_2，$\cdots$，U_n 来表示，其中 $U = [U_{i1} \ U_{i2} \cdots U_{im}]^{\mathrm{T}}$（$i = 1$，2，$\cdots$，$n$），于是得到稳定性分析数学模式（式 6 – 6）。

$$U = \begin{bmatrix} U_{11} & U_{21} & \cdots & U_{n1} \\ U_{12} & U_{22} & \cdots & U_{n2} \\ \vdots & \vdots & \vdots & \vdots \\ U_{1m} & U_{2m} & \cdots & U_{nm} \end{bmatrix} \qquad (6-6)$$

依据该数学模型，分别给予分析级别的隶属函数数值 $P(i = 1$，2，$\cdots$，$m)$，再根据指标因素间的关系及重要性，分配权系数 $g(i = 1$，2，$\cdots$，$n)$，由此就可以得到集合 D 上的模糊关系。

$$U = \begin{bmatrix} g_1 P_1 & g_2 P_1 & \cdots & g_n P_1 \\ g_1 P_2 & g_2 P_2 & \cdots & g_n P_2 \\ \vdots & \vdots & \vdots & \vdots \\ g_1 P_m & g_2 P_m & \cdots & g_n P_m \end{bmatrix} \qquad (6-7)$$

分析和确定影响边坡稳定性的因素。影响边坡稳定性的因素很多，可以划分为内部主控因子和外部诱发因子。内部主控因子主要包括工程地质、地貌条件，如黏聚力、内摩擦角、坡角、坡高等；外部主控因子是各种作用在边坡上的诱发内部条件发生变化的因子，引起滑坡的两个主要因子为降雨和爆破震动。

岩土边坡稳定性分类及评价指标见表 6 – 8。

表 6 - 8 岩土边坡稳定性分类及评价指标

稳定等级	黏聚力/MPa	内摩擦角/(°)	边坡角/(°)	边坡高度/m	年均降雨量/mm	爆破震动烈度
稳定（Ⅰ）	>0.022	>37	<10	<75	<400 分布均匀	<3
较稳定（Ⅱ）	0.022~0.012	37~29	10~20	75~175	400~800	3~5
一般（Ⅲ）	0.012~0.008	29~19	20~30	175~300	>800 分布均匀	5~7
不稳定（Ⅳ）	0.008~0.005	19~13	30~40	300~500	>800 暴雨较多	7~8
极不稳定（Ⅴ）	<0.005	<13	>40	>500	>800 暴雨频发	>8

应用模糊数学方法进行综合评判确定隶属度 P_i 和权系数 g_i。

首先设 F 是综合评定集合上的一个模糊子集，则隶属函数 μF，$\mu F(D_i) = P_i$ 为隶属度。根据等级划分与指标间基本呈线性关系，选用 $P = [0.95\ 0.80\ 0.65\ 0.55\ 0.45]$。为计算方便取评判隶属度的 100 倍，即 $P_1 = 95$，$P_2 = 80$，$P_3 = 65$，$P_4 = 55$，$P_5 = 45$。采用工程经验法和德尔菲法综合确定权数的分配，确定黏聚力、内摩擦角、边坡角、边坡高度、年均降雨量和爆破震动烈度等 6 项指标的权系数分别为 $g = [1\ 0.95\ 0.85\ 0.80\ 0.70\ 0.60]$，其中 g 为 $E = [E_1\ E_2\ E_3\ E_4\ E_5\ E_6]$ 上的模糊子集，按照模糊数学常规记法：$g = 1/E_1 + 0.95/E_2 + 0.85/E_3 + 0.80/E_4 + 0.70/E_5 + 0.60/E_6$，权系数满足以下条件：

（1）$\sum\limits_{i=1}^{6} g_i = 1$，即归一化条件；

（2）$g_1 > g_2 > \cdots > g_6$，$g = [0.21\ 0.20\ 0.17\ 0.16\ 0.14\ 0.12]$。

确定模糊关系矩阵 U。依据 $P = [P_1\ P_2\ \cdots\ P_5]$，$g = [g_1\ g_2\ \cdots\ g_6]$，数据代入式（6-7），可以得到分析级别集合 D 上所需的模糊关系矩阵 U，也称为边坡稳定性评价的分类指数矩阵式（6-8）。

$$U = \begin{bmatrix} g_1P_1 & g_2P_1 & \cdots & g_nP_1 \\ g_1P_2 & g_2P_2 & \cdots & g_nP_2 \\ \vdots & \vdots & \vdots & \vdots \\ g_1P_m & g_2P_m & \cdots & g_nP_m \end{bmatrix} = \begin{bmatrix} 20.0 & 19.0 & 16.2 & 15.2 & 13.3 & 11.4 \\ 16.8 & 16.0 & 13.6 & 12.8 & 11.2 & 9.6 \\ 13.7 & 13.0 & 11.1 & 10.4 & 9.1 & 7.8 \\ 11.6 & 11.0 & 9.4 & 8.8 & 7.7 & 6.6 \\ 9.5 & 9.0 & 7.7 & 7.2 & 6.3 & 5.4 \end{bmatrix} \quad (6-8)$$

由此得到边坡稳定性等级分类指数见表 6-9。

表 6 - 9 边坡稳定性等级分类指数

稳定等级	黏聚力 E_1	内摩擦角 E_2	边坡角 E_3	边坡高度 E_4	年均降雨量 E_5	爆破震动烈度 E_6	评判值 P
稳定（Ⅰ）	20.0	19.0	16.2	15.2	13.3	11.4	95
较稳定（Ⅱ）	16.8	16.0	13.6	12.8	11.2	9.6	80
一般（Ⅲ）	13.7	13.0	11.1	10.4	9.1	7.8	65
不稳定（Ⅳ）	11.6	11.0	9.4	8.8	7.7	6.6	55
极不稳定（Ⅴ）	9.5	9.0	7.7	7.2	6.3	5.4	45

由表 6-9 可以取得第 i 个边坡稳定性级别向量，得到第 j 个分量 g_iP_i 就是因素 E_i 在 i 级别上的每一个指数，然后求出每个级别的各个指数之和 $\sum\limits_{i=1}^{6} g_iP_i = P$，根据 P 值大小可判

别边坡稳定性等级，表明边坡稳定状况。

　　C　灰色系统理论评价法

　　灰色系统理论是将随机过程当作是在一定幅区、一定时区内变化的灰色过程。原始数据生成后，使其变为较有规律的生成数据再建模（GM），实际上是生成数据模型，通过GM模型得到的数据，必须经过逆生成还原后才能使用。灰色理论系统主要用于对边坡体变形方面的分析与评价。

　　灰色预测 GM(1，1) 模型只有一个变量，采用阶微分方程拟合，其微分方程可表示为

$$\frac{\mathrm{d}x^{(1)}}{\mathrm{d}t} + \alpha x^{(1)} = \mu \qquad (6-9)$$

式中　α，μ——待求的拟合参数；

　　　　$x^{(1)}$——原始监测数据 $x^{(0)}$ 的 1 次累积生成；

　　　　t——时间。

　　边坡变形的灰色预测模型，是建立在变形监测获得的等时距位移时间序列基础上的。在实际监测过程中，两相邻实测值之间的时段大多是非等时距的，但非等时距的灰色建模也是建立在等时距建模基础之上的，可预先通过线性插值的方法将非等时距位移时间序列转化为等时距位移时间序列。

　　设 $\{x(i)\}$ 为非等时距监测数据序列，经过线性插值处理，转化为等时距序列 $\{x^{(0)}(i)\}$

$$x^{(0)} = x^{(0)}(1), x^{(0)}(2), \cdots, x^{(0)}(N)$$

　　将位移时间序列作一次累加生成，得序列 $x^{(1)}$

$$x^{(1)} = x^{(1)}(1), x^{(1)}(2), \cdots, x^{(1)}(N)$$

$$x^{(1)}(k) = \sum_{i=1}^{k} x^{(0)}(i), \ k = 1, 2, \cdots, N$$

　　对式（6-9）作白化处理，建立数据矩阵和数据向量。用已知的位移时间序列 $\{x^{(0)}(i)\}$ 来近似代替微分方程中的 $\mathrm{d}x^{(1)}/\mathrm{d}t$ 和 $x^{(1)}$，取增量形式

$$\frac{\mathrm{d}x^{(1)}}{\mathrm{d}t} = \frac{x^{(1)}(i) - x^{(1)}(i-1)}{\Delta t} = x^{(1)}(i)(等时距 \Delta t = 1)(i \geqslant 2) \qquad (6-10)$$

　　将 $x^{(1)}$ 取为均值生成序号 $z^{(1)}(i)$

$$x^{(1)} = z^{(1)}(i) = \frac{1}{2}[x^{(1)}(i) + x^{(1)}(i-1)] \qquad (6-11)$$

　　将式（6-10）和式（6-11）代入式（6-9）得

$$x^{(0)}(i) + \alpha \frac{1}{2}[x^{(1)}(i) + x^{(1)}(i-1)] = \mu \qquad (6-12)$$

　　当取 $i = 1, 2, 3, \cdots, N$ 时，式（6-12）转化为方程组

$$y_n = B \cdot \hat{\alpha} \qquad (6-13)$$

$$y_n = [x^{(0)}(2) \ x^{(0)}(3) \ \cdots \ x^{(0)}(N)]^{\mathrm{T}}$$

$$B = \begin{bmatrix} -z^{(1)}(2) & 1 \\ -z^{(1)}(3) & 1 \\ \vdots & \vdots \\ -z^{(1)}(N) & 1 \end{bmatrix}$$

$$\hat{\alpha} = \begin{bmatrix} \alpha \\ \mu \end{bmatrix} = (B^{\mathrm{T}}B)^{-1}B^{\mathrm{T}}y_n$$

建立时间响应函数，求解微分方程式（6-9），得

$$\hat{x}(t) = \left[x^{(1)}(0) - \frac{\mu}{\alpha}\right]e^{ak} + \frac{\mu}{\alpha} \tag{6-14}$$

由于是等时距，故可将式（6-14）写为

$$\hat{x}(t)^{(1)}(k+1) = \left[x^{(0)}(1) - \frac{\mu}{\alpha}\right]e^{ak} + \frac{\mu}{\alpha} \tag{6-15}$$

$$x^{(1)}(0) = x^{(1)}(1) = x^{(0)}(1)$$

式中 $\hat{x}(k)$ ——一次累加生成值，$k = 1, 2, \cdots, N$。

式（6-15）即为等时距位移时间序列的灰色预测模型。

通过灰色预测模型计算出数据是一次累加生成值，必须进行还原生成才能得到真实的位移值。对于 k 时刻的位移值为

$$\hat{x}^{(0)}(k) = \hat{x}^{(1)}(k) - \hat{x}^{(1)}(k-1) \quad k = 1,2,\cdots,N \tag{6-16}$$

D   实例

某露天矿边坡位移实际监测数据见表6-10。

表6-10   边坡监测点位移值

监测阶段	间隔时间/d	测点位移/mm	监测阶段	间隔时间/d	测点位移/mm
Ⅰ	103	21.7	Ⅳ	89	25.5
Ⅱ	93	25.7	Ⅴ	144	43.1
Ⅲ	62	18.5	Ⅵ	105	32.0

由于实际监测时段非等时距，故首先通过线性插值的方法转化为等时距位移时间序列，见表6-11。

表6-11   边坡监测点等时距位移值

监测阶段	间隔时间/d	测点位移/mm	监测阶段	间隔时间/d	测点位移/mm
Ⅰ	100	21.1	Ⅳ	99	32.6
Ⅱ	99	27.2	Ⅴ	100	30.0
Ⅲ	99	29.1	Ⅵ	99	30.2

监测点的原始位移时间序列为：$x^{(0)} = \{21.1, 27.2, 29.1, 32.6, 30.0, 30.2\}$。其一次累加生成序列为：$x^{(1)} = \{21.1, 48.3, 77.4, 110.0, 140.0, 170.2\}$。

利用 $x^{(1)}$ 建立 $\mathrm{GM}^{(1,1)}$ 预测模型。对 $x^{(1)}$ 紧邻均值生成，求得

$$B = \begin{bmatrix} -z^{(1)}(2) & 1 \\ -z^{(1)}(3) & 1 \\ -z^{(1)}(4) & 1 \\ -z^{(1)}(5) & 1 \\ -z^{(1)}(6) & 1 \end{bmatrix} = \begin{bmatrix} -34.7 & 1 \\ -62.9 & 1 \\ -93.7 & 1 \\ -125.0 & 1 \\ -155.1 & 1 \end{bmatrix}$$

$$y_n = \begin{bmatrix} x^{(0)}(2) \\ x^{(0)}(3) \\ x^{(0)}(4) \\ x^{(0)}(5) \\ x^{(0)}(6) \end{bmatrix} = \begin{bmatrix} 27.2 \\ 29.1 \\ 32.6 \\ 30.0 \\ 30.2 \end{bmatrix}$$

$$\hat{\alpha} = \begin{bmatrix} \alpha \\ \mu \end{bmatrix} = (B^{\mathrm{T}}B)^{-1}B^{\mathrm{T}}y_n = \begin{bmatrix} -0.0224 \\ 27.7072 \end{bmatrix}$$

从而确定灰色系统预测模型为

$$\frac{\mathrm{d}x^{(1)}}{\mathrm{d}t} + 0.0224x^{(1)} = 27.7072$$

其时间响应式为

$$\hat{x}(t)^{(1)}(k+1) = \left[x^{(0)}(1) - \frac{\mu}{\alpha}\right]e^{ak} + \frac{\mu}{\alpha} = 1258.0286e^{0.0224k} - 1236.9286$$

求得 $x^{(1)}$ 的预测值：$x^{(1)} = \{21.1, 49.6, 78.7, 108.5, 139.0, 170.2\}$，还原求出 $\hat{x}^{(0)}$ 的预测值。由式（6-16）可得：

$$\hat{x}^{(0)} = \{21.1, 28.5, 29.1, 29.8, 30.5, 31.2\}$$

基于该控制点灰色系统预测模型的时间响应式，可以预测此后各个阶段边坡开裂方向的位移。由于该边坡已有第Ⅰ～Ⅵ阶段的位移值，所以只需预测该控制点第Ⅶ和第Ⅷ阶段的边坡位移，即可分析此处边坡的稳定情况。

变形预测结果为

$$\hat{x}^{(0)}(7) = \hat{x}^{(1)}(7) - \hat{x}^{(1)}(7-1) = \hat{x}^{(1)}(7) - \hat{x}^{(1)}(6) = 202.0 - 170.2 = 31.8$$

$$\hat{x}^{(0)}(8) = \hat{x}^{(1)}(8) - \hat{x}^{(1)}(8-1) = \hat{x}^{(1)}(8) - \hat{x}^{(1)}(7) = 234.6 - 202.0 = 32.6$$

即：若按第Ⅶ阶段和第Ⅷ阶段的时间跨度分别为100天计算，该监测点在这两个阶段中的位移速率分别为0.318mm/d和0.326mm/d。

6.2.2 覆盖层和境界顶柱安全评价

6.2.2.1 覆盖层安全评价

确定合理的覆盖层厚度与结构，必须从覆盖层的作用着手，合理的覆盖层厚度与结构要满足3个条件：（1）覆盖层的厚度要满足放矿工艺的要求；（2）覆盖层要满足矿山防洪的要求；（3）覆盖层应满足矿山通风和保温的要求。一般来说，覆盖层的厚度只要能够满足前两个条件的要求，也可满足第三个条件的要求，对露天转地下的矿山，主要关注前两个条件。

A　放矿工艺影响分析

采用崩落采矿法开采，放矿形成放矿椭球体。覆盖层的状态是形成崩落矿石形态的外部约束条件，直接影响崩落矿石形态的形成。如果覆盖层太薄，可能造成当放矿到截止品位时地下与露天连通，形不成椭球体，将不能有效的回收矿石，并可能引起落矿过程中矿石的贫化或引发出矿后期的安全事故。

当从底部漏斗口放出散体 V_f 后，其设所占空间由 $2V_f$ 范围内散体下落递补，由于散体

下移过程中产生二次松散，所以它实际所递补的空间为

$$K_e(2V_f - V_f) = K_e V_f \tag{6-17}$$

式中 K_e——二次松散系数。

故在 $2V_f$ 范围内余下的空间为 $\Delta_2 = 2V_f - K_e V_f$。依此类推，$3V_f$ 递补 $2V_f$、$4V_f$ 递补 $3V_f$ 等，一直到余下的空间为零时不再扩展为止（图 6-6）。

$$\Delta_n = nV_f - K_e(n-1)V_f = 0 \tag{6-18}$$

由此得出

$$nV_f = K_e(n-1)V_f \tag{6-19}$$

$$n = \frac{K_e}{K_e - 1} \tag{6-20}$$

式（6-18）中，nV_f 为松动体（V_s），亦即放出散体 V_f 后的移动范围。松动椭球体与放出椭球体的关系为

$$V_s = \frac{K_e}{K_e - 1}V_f \tag{6-21}$$

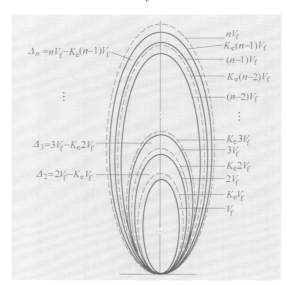

图 6-6 松动体形成过程示意图

对一般坚硬的矿石可取 $K_e = 1.06 \sim 1.10$，依式（6-21）有

$$V_s = (11 \sim 17.7)V_f \tag{6-22}$$

$$V_s = (11 \sim 17.7)\left[\frac{\pi}{6}h^3(1 - \varepsilon_s^2) + \frac{\pi}{2}hr^2\right] \tag{6-23}$$

$$V_s = \frac{\pi}{6}(1 - \varepsilon_s^2)h_s^3 \tag{6-24}$$

式中 ε_s——松动椭球体偏心率；

h_s——松动椭球体高度；

h——放出椭球体高度；

ε——放出椭球体偏心率；

r——放出漏斗半径。

于是有
$$h_s = \sqrt[3]{\frac{6V_s}{\pi(1 - \varepsilon_s^2)}} \tag{6-25}$$

同理，近似取
$$V_s = \frac{\pi}{6}(1 - \varepsilon^2)h^3 \tag{6-26}$$

则
$$V_s = (11 \sim 17.7)V_f = \frac{\pi}{6}(1 - \varepsilon^2)h^3 \tag{6-27}$$

将式（6-27）代入式（6-25），得出
$$h_s = (2.22 \sim 2.60)h\sqrt[3]{\frac{1 - \varepsilon^2}{1 - \varepsilon_s^2}} \tag{6-28}$$

式中，$\sqrt[3]{\frac{1 - \varepsilon^2}{1 - \varepsilon_s^2}} \approx 1$，由此得

$$h_s = (2.22 \sim 2.60)h \tag{6-29}$$

由式（6-29）可以看出，松动椭球体高为放出椭球体高的 2.22～2.60 倍。

B 防洪影响分析

当露天底崩落以后，露天与地下采场之间只有覆盖层相隔离。覆盖层具有组分构成不均匀、黏性土质少、大气降雨渗透性好等特点，当遇到暴雨的时候，汇集到露天坑内的降水容易渗入井下，使井下水量急剧增加，造成淹井或淹巷，从而影响矿山的正常生产。同时，覆盖层的存在也能够对径流洪峰的渗入起到一定的削峰和延时作用，合理的覆盖层厚度可以起到较好的防水作用。

雨水渗入井下的时间主要与渗透系数有关，而渗透系数又与覆盖层颗粒大小、级配等密切相关。正常崩落法开采覆盖层的渗透系数一般为 3.28～7.99m/h。矿山实际生产中，为了更准确估算，可以 40mm 以下颗粒的含量（可按覆盖层形成方式或现场采样分析确定）按负指数关系在少量试验基础上确定覆盖层的渗透系数，然后以经由覆盖层渗入井下的总水量，结合矿山实际井下设置的防洪排水能力，按照安全规程中有关要求，估算满足此要求的覆盖层厚度。

经由覆盖层渗入井下的总水量 $Q_总$（m³）为
$$Q_总 = a(A_露 Q_d + A_边 Q_d r + Q_外) \tag{6-30}$$

式中　a——消耗系数，介于 0～1 之间。

$A_露$——露天境界最大面积，m²；

Q_d——日最大降雨量，mm/d；

$A_边$——随开采而变化的最大塌陷坑面积与露天境界最大面积之差，m²；

r——$A_边$ 面积内所有雨水量可进入覆盖层的水量比，%；

$Q_外$——其他可能进入塌陷坑内的水量，m²。

因此按照式（6-30）计算所得最大入水量，结合矿山具体的防洪能力，若满足防洪排水要求的入渗时间为 t，渗透系数为 K，则覆盖层厚度应为

$$H \geqslant Kt \tag{6-31}$$

在饱和状态下，覆盖层渗透系数 K 主要与 4mm 以下的颗粒含量有关，大于 6mm 以上颗粒的含量对渗透系数影响较小（图 6-7），因此从延缓雨水入渗和暴雨季节削峰的角度

出发，覆盖层颗粒越小越好。随着覆盖层细颗粒的增多，渗透系数逐渐减小。

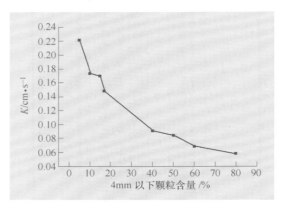

图 6-7 4mm 以下颗粒含量与渗透系数 K 的关系曲线

从上图中关系曲线可见，4mm 以下颗粒含量（P_4）与渗透系数基本呈负指数函数关系，即

$$K = a\mathrm{e}^{-bP_4} \qquad (6-32)$$

式中 a，b——与覆盖层本身性质相关的常参数，在工程中可以通过少量试验来确定 a、b 值，以此来预测不同级配覆盖岩层的渗透性。

一般情况下，当 4mm 以下岩石颗粒含量达 80% 时，自然堆积且饱和状态下覆盖层的渗透性系数为 0.058cm/s；当 4mm 以下颗粒含量为 65%（其中包含 2mm 以下黏土含量约 35%）时，覆盖层的渗透系数为 0.046cm/s，可见岩石体覆盖层有很强的渗透性，且其渗透性比黏土体的渗透性强很多。

实际上满足防洪要求的覆盖层合理厚度就是满足雨水缓渗时间要求的最大值。当雨水缓渗作用要求的覆盖层更大时，可以通过增大井下排水能力而降低对覆盖层厚度的要求，此时应充分比较增加排水能力和增加覆盖层厚度的经济性和科学性，以最终确定合理的覆盖层厚度。

6.2.2.2 境界顶柱厚度可靠性评价

确定境界顶柱厚度的方法主要有工程类比法、公式法和数值模拟法三类。

A 工程类比法

通过参考国内外类似矿山的经验，经分类比较最后确定适合自己矿山的境界顶柱厚度。

B 公式法

（1）K. B. 鲁别涅依他公式。K. B. 鲁别涅依他公式主要考虑空区跨度及顶柱岩体特性（强度及构造破坏特性）对安全境界顶柱厚度的影响，同时考虑露天台阶上作业设备的影响。

$$H = K\left[0.25\gamma b^2 + \left(\frac{r^2 b^2 + 800\sigma_\mathrm{B} g}{98\sigma_\mathrm{B}}\right)^{1/2}\right] \qquad (6-33)$$

式中 H——境界顶柱厚度，m；

K——安全系数；

γ——顶板岩石体重，t/m³；

b——采空区跨度，m；

σ_B——弯曲条件下考虑到强度安全系数 K_3 和结构削弱系数 K_0 条件下顶板强度极限，MPa：$\sigma_B = \sigma_{n3}/K_0K_3$，$K_0 = 2 \sim 3$，$K_3 = 7 \sim 10$；

σ_{n3}——弯曲条件下的岩石强度极限：$\sigma_{n3} = (7\% \sim 10\%)$ σ_c；

σ_c——岩石单轴抗压强度；

g——电铲及其他设备对顶板的压力，MPa：

$$g = G/(2brlr)$$

G——电铲或设备重量；

brlr——电铲履带的宽度。

（2）B. N. 波哥留波夫公式。B. N. 波哥留波夫公式除考虑空区跨度、顶柱岩体特性（抗拉特性）之外，还考虑台阶爆破动载荷的影响。

$$H = \frac{K_u[rb^2 + (r^2b^2 + 16\sigma_{n3}P_n)^{1/2}]}{g\sigma_{n3}} \tag{6-34}$$

$$P_n = rH_yH_u(K_c + K_{nep})/K_p$$

式中　P_n——由爆破岩体形成的动载荷；

　　　H_y——梯形高度；

　　　K_c——爆破时梯段高度降低系数；

　　K_{nep}——超钻系数；

　　　K_u——动力载荷系数；

　　　K_p——矿岩松散系数。

（3）平板梁理论公式。假设顶柱是一个两端固定的平板梁结构，考虑岩石的物理力学特性、结构削弱系数和一系列的其他因素。条件是把复杂的三维厚板计算简化为理想弹性理论的平面问题，通过计算矿柱中载荷产生的应力，推导简化安全顶柱厚度公式。

$$H = \frac{Krb^2}{2\sigma_t} \tag{6-35}$$

式中　σ_t——顶柱岩石抗拉强度。

（4）松散系数理论公式。假设空区发生塌陷，只要顶柱厚度大于塌陷岩石填满采空区所需高度就是安全的。

$$H = h/(1 - K_p) \tag{6-36}$$

式中　h——空区高度；

　　K_p——松散系数。

C　数值模拟法

由于公式计算模型过于理想化，一般仅考虑采空区跨度这一影响因素，而未考虑开采活动的影响，不能完全如实反映实际情况，因此数值模拟法得以发展起来。

数值分析将岩体假定为弹性均质材料，用二维有限单元法进行计算机模拟，模拟不同空区宽度、不同顶柱厚度、不同空区结构、不同台阶附加压力（设备重量）情况下境界顶柱及采空区应力分布规律，并从稳定性角度对境界顶柱的应力和位移进行分析比较。目前应用较多的数值分析软件是 ANSYS。

ANSYS 数值建模需考虑矿体及围岩的弹性模量、泊松比、黏聚力、内摩擦角、抗拉强度、抗压强度、密度以及矿体特征和采空区参数。根据弹塑性力学理论，开挖后应力变化的影响范围为所开挖范围的 3~5 倍，为了满足计算度，模拟模型尺寸也取空区范围的 3~5 倍。

岩石抗拉强度低，岩石的破坏的主要是抗拉破坏，所以数值模拟分析中主要分析境界顶柱的拉应力大小，根据拉应力安全系数来确定境界顶柱厚度，其中拉应力安全系数按下式计算

$$K = \frac{\sigma}{\sigma'} \qquad (6-37)$$

式中 K——拉应力安全系数；

σ——境界顶柱岩体最大拉应力，MPa；

σ'——境界顶柱岩体抗拉强度，MPa。

下面介绍某露天转地下矿山数值模拟分析境界顶柱稳定性实例。

依据矿山生产现状以及矿体和围岩的物理力学参数，建立 ANSYS 有限元分析模型，通过控制不同的采空区跨度和境界顶柱厚度，分析不同设计参数下留设的境界顶柱拉应力变化情况（图 6-8 和图 6-9），计算拉应力安全系数（图 6-10 和图 6-11），并结合矿山采用的采矿方法、生产能力、采矿设备和投资，选择安全、经济、合理的境界顶柱厚度。

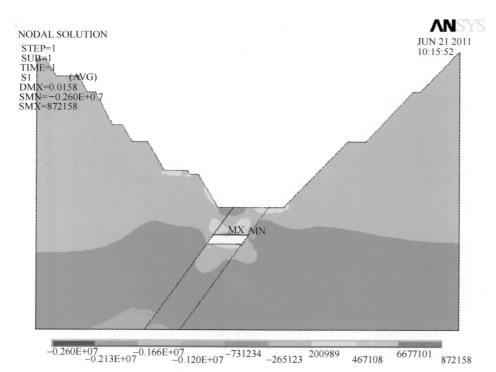

图 6-8 某矿山采空区跨度 25m、境界顶柱厚度 20m 的拉应力云图

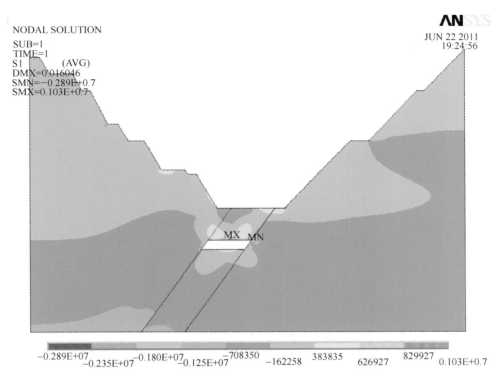

图 6 - 9　某矿山采空区跨度 30m、境界顶柱厚度 25m 的拉应力云图

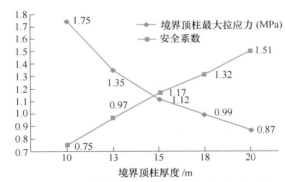

图 6 - 10　采空区跨度 25m 时境界顶柱的最大拉应力与拉应力安全系数变化曲线

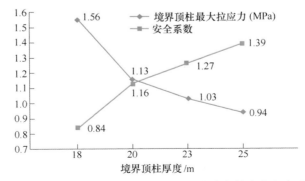

图 6 - 11　采空区跨度 30m 时境界顶柱的最大拉应力与拉应力安全系数变化曲线

6.2.3 地下采场稳定性评价

为提高采场安全可靠性，需对矿房矿柱稳定性和采空区暴露面稳固性全面评价，同时验证矿房参数的合理性。

采场岩层的最大可能下沉值

$$\eta_{max} = \frac{K_1 K_2 L D_1 M}{(2H_0 + D_1)^2} \qquad (6-38)$$

式中　　K_1——矿体围岩变形的综合系数；

　　　　K_2——倾角系数；

L，D_1，M——沿走向、倾向、垂直走向的矿房尺寸，m；

　　　　H_0——观察巷道水平至采空区上部测点的高度，m。

根据计算的一段时间内的岩层下沉量，评价采空区顶板岩层的稳固，据此确定矿房回采程序。

计算矿柱稳定参数主要考虑境界顶柱承受自重和可能承受最大物体重量。下面给出稳定性评价的几个计算公式供参考。

公式一：

$$W = \frac{\gamma L^2}{2\sigma_b} \qquad (6-39)$$

式中　W——顶柱厚度，m；

　　　γ——矿石密度，t/m^3；

　　　L——矿房宽度，m；

　　　σ_b——爆破强度极限，t/m^2；

$$\sigma_b = \sigma_{max} n \qquad (6-40)$$

　　σ_{max}——顶柱中心的最大拉力，t/m^2；

　　　n——安全系数，$n = 1.1 \sim 2.5$。

公式二：

$$\sigma_p = 2.18\sigma_s W^{0.46} H^{0.66} \qquad (6-41)$$

式中　σ_p——矿柱强度，kPa；

　　　σ_s——矿柱单轴抗压强度，kPa；

　　　H——矿层高度，cm。

该方法要求的安全系数 n 为：

$$n = \sigma_p / \sigma \qquad (6-42)$$

式中　σ——顶柱荷载，kPa。

n 取值一般为 $1.1 \sim 3$。

公式三：

$$\sigma_p = \sigma_s \left(0.6 + 0.36\frac{W}{H}\right) \qquad (6-43)$$

式中　σ_s——单轴抗压强度，kPa。

式（6-43）适合狭长的境界顶柱厚度计算。

公式四：

$$W = \frac{1}{4}\ln\frac{9.8\gamma l + [(9.8\gamma l)^2 + 86q\sigma_n]^{0.5}}{\sigma_n b} \qquad (6-44)$$

式中　l——矿房中心线至间柱中心线距离，m；

    b——顶柱宽，m；

    q——顶柱单位荷载，Pa；

    σ_n——允许拉应力，Pa：

$$\sigma_n = \frac{\sigma_{max}}{nK_c} \tag{6-45}$$

    σ_{max}——极限抗拉强度，Pa；

    n——安全系数，$n = 2 \sim 3$；

    K_c——结构削弱系数。

式（6-45）把境界顶柱看作是类似于两端固定的厚梁来简化处理，适用于狭长矿体，要求 $W > \dfrac{H}{k-1}$，H 为矿房高度，m；k 为岩石松散系数。

当矿房高度不大时，可采用 $W > \dfrac{H}{k-1}$ 来计算校核，计算的依据是当顶板崩落充满矿房时，其上部还没有破坏的顶板不会再发生崩落。采用充填法亦可按此式验算，H 取充填料的沉降值。

6.3 矿山岩体动力灾害预测预警

矿山动力灾变是由开采活动诱发的，岩体失稳的发生往往与已知的人工开挖过程具有特定的联系，如能在矿山露天转地下开采过程中监测和记录岩体失稳前兆、地下工程发生变形、破坏的空间和时间序列过程，分析其与开采过程的联系，对于矿山动力灾变发生的机理和灾害的预测预警无疑具有重要的作用。

矿山岩体动力灾害预测预警需要对深部开采岩体渐进破裂诱发失稳过程的微震前兆信息实时监测结果分析，并充分考虑矿山整体应力场的影响和联系。其核心技术思想为：将地下岩体微震活动监测方法与矿山开采扰动下岩体的渐进破坏数值分析方法相结合，通过应力场的演化来解读地下岩体渐进破裂诱发失稳过程中的微震活动性规律；在统计损伤理论的基础上，引入岩石介质的非均匀性，建立细观层次上深部岩体渐进破坏的三维力学模型，探索深部岩体微破裂演化、繁衍对其宏观结构破坏过程中微震活动性的影响，通过背景应力场分析，揭示岩体的微震活动性规律，建立深部岩体微震活动性、背景应力场演化与开采活动之间的联系，为深部开采岩体失稳灾害的预测预报提供决策支持。

6.3.1 岩体安全程度评价和预测

采用频数差分法评价和预测岩体安全程度。在某一监测时期内，按照一定的时间间隔，统计该段时间的微事件，得到一个时列，即微震事件的频数。发生地质灾害前，由于该范围内地质活动非常活跃，微震事件的频数会有明显的变化，微震事件频数的差分反映这种变化，作为衡量地质灾害是否发生的重要指标。

根据总监测时期确定适当的确定的时间间隔，即为单元时间片，根据监测数据先后时间段内微震事件各自的频数 N_i，用式（6-47）计算微震事件频数的一阶差分

$$F_k = N_{k+1} - N_k \tag{6-46}$$

式中 F_k——微震事件频数的一阶差分；

    N_k——微震事件 k 的频数；

N_{k+1}——微震事件 $k+1$ 的频数。

可以根据分析的需要再对 F_k 进行差分；计算并且判断差分结果是否有上升的趋势。大多数情况下岩体破裂发生之前，微震事件频数会明显增加。微震是产生岩体失稳的必要条件而非充分条件。岩体破坏失稳必定伴随微震发生，但是微震的发生不一定预示着岩体的破坏失稳。应通过接收到的微震信息对岩体内受采动影响的应力场变化进行反分析，进一步预测岩体的失稳趋势及其安全系数。

某矿山监测微震事件总的时空分布如图 6 - 12 所示，事件的大小表示微震的能量大小，其颜色随能量等级的不同而不同。

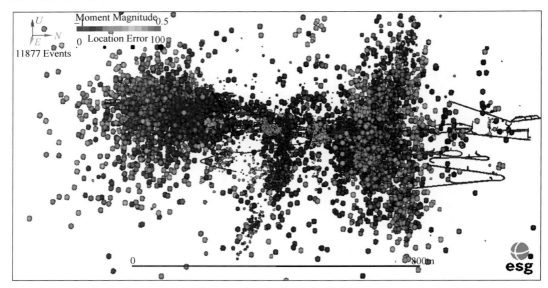

图 6 - 12　矿区微震空间分布图

采空区附近有显著的应力集中现象，并且个别事件释放出较大的能量，此外在接近断层位置，微震事件相对也比较集中。全部微震事件时空分布的频数直方图和累积曲线如图6 - 13 所示。

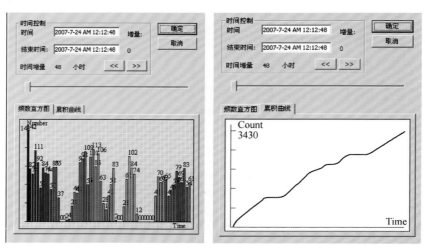

图 6 - 13　矿区微震频数及累积曲线图

6.3.2 矿山动力灾害预测预警

将矿山工程地质数据、微震监测数据、应力场数据等多组三维数据信息集集成于虚拟现实平台，通过真三维的可视化显示与更有效的数据解读和分析，建立围岩稳定评价与矿山动力灾害预测预警系统。

6.3.2.1 虚拟现实系统概念

虚拟现实技术（virtual reality technology）是一门人与信息科学相结合的高新技术，是人与计算机和极复杂数据间进行想象、处理和交互作用的一种手段，由计算机生成的人机交互的三维空间环境构成（图6-14）。人通过使用传感器、效应器实现与计算机虚拟环境的交互作用和认知过程。

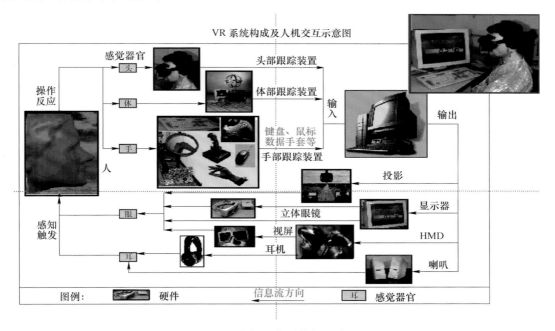

图6-14 虚拟现实系统的显示原理

矿业工程计算机的应用，如采矿辅助设计、计算机模型、CAD软件包日益成为工程师优化设计和管理生产的重要手段，应用VR技术就可以创造出一个三维的采矿现实环境，无论是采矿作业过程还是工艺设备的运行，都如同是拍摄的真实录像。操作人员可以与这一系统进行人机交互，可以在任意时刻穿越任何空间进入系统模拟出的任何区域，由VR系统根据人的参与活动产生动态、直观的反应和操作，使计算机模拟、优化设计更为实用。

6.3.2.2 虚拟现实产生原理

为了使用户真正"沉浸"于计算机生成的数值模拟结果的虚拟环境中，必须具备一个能够生成左、右眼不同的图像，并且保证左、右眼看到相应的左、右眼图像的系统，并且该系统可以实现人机交互，具备这些特性的系统称为虚拟现实系统。

虚拟现实系统由硬件、软件两部分构成。

硬件：

（1）配有高性能显卡 Nvida（FX 4500）的工作站；

（2）两个解码器（XPO2）；

（3）四个背投式 F1 + 投影仪；

（4）偏振滤光器；

（5）屏幕；

（6）偏振光眼镜。

软件：Fluent，Gocad，Paraview，Blender，Tecplot，等。

虚拟现实系统构成如图 6 – 15 所示。

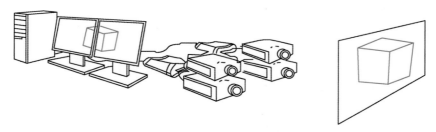

图 6 – 15　虚拟现实系统构成图

在工程应用中，首先通过数值模拟得到求解数据，再在系统中显示立体效果。计算机产生图形信号通过显卡（Nvida　FX4500）分成左右两部分信号 VGA，传输到相应的解码器内，在此过程中，两个信号由同步合成器进行同步，确保屏幕显示同一信号，信号进入解码器后，又被分成左眼视频信号和右眼视频信号 DVI，DVI 信号又被传输到四个 F1 + 投影仪（左右各两个）。投影仪投出的光线信号，经过偏振滤光器射到屏幕上后形成三维立体效果。用户戴上偏振光眼镜即可看到三维图像。另外 VGA 信号还可以不经过解码器直接进入左眼的投影仪，显示出一般的模拟信号。立体显示过程原理如图 6 – 16 所示。

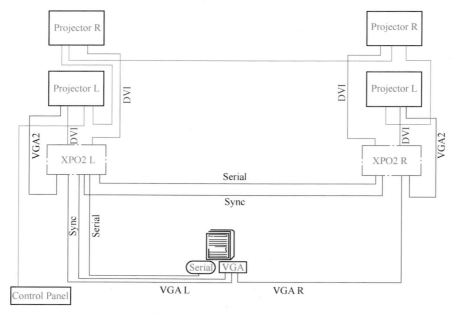

图 6 – 16　立体显示过程原理

6.3.2.3 虚拟现实系统功能

A 采矿设计

VR 技术的矿山设计应用系统可以使设计者"所想即所见"，矿山系统虚拟设计可以即时生成工程师们设计的开拓、运输、通风、压气、排水、供电等系统的三维虚拟模型，并且这些模型可以与设计者实现自然交互，可以任意选择漫游路径。三维、交互式的矿井生产系统的布置状况及生产工艺流程的展示，使不熟悉矿井的人也能较容易直观了解整个矿井生产系统。

B 风险评估

VR 计算机系统可自动地进行任何生产环境的风险分析。风险值是按照"风险标度"所处的位置来度量的，风险标度是用不同颜色的立体框表示，不同的色彩表征风险的大小，如绿色表征低风险，黄色为中等风险，红色则为高风险。采矿设备周围的风险区域是动态的，它依据当前时刻虚拟环境中所处的状态来变化。VR 模型为用户提供了一种强有力的观测风险分析环境的方法，这种风险评价方法考虑如下因素：（1）风险评价的三维性质；（2）模型环境中的人及设备的位置及其运动；（3）模型环境中的人及设备的行为。

C 事故原因调查

运用 VR 技术可以快速、有效地以一系列三维图像在计算机屏幕上再现事故发生的过程，事故调查者可以从各种角度去观测、分析事故发生的过程，找出事故发生的原因，防止其他与此相关的潜在事故出现。矿井火灾和瓦斯爆炸是井下工作人员所面临的主要灾害。目前国外的研究人员正致力于矿井火灾 VR 系统的开发，该系统通过模拟某个真实的矿井作业环境，并结合网络分析和 CFD 模拟的结果，可以逼真地展示出火灾或爆炸发生的动态过程，除了模拟烟火弥漫状况外，该系统还可通过人机交互作用显示出人为因素如反风、灭火措施等对整个通风网络的影响。

D 技术培训、安全教育

VR 系统创造出的矿山生产环境具有逼真、交互作用的特点，非常适合于矿工的技术培训和安全教育。VR 系统不仅可以模拟矿山常规作业环境，而且可以模拟矿山的抢险救灾环境。矿工们可以在模拟的常规作业环境中接受技术培训，这种培训可以使受训者产生身临其境的感觉，能够迅速理解和掌握那些在书面资料上很难理解的内容，操作方法的学习、工作技巧的掌握等也变得非常简单和容易。

矿工们还可以在模拟的抢险救灾场景中寻找逃生自救的方法及所必需的救护设施，并作为安全经验积累下来，有助于矿山的安全生产。另外，由于虚拟环境与矿工的实时交互，这比在装备良好的实时工作场地培训矿工成本更低，但效果更加明显。

E 采矿过程虚拟

通过 VR 系统可以演示设备运动和操作过程，使人们对工作面这些设备的作用有更深入的理解，对设备及系统出现的问题可以及时解决，优化设备整体性能，提高生产效率和生产的安全性。虚拟采场不仅包括静态的虚拟环境（如巷道、顶板、底板等）还包括动态的可交互的虚拟实体（如掘进机等）。该系统除了可以自动演示整个采矿工艺过程外，还可以借助于鼠标、键盘进行简单的人机交互，控制设备的运行状态等。

6.3.2.4 矿山动力灾害预测预警系统

虚拟矿山系统包括矿体、巷道、采场等三维物景，作业环境、生产过程等三维场景，带有虚拟漫游、应力场显示、微震数据显示及信息查询功能的虚拟矿山系统。

A 虚拟矿山系统

虚拟矿山由 4 部分构成（图 6 – 17）。

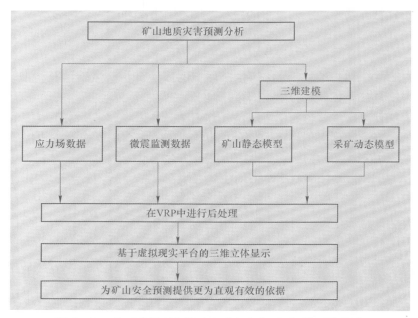

图 6 – 17 基于虚拟现实的矿山动力灾害预测预警系统构成

B 建立虚拟现实模型

为了增强虚拟矿山系统的真实性与生动性，除了建立起完整逼真的矿山静态模型场景外，比如巷道、采场结构和围岩等，还对采矿设备的作业状态设定刚体动画来模拟真实的采矿流程。

VRP 是具有自主知识产权的一款国产三维虚拟现实平台软件，支持 max 格式文件的导入，并提供了三种二次开发方式：

（1）ActiveX 插件方式。可以嵌入包括 IE、Director、Authoware、VC/VB、Powerpoint 等所有支持 ActiveX 的地方。

（2）基于脚本方式。用户可以通过编写脚本语句实现对 VRP 系统底层的控制。

（3）SDK 方式。VRP 提供 C + + 源码级的 SDK，将三维模型的存储、运算、显示、交互等内容全都以类的方式封装起来，用户在此基础之上开发各种定制的应用。

导入矿山模型后，就可以利用 VRP 对场景进行交互式的开发与控制，如图 6 – 18 所示。

C 应力场云图和微震数据显示

编写 C + + 程序，利用 SDK 对 VRP 进行二次开发，结合数值模拟计算结果，实现读取应力场数据并显示力场云图的功能。结合岩体的强度参数分析围岩的稳定性，如图 6 – 19 所示。

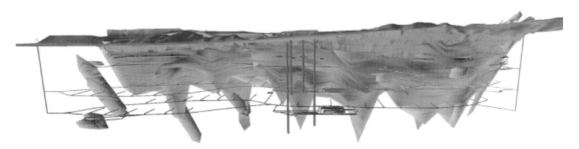

图 6 - 18　导入到 VRP 中的矿山模型

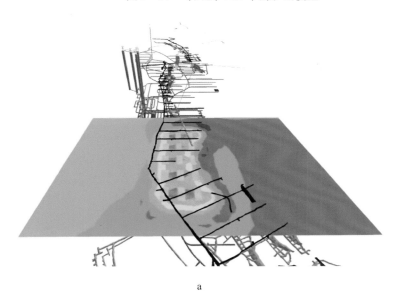

a

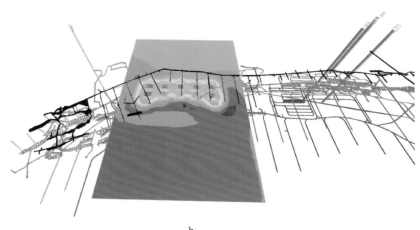

b

图 6 - 19　应力场云图

　　同样利用 SDK，实现读取微震数据并利用微震球直观显示微震数据的功能。球体的大小代表能量的大小。实时的微震数据分析与微震阈值判断，结合直观立体显示可用于对地质灾害的预测预报，如图 6 - 20 所示。

a

b

图 6 - 20 微震数据

D 控件制作

在所有的三维场景和查询系统制作完成之后，就需要建立一套完整的控制系统，以达到人对场景的交互式控制。比如刚体运动控制、相机切换、模型的隐藏与显示等，这些都可以通过编写简单的脚本语句实现。控件制作完成后隐藏矿体的场景如图 6 - 21 所示。

虚拟现实技术的矿山采动影响下的动力灾害预测预警系统，将矿山的微震监测数据利用无线传输技术实时传送到虚拟现实系统仿真中心，基于矿山的力学模型进行应力场分析，根据开采生产计划更新模型，在摸清矿山应力分布的情况下，结合微震监测数据评价矿山采场围岩稳定性，对潜在大型岩体破坏灾害进行预测预警，为矿山安全生产提供了技术支撑。

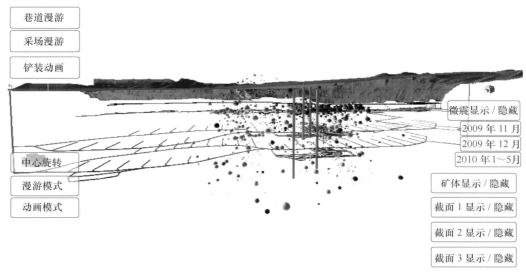

图 6-21 隐藏矿体的场景

6.4 基于微震监测系统的人员搜救和应急救援

我国矿山数量多，赋存条件差，开采条件复杂，矿山灾害已经成为社会关注的焦点，尽管各级安全监管部门和矿山为了预防事故的发生做了大量工作，但各类矿山事故仍不断发生。矿难导致的死亡，在很多情况下并非事故本身引起的死亡，而是由于事故发生后，井下情况不明，难以展开有效的救援行动延误了最佳抢救时机而引起的二次死亡。

如何加强矿山灾害预警与应急救援工作，把矿山灾害的不良影响与损失减少到最低程度，这不仅是矿山企业面临的重大问题，也是经济可持续发展的重大问题。因此，建立矿山灾害预警系统，加强灾害救助保障功能是矿山安全生产的基础。

20 世纪 70 年代以来，建立重特大事故应急管理体制和应急救援体系受到国际社会普遍重视，许多工业化国家和国际组织都制定了一系列重大事故应急救援法律、法规和政策。1993 年国际劳工大会通过的《预防重大工业事故公约》，将应急预案作为重大事故预防的必要措施，在职业安全卫生管理体系中，应急计划是关键的要素之一。应急救援预案是应急救援体系的重要组成部分。矿山属高危行业，通过建立重特大生产安全事故应急救援预案，可以控制事故发展并尽可能排除事故，保护现场人员和场外人员的安全，以便将事故对人员、财产造成的损失降低到最低程度。

《国务院关于进一步加强企业安全生产工作的通知》（国发〔2010〕23 号）和《国家安全监管总局关于印发金属非金属地下矿山安全避险"六大系统"安装使用和监督检查暂行规定的通知》（安监总管一〔2010〕168 号）明确要求企业要建立完善安全生产动态监控及预警预报体系，大中型地下矿山企业应于 2012 年 6 月底前建设完善井下人员定位系统。

矿山事故应急救援系统是在预防为主的前提下，按照"统一指挥，分级负责，区域为主，单位自救和社会救援相结合"的原则，在事故发生后能迅速、有序、准确、有效地开展应急救援工作的装备、组织、指挥系统。它的基本任务是立即组织营救受害人员、组织撤离或者采取其他措施保护危害区域内其他人员和重点设施，迅速控制危险源，消除危害后果等。完善有效的事故应急救援系统应当包括完备的应急救援装备系统、事故现场受害人员正确的自救互救措施和组织系统、迅速准确的应急指挥系统、救护队伍及时有效的应急救助、地方政府有力的支援和后勤保障系统等方面内容。其中最为关键的是在事故发生后事故单位有效的自救（第一响应时间内能启动应急救援装备、事故现场人员的自救互救措施、应急指挥系统）和救护队的有力支援。

基于微震技术的矿井灾害人员定位和应急救援系统，将矿井灾害应急救援信息与实时地应力和破裂趋势信息有机地结合起来。

矿山救援主要用生命探测仪对井下被困人员进行定位。按照探测方法探测仪分为光学探测仪、红外线探测仪、人体生物电场感应探测仪、系统定位探测仪以及雷达探测仪等。其工作原理和缺点见表 6–12。

表 6–12　几种常见探测仪工作原理及缺点

序号	探测仪类型	工作原理	缺　点
1	光学探测仪	利用光学成像原理研制的类似于摄像头探测仪，可以深入到废墟底下探测被困人员是否存在	（1）光学成像受烟雾等影响；（2）有些区域光学探头无法到达
2	红外线探测仪	红外线探测仪利用热释电传感器，感受人体释放的红外线信号，实现对人的定位	（1）探测距离近；（2）不能穿透障碍物；（3）现场的高温物体会影响探测结果
3	人体生物电场感应探测仪	利用感受人体的生物电场新技术，研制出的生命探测仪	经美国新墨西哥 Albuquerque Sandia 国家实验室性能鉴定，人体生物电场感应探测仪效果不理想
4	系统定位探测仪	RFID（无线射频识别技术）是利用射频信号和空间耦合（电感或电磁耦合）传输特性，实现对被识别物体的自动识别	（1）只能定位区域，不能精确定位；（2）投资较大；（3）系统组成复杂，三大模块中任何一个出现问题（比如瓦斯爆炸致使基站受损）都将导致整个系统丧失性能
5	雷达探测仪	雷达发射机产生足够的电磁能量，将这些电磁能量辐射出去。通过天线获取回波信号，计算出目标的距离、方向、速度并进行显示	受矿井下湿度影响较大

微震监测系统定位首先进行对事件类型自动识别，实时、动态地显示微震事件的时空定位、震级和震源参数等信息，然后进行滤波处理，判断不同震源信息产生的波形类别。灾害发生后，井下人员敲击岩壁或锚杆的频次和力度，微震系统就能准确地定位出其在井下方位。如果由于灾害的破坏使系统不再完整，只要被其附近的一个传感器接收并在系统中显示，也能通过该传感器的方位来确定被困人员的位置。

为了使系统能够接收到及时、准确和完整的微震信息，反映出系统对敲击的灵敏度，建立矿山现场敲击数据波形库（图 6–22）。

从敲击微震监测信息图可以看出，被困人员在传感器附近敲击围岩，微震人员就可以通过井上系统查看事件的产生时间、波形图、三维显示定位图以及微震事件产生的声音等微震信息对井下人员进行准确定位，从而指导救援队迅速采取合理方案实施救援。

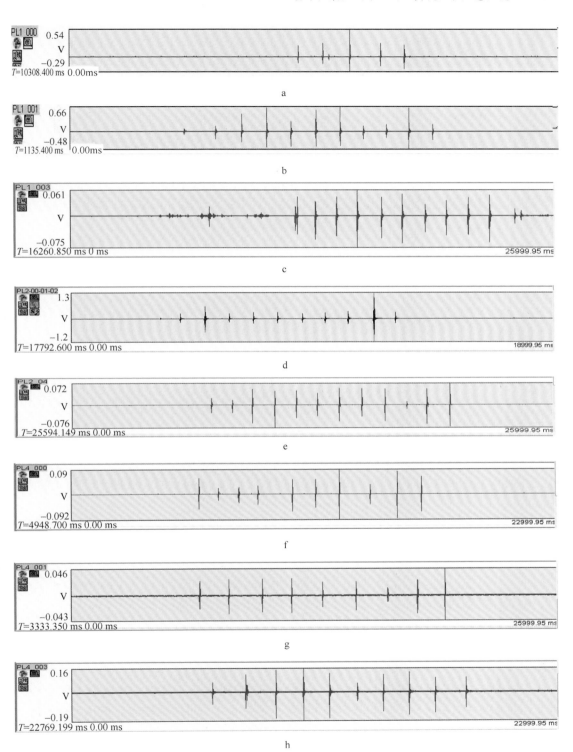

图 6 – 22　WaveVis 软件记录的人员敲击微震事件波形图

7 露天转地下开采防排水

露天转地下开采时，处于年降雨量多和暴雨强度大的地区存在着雨季的露天和井下防洪和排水问题。露天开采形成的露天坑，汇水面积大，在雨季会汇集大量的降水，尤其是暴雨具有时间短、雨量大的特点，汇集的降雨量在露天转地下开采时，不仅增加排水费，而且也是露天坑和地下开采的安全隐患，因此，对于露天转地下开采的防排水需引起高度重视。

7.1 露天矿防排水

7.1.1 露天矿防水

7.1.1.1 露天矿防水的主要措施

A 地面防水

地面防水的对象是地表水。凡能以地面防水工程拦截或引走的地面水流，不应再让其流入采场。具体做法是：

（1）修筑截水沟。在矿区四周修筑截水沟，当雨季降水量大时，既能起到拦截作用，又能起到疏引暴雨山洪的作用。

（2）让河流改道。如河流穿过矿区开采境界时，必须改道迁移，改道应选择线路短、地势平和渗水性弱的地段。同时还要考虑矿山的发展远景，避免二次改道。新河道的起点应选在河床下易冲刷的地段，并与原河道的河势相适应，新河道的终点要止于原河道的稳定地段。

（3）修调洪水库。季节性的地表水流横穿开采境界时，除采取改道措施外，须在矿区上游修筑调洪水库截流和贮存洪水。

（4）修筑拦河堤。当露天矿开采境界四周的地面标高与附近河流、湖泊的岸边标高相差较小，甚至低于岸边地形时，应在岸边修筑拦河护堤，防止河流洪水上涨时灌入采场。

B 地下防水的主要措施

地下防水的对象是地下水。要正确做好地下防水工作，首先必须了解地下涌水水源状况，其次取决于防水措施的可靠性。因此，查明地下水源，做好地质水文观测工作和掌握地质水文资料是做好地下防水工作的前提。

（1）探水钻孔。矿山的实践证明"有疑必探，先探后采"是防止地下涌水的正确决策。尤其是对于有地下采空区和溶洞分布的露天矿，必须对可疑地段先探水孔，查明地下水源情况，以便采取应急措施，避免突然涌水造成涌水事故。

（2）修建防水墙和防水门。当露天矿山采用地下井巷排水或疏干时，为保证地下水泵房不受突然涌水淹没的威胁，必须在地下水泵房设防水门。防水门采用铁板或钢板制作，并应顺着水流的方向关闭，门的四周装设密封装置。

对于不能为排水、疏干所利用的旧巷道，必须修建防水墙，使之与地下排水或疏干巷道隔离。防水墙采用砖砌或混凝土修筑，墙的厚度视水压和墙的强度而定。墙上留有防水孔，以便及时掌握和控制积水区内的水压和水量的变化情况。

（3）设防水矿柱。当露天矿采掘工作或地下排水巷道接近积水采空区、溶洞或其他自然水体时，必须留有防水矿柱，并明确画出安全采掘边界线。

（4）防渗帷幕防水。防渗帷幕防水是在露天矿开采境界以外，在地下水涌入采场的通道上，设置若干个间隔一定距离的注浆钻孔，并依靠浆液在岩缝中的扩散、凝结组成一道挡水隔墙。所谓防渗帷幕就是指由若干个注浆钻孔所组成的挡水隔墙。

7.1.1.2 矿床疏干

矿床疏干是借助于巷道、疏水钻孔、明沟等各种疏水构筑物，在矿山基建之前或基建过程中，预先降低开采区域的地下水位，以保证采掘工作正常而又安全进行的一项防水措施。

A 对矿床预先疏干的条件

（1）矿床的上下盘岩石存在有含水丰富的或水压很大的含水层及流沙层时，一旦开采就有涌水淹没和流沙掩埋作业区的危险。

（2）由于地下水的作用，使被揭露的岩土物理力学性质削弱、强度降低，有使露天矿边坡由失稳而产生滑坡的危险。

（3）地下水对矿山生产工艺和设备效率有严重的影响，以致不能保证矿山的正常生产。矿床疏干应保证地下水位下降所形成的降落曲线低于相应时期的采掘工作标高。疏干工程的进度和时间应满足矿床开拓、开采计划的要求，在时间、空间上必须有一定的超前。

B 矿床疏干的具体方法

（1）巷道疏干法。巷道疏干法是利用巷道和巷道中的各种疏水孔"降低"地下水位的疏干方法。疏干巷道设在含水层内或嵌入在含水层与隔水层的分界线处，可直接起疏水作用。如果掘进在隔水层中，则巷道只能起引水作用，这时必须在巷道里穿凿直通含水层的各种类型疏水孔，地下水通过疏水孔自流进入巷道。

疏水孔主要有以下几种类型：

1）丛状放水孔。适用于基岩含水层，放水孔的直径一般为 75～110mm，孔深以达到涌水处为止，一般在 100m 以内，放水孔呈丛状分布在放水硐室内。

2）直通式放水钻孔。它是由地表施工，垂直穿透含水层的疏水孔，其下部与疏干巷道旁侧的放水硐室贯通。

3）打入式过滤管。它是直径与长度不大而顶端呈尖形的筛管，可在巷道的顶底板或两帮将其打入含水层中进行疏水。它只适用于疏干距巷道不超过 5～8m 的含水层。筛管（过滤部分）下面是若干节用螺纹连接的管子，其直径为 25～50mm，每节长 1m 左右。在一般情况下，打入式过滤管的间距为 10～30m。

（2）深井疏干法。深井疏干法是在地表钻凿若干个大口径钻孔，并在钻孔内安装深井泵或潜水泵抽水降低地下水位。我国目前主要使用的是离心式深井泵，其疏干深度不超过水泵的最高扬程，并应保证抽水后的地面不致产生强烈下沉而影响水泵的正常工作。

（3）明沟疏干法。明沟疏干法是在地表或露天矿台阶上开挖明沟以拦截地下水的疏干方法。此法很少单独使用，经常作为辅助疏干的手段与其他疏干方法配合使用。

7.1.2 露天矿排水

7.1.2.1 露天矿排水系统

露天矿经过疏干和采取各种防水措施后，已控制了大量的地下水和地表水流入采场。但仍可能会有少量的涌水渗入作业区。对这部分渗入水和大气降雨汇水，必须采取有效措施排除。

露天矿排水分为露天排水（明排）和地下排水（暗排）两种方式。各矿山企业应根据本单位的采矿工艺和设备效率而定。露天矿的排水系统主要有以下几种：

（1）自流排水系统。自流排水系统是指利用露天采场与地形的自然高差，不使用动力设备，完全依排水沟等简单工程将水自流排出采场的排水系统。当局部地段受到地形的阻挡难以自流排出时，可开凿平硐导通。

（2）露天采场底部排水系统。露天采场底部排水系统。这种排水系统是在露天矿采场底部设临时水仓和水泵，使进入到采场中的水全部汇集到底部水仓，再由水泵经排水管排至地表。

（3）露天采场分段截流排水系统。露天采场分段截流排水系统。这种排水系统是在露天采场的边帮上设置几个固定式泵站，分段拦截并排出涌水。各固定泵站可将水直接排至地表，也可采取接力方式通过上水平的泵站将水排到地表。

该排水系统适用于汇水面积和水量较大，或开采深度大、矿山工程下降速度较快的矿山。优点是：采场底部积水少，掘沟和扩帮作业条件比较好。缺点是：基建工程量大，最低工作水平还需设临时泵站排水；泵站多，管理不集中。

（4）地下井巷排水系统。地下井巷排水系统的布置形式较多，如采取垂直式的泄水井或放水钻孔将采场里的水排泄到集水巷道中，也可以在边坡上开凿水平泄水巷道泄水。

垂直泄水井在我国露天矿应用较少。设在采场内的泄水井容易对采矿作业有一定的干扰，有的还需降段，管理上比较复杂。

7.1.2.2 露天矿排水常用方法

（1）采用清水离心泵排水。采用清水离心泵排水需要泥沙沉淀，无力抵御水灾淹泵。由于受到吸程的限制，清水离心泵只能安放在离水面较近的岸上。

露天矿是个大盆地，雨季，暴雨来时，大量的雨水夹带着泥沙汇集到坑底，容易导致清水离心泵损坏。汛期水面突涨，时常将离心泵与开放式电动机淹没，导致排水系统瘫痪。

（2）采用离心泵放在浮船上排水。采用离心泵放在浮船上排水，增添新的麻烦与环节，占地面积较大。为解决上述问题，一些单位在水面上造一个大浮船，将清水离心泵放在浮船上，水涨船高，可以实现水泵始终在水面之上工作的愿望。

但与安装在岸上相比，安装搬运增添了新的麻烦，日常运转增加了新的环节，还要保持较大水域供浮船状态平稳，保持较大高度使水泵远离坑底的泥沙。因此综合费用居高不下。

（3）采用清水潜水泵或污水潜水泵放入水中排水。近些年，已经有许多单位采用大中型潜水泵排水。这样可以省去浮船之类的辅助设施，可使排水系统大大简化，可以远程遥控，可以自动化排水，是矿山排水的一次重大飞跃。

但也有许多不足：需要较大水域使潜水泵淹没在深水中，用以冷却电动机。平时，管理人员无法直接触摸到潜水泵，无法正确判断运行状态，很难预报故障可能发生的时间，往往在关键时刻发生严重损坏故障，导致全线被淹，采场停产。

最重要的是：可供选择的只有清水潜水泵或污水潜水泵，对水质要求过高，水质达标难度大，费用高。清水潜水泵、污水潜水泵都是用普通铸铁制造，无法抵御硬沙粒的高速冲击，也无法抵御硬沙粒尖角压入微观中呈疏松状的铸铁表面而产生高速刮削式的磨损。因此，明确要求水中不得含沙，允许杂质含量明显偏低。这样，即使常年雨季的含沙量，也会使得普通潜水泵比离心泵更容易损坏。

一种充水式清水潜水泵，体内充满清水，不存在电动机怕进水的问题，它的问世，扭转了在此之前潜水泵频频进水烧电动机的严酷局面，翻开了潜水泵史上最光辉灿烂的一页。然而，地下涌水，大气降水，都直接与地面接触。而地面到处是尘土，到处堆积着爆破、铲装的粉状、沙粒状的松散岩石，高处冲刷下来的水流很难快速沉淀成为达标清水。因此，潜水泵排水方案一直受到泥沙的困扰。"潜水泵排泥沙"的课题受到采矿业和水泵业的关注。

（4）露天矿排水最新工艺。用"两栖式"排沙潜水泵安装在岸上，用吸水软管吸水，是排沙潜水泵早期应用的一种创新。这样安装，与普通立式离心泵安装大体相同。因此，便于日常巡检和维护拆卸搬运。

雨量正常年份，水泵用吸水管吸水，可将采场的积水和"底阀"附近的泥沙基本排光。由于排水较彻底，因此储水坑占地面积较小。

大汛之年，即使洪水夹带泥沙将水泵淹没，排沙潜水泵也会在水下照常工作，长期困扰人们的"潜水泵排泥沙"的难题，从此迎刃而解。

在早期排沙潜水泵安装方式的基础上，对排沙潜水泵作了升级改造，特别是在原有泵底座的侧面增加了侧吸水接口，取消了方形大底座和弯头，大大简化了结构，减小体积和质量。

改造升级之后，更安全、更轻便、更适应矿山复杂多变的环境，深受国内外矿山用户的欢迎，诞生之初就被誉为："两栖式"矿用立泵，将迅速成为露天矿采场的主导排水设备。

这种矿用立泵的现场情况，如图7-1和图7-2所示。

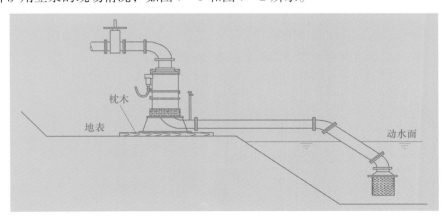

图7-1 露天矿SQ200-20型30kW排沙潜水泵安装示意图

图 7-2 金堆城钼业公司露天矿 SQ220-50 型 75kW 排沙潜水泵

7.2 地下矿防排水

露天转地下开采矿井涌水量包括两部分，一是原有的地下岩体所含的地下水在开采的过程中释放出来的矿坑涌水量；二是露天坑汇集的雨水通过岩石渗透进入地下形成的附加涌水量，由于露天坑汇水面积大，水量集中，该附加涌水量有时是很大的。

7.2.1 矿坑涌水量

采用计算公式不同，选择计算参数不同，其计算结果差异性较大，为避免因计算差异造成误差，提高矿坑涌水量计算的可靠性，应首先在矿床勘探期间充分做好水文地质工作，查清主要含水层的性质、富水性、透水性、埋藏分布和补给状况。

一般情况下，含水层有孔隙含水层、裂隙含水层和岩溶含水层等几大类，根据水文地质条件特性，选用相应的涌水量计算方法。

涌水量计算方法经历了稳定流到非稳定流、数值法几个阶段，计算值由静态到动态发展。

（1）按"大井"法，采用承压转无压井公式计算。

$$Q_1 = \frac{1.336K(2H-M)M}{\lg R_0 - \lg r_0} \qquad (7-1)$$

式中 K——矿床范围内含水层渗透系数，m/d；

H——矿床范围内含水层水平均水头高度，m；

M——矿床范围内含水层平均厚度，m；

R_0——引用影响半径，$R_0 = R + r_0$，$R = 2S\sqrt{KH}$；

r_0——引用半径，$r_0 = \frac{F}{\pi}$，F 为矿体水平投影面积，m^2。

（2）承压水转无压水完整廊道单面进水计算。

$$Q_1 = \frac{LK(2H-M)M}{2R} \qquad (7-2)$$

式中 L——矿体两侧隔水层边界之间距离，m；

R——影响半径，$R = 10SK^{0.5}$，S 为降深值，m。

（3）采用"数值法"计算矿井涌水量。数值计算用近似分割原理，摆脱解析法处理实际问题时的严格理想化要求，在特定条件下使其更符合实际条件，在工程地质勘察、水文地质钻探和大量抽水实验的基础上，采用 Visual MODFLOW 建立地下水水流数值模拟模型，并按概化水文地质概念模型、建立相应的数学模型、模型识别与验证、预测矿坑涌水量四个步骤展开数值模拟工作。

7.2.2 附加涌水量

露天转地下矿山在雨季尤其是暴雨时期，因洪水沿露天坑或崩落区直接进入井下，使矿井附加涌水量在短期内急剧增加，井下最大涌水量可达正常涌水量的数倍甚至数十倍，极易造成灾害性的淹井事故，例如滴渚铁矿东、西矿井经多年露天开采转入地下采用无底柱崩落法开采后，井下采空区与露天坑连通，从 1984 年 6 月 13 日起，降雨持续时间为 48h，总降雨量为 224.3mm，东、西矿井 -35m 开采水平被淹。淹井前东、西矿井正常涌水量分别为 $800 \mathrm{m}^3/\mathrm{d}$、$1720 \mathrm{m}^3/\mathrm{d}$，淹井时东、西矿井下洪峰流量分别为 $65000 \mathrm{m}^3/\mathrm{d}$、$73200 \mathrm{m}^3/\mathrm{d}$。

井下附加涌水量来源于地表径流量。地表径流量与雨季降雨量、地表汇水面积、地表防洪设施、露天排水能力、渗水面积、岩石特性以及井下采矿方法有着密切的关系。

7.2.2.1 设计频率暴雨径流渗入量计算

暴雨径流渗入量是露天转地下开采井下防洪及排水设计的重要依据，与频率暴雨量、渗水面积和渗入率密切相关的，见式（7-3）。

$$Q_\mathrm{p} \sim H_\mathrm{p} \cdot F \cdot \Phi \qquad (7-3)$$

式中　Q_p——设计频率暴雨径流渗入量，m^3/d；

　　　H_p——设计频率暴雨量，m/d；

　　　F——渗水面积，m^2；

　　　Φ——渗入率。

A　设计暴雨频率径流渗入量 Q_p

暴雨频率与暴雨径流渗入量有直接关系，决定了井下排水防水能力的大小。露天转地下开采时，对暴雨设计标准应考虑以下主要因素：

（1）暴雨频率的确定应与地下开采的规模相适应，因为不同规模的矿山受淹时承受损失的能力不同，这反映出矿山重要性的不同。

（2）暴雨频率与地下开采的服务年限相适应，服务年限长则相应的重现期长，这反映了适当地考虑暴雨频率的保证率因素。

（3）暴雨频率的选择应与上部露天采用的地面防水和露天坑排水的暴雨频率标准相适应，这反映了上部露天矿与下部地下矿的统筹兼顾、密切结合。在转为地下开采时，采用上部露天已被多年生产实践证实是安全、经济合理的暴雨频率标准，对比确定转地下开采的设计暴雨频率标准具有实际意义。

针对不同的矿山，暴雨频率的选取应综合考虑，有所侧重。对于大型矿山来讲，一般选取 20 年一遇标准。

B　渗入率 Φ

露天转地下开采暴雨径流渗入率是受地质条件、采矿方法、开采深度、境界矿柱及覆盖层影响。

（1）在露天开采后岩体完整且节理裂隙不发育情况下，渗入率可以取小值。

（2）采矿方法。当采用崩落法开采时，在充分采动情况下时，地表可能塌陷，暴雨径流渗入率取值应考虑偏大。当采用空场法开采时，针对采空区稳固性情况，选取不同的暴雨透流渗入率。矿岩条件好，采空区稳定性好，露天与井下不易导通，可以取小值；相反，稳固性差，露天与井下有导通之处，产生所谓的天窗，取值应慎重。当采用充填法开采时，尤其是胶结充填的情况下，充填体可以看成为岩体，暴雨径流渗入率可以取较小值。

（3）开采深度。矿体厚度大，埋藏浅，即采深采厚比小，渗入率则增大，而随着采深增加，采深采厚比增大，渗入率呈递减趋势，不同时期可以选取不同的暴雨径流渗入率。

（4）境界矿柱及覆盖层厚度。露天转地下开采后，露天坑底与地下采空区之间的境界顶柱、覆盖层或垫层厚度大，渗入率相对降低，如果转为地下开采时，对上部露天坑回填15~20m厚度的回填层，可减少雨季径流，延缓暴雨入渗时间，降低井下防洪设防能力。

因此，形成有覆盖岩层的地下矿山，可以降低渗入率，减小附加涌水量，从而减少排水设备的配置。

鉴于渗入率是由诸多复杂因素决定的，因此，在工程设计和建设中，对扩建或改建矿山应尽可能的按实测资料计算，而对新建矿山一般则根据上述地质采矿技术条件借鉴类似矿山的经验数据选用。

7.2.2.2 实例

A 大冶铁矿龙洞采区露天转地下开采暴雨径流渗入量计算

考虑露天转地下开采后，深凹露天坑与地下开采崩落区渗入率的显著不同、将一般的暴雨径流渗入量计算公式改写为

$$Q_p = (F_1\Phi_1 + F_2\Phi_2)H_p \tag{7-4}$$

式中 Q_p——设计频率暴雨径流渗入量，m^3/d；

F_1，F_2——分别为露天坑内及坑外崩落区的汇水面积，m^2；

Φ_1，Φ_2——分别为露天坑内及坑外崩落区的渗入率；

H_p——设计频率暴雨量，m/d。

大冶铁矿龙洞矿体在102~78m标高划为露天开采，1980年露天开采结束转入地下，采用无底柱崩落法开采78~-50m标高的矿体。当时曾在露天坑底有回填厚度为24m的废石垫层，随着地下回采延续，露天坑底回填的废石下沉，实际上露天坑底已与地下采空区连通。在这种情况下，使得井下-50m水平泵房的防洪能力严重不足，其主要原因是地表岩溶发育，暴雨径流通过岩溶和崩落区渗入速度加快，井下洪峰较雨峰滞后时间只有8~12h，原设计暴雨透流渗入率 $\Phi=0.3$ 取值偏低，同时有 $F=157000m^2$ 的深凹露天坑汇水面积，渗入率明显高于一般开采崩落区。根据上述实际情况，在-50m水平排水能力设计中，借鉴类似矿区的实际资料，将深凹露天坑的渗入和一般的崩落区的渗入区别开来，分别取 $\Phi_1=0.6$、$\Phi_2=0.4$，按20年一遇进行了暴雨径流渗入量的计算，井下短历时洪水量为 $Q_p=57880m^3/d$，并按此确定除原有主井泵房的5台 200D43×5 型水泵外，又在副井旁新建一泵房，设置4台同型号水泵，这样井下-50m水平共有9台水泵，昼夜最大排水量可达 $60480m^3$，满足了井下防洪要求。

在后来由 $-50m$ 水平转同深部 $-110m$ 水平的开采设计中，借鉴 $-50m$ 水平 $\varPhi_1$ 及 $\varPhi_2$ 的取值并考虑随着采深增加，覆盖层厚度增大而渗入率呈递减趋势，设计选取 $\varPhi_1 = 0.5$、$\varPhi_2 = 0.3$，计算的 20 年一遇井下短历时最大洪水量 $Q_p = 29696m^3/d$。

  B 石人沟铁矿露天转地下开采暴雨径流量计算

石人沟矿区位于石英岩高山组之区域分水岭南侧。基本地形北高南低，北与石英岩高山毗连，南与遵化盆地接壤。矿区内地势平缓，经多年开采后，已形成长约 2500m，宽约 260m，深约 150m 的南北向露天采矿场，南区已堆集废石。

矿区范围内，水系不甚发育，仅在东西两侧各有一条季节性小河，其流量季节性很强。降雨多集中在 7～9 月，统计 20 年的年平均降雨量 815mm，最大降雨量 387mm/d。

石人沟铁矿于 1975 年 7 月建成投产，露天开采，矿山设计规模 150 万吨/a，2001 年露天开采至 $+12m$ 结束后转入地下开采，地下开采首采中段 $-60m$，采矿方法为浅孔留矿法，露天与井下开采境界顶柱厚度 12m。$-60m$ 中段开采结束后，进入深部 $-180m$ 中段。

矿山深部地下开采矿坑涌水量主要为风化裂隙潜水及大气降水渗入。南区属露天采矿场内排，内排废石已堆集高达 120 余米，废石缝隙中含水量较多；北区露天采矿场汇水面积大，地下开采围岩崩落后，降雨后将有大量大气降雨通过塌陷区渗透到井下，存在滞后现象。

深部开采设计采用崩落法，大气降雨设计频率根据《冶金矿山设计参考资料》中经验数据选 5%，大气降雨正常降雨渗入率取 10%，暴雨渗入率取 30%，涌水量结束结果见表 7-1。

表 7-1 初步设计预测各中段涌水量

开采中段/m	塌陷区渗入量/m³·d⁻¹		地下水涌水量 /m³·d⁻¹	合计/m³·d⁻¹	
	正常	最大		正常	最大
-180	907	115711	34783	35690	150494

2008 年 12 月《河北钢铁集团矿业有限公司石人沟铁矿 200 万吨/a 充填采矿法可行性研究》中，石人沟铁矿采矿方法由崩落法改为充填法，并且露天坑底 $-60m$ 原空场法开采遗留的采空区采用胶结充填。在充填法开采条件下，大气降雨不能直接进入矿坑，则需通过充填体转为地下水涌水量，大气降水通过高密实度的充填体向下渗透，其入渗率大大降低，可视同于围岩。因此大气降雨入渗率取值为矿区岩体的平均渗透系数 $K = 0.055$，即充填体的入渗率取值为 5.5%，那么最大暴雨渗入量取决于渗入面积。

露天坑面积 644000m²，暴雨渗入量见表 7-2；$-60m$ 开采面积 366348m²，暴雨入渗量见表 7-3。

表 7-2 大气降雨通过露天坑入渗量

露天坑渗入面积	正常入渗量			最大暴雨入渗量				充填体一日最大暴雨入渗量（入渗率取岩石平均渗透数值 $K = 0.055$）
	年平均降雨量	年平均日降雨量	正常日均入渗量（入渗率取10%）	一日最大暴雨降雨量	一日最大暴雨降雨量	一日最大暴雨入渗量（入渗率取30%）	一日最大暴雨入渗量（入渗率取10%）	
m²	m	m³	m³	m	m³	m³	m³	m³
644000	0.815	1438	143.8	0.387	249228	74768.4	24922.8	13707.5

注：一年按 365 天计。

表 7 – 3 大气降雨通过 –60m 充填体入渗量

–60m 充填体水平切面积	正常入渗量			最大暴雨入渗量				充填体一日最大暴雨入渗量（入渗率取岩石平均渗透数值 $K = 0.055$）
	年平均降雨量	年平均日降雨量	正常日均入渗率取10%	一日最大暴雨降雨量	一日最大暴雨降雨量	一日最大暴雨入渗量30%	一日最大暴雨入渗量10%	
m²	m	m³	m³	m	m³	m³	m³	m³
366348	0.815	818	82	0.387	141776.7	42533	14177.7	7797.7

矿坑总水量为大气降水正常入渗量与地下水之和作为矿坑正常涌水量，最大暴雨入渗量与地下水之和作为矿坑最大涌水量，计算结果见表 7 – 4。

表 7 – 4 矿坑总水量预测

开采中段/m	露天坑正常渗入量/m³·d⁻¹	充填体一日最大暴雨入渗量（入渗率取岩石平均渗透数值 $K = 0.055$）/m³	地下水涌水量/m³·d⁻¹	合计/m³·d⁻¹	
				正常	最大
–180	143.8	13707.5	34783	34926.8	48490.5

对比表 7 – 2 和表 7 – 3 可以看出，如果充填的透水率能达到与围岩相同或接近条件，在暴雨时将有十万立方米的水被拦截在 –60m 水平之上，利用原有的露天排水系统，无需增加排水设施，从而降低矿井排水成本与基建投资。

目前，石人沟铁矿完成部分 –60m 空区采用胶结充填， –180m 开拓基本完成，从 –60m 水平排水情况看，在雨季涌水量无大的变化，说明露天暴雨渗入量对井下附加水量未产生大的影响。

冶金深凹露天矿常用的暴雨设计标准一般是偏高的，其主要原因是由于采用短历时暴雨造成的。不论采用何种排水方式，应充分利用露天坑底与井下最低开拓水平在暴雨发生时有储水能力是合理的，在当前开采技术水平条件下，也是切实可行的。如果过分强调受淹的严重性，而采取提高排水能力，缩小调节容积的方法，以达到严格限制淹没深度和淹没时间的目的，就会导致投资大、积压浪费大量设备和电力的不合理结果。在大冶东露天转地下崩落法开采设计中做过试算，选取暴雨频率标准为 5% 时，坑内昼夜最大涌水量为 196000m³，除利用露天深部排水工程 20 台水泵（分段排水泵站之和）外，尚需增加 17 台 D45 – 60 – V 型水泵（600kW）、4 条 $\phi478 \times 7$ 排水管，电动机总容量为 16760kW，而正常排水仅需 2 台，电动机容量为 1000kW。由此可见，在露天转地下开采的矿山，要求排水设备在 20h 内排除 20 年一遇的灾害性的一昼夜（24h）的暴雨量，显然很不合理的，因此在露天转地下开采的井下防洪和排水设计中，为了考虑洪峰期的井下储排平衡问题，除计算了短历时（不大于 24h）的暴雨径流渗入量外，还应考虑 48 ~ 72h 长历时的暴雨径流渗入量。经对大冶东露天转地下开采计算，$t = 24h$，$Q_p = 29696m^3$；$t = 48h$，$Q_p = 39284m^3$；$t = 72h$，$Q_p = 46514m^3$。

7.3 地面与井下的综合防护措施

露天转地下开采露天坑与地下采场之间一般存在水力通道，特别是采用崩落法、空场法开采急倾斜矿体时，地下开采系统有可能通过塌陷区及采空区与露天坑底直接连通，使上部露天坑所汇集的大气降水直接侵入地下。由于露天坑及其周围植被一般均遭到破坏，径流系数大，露天坑汇集暴雨水量大，短历时洪峰流量大，坑内涌水量在短时间内急剧增加，达到正常涌水量的几倍甚至几十倍。这就有可能造成洪水、泥沙下灌及淹井等灾害性事故，对地下开采构成严重威胁。

7.3.1 地面防护措施

地面防护措施包括：

（1）回填露天坑。矿山由露天转入地下开采，原遗留下的露天采场则形成地表水体，一旦地表水沿构造裂隙或塌落带涌入井下坑道将对井下人员造成极大威胁，需要对原有露天采场进行回填。在进行露天已有采场回填的同时，可以减少排土场的占地面积或者有效的处理在排土场治理过程中废弃的废石，消除其带来的环境影响，同时如果地下开采采用崩落法采矿工艺时，露天采场回填还可以为崩落法形成覆盖层。因此对露天采场的回填一举多得。

回填材料一般可利用排土场削方下来的废石或者井下基建产生的废石作为露天采场回填材料。回填过程：废石源—运输路线—露天采场；利用原采场运输道路。

（2）利用露天坑底储水。尽可能利用露天坑底在暴雨时储水，以减少向井下的渗流和调节暴雨时期的洪水储存量，并利用露天排水系统将暴雨径流尽早排出，减少渗入量。如铜绿山铜矿曾利用北坑露天底储水约 $50000\mathrm{m}^3$；大冶东露天转地下利用 $-168\mathrm{m}$ 的尖山露天坑储水达数十万立方米。

（3）完善上部露天坑的防洪系统。由于地下开采可能对原上部露天作业平台上的截水沟造成破坏，当条件允许时，应维护、完善截水系统，发挥其拦截上部汇水的功能，减少暴雨径流入渗量。

露天转地下开采矿山，一般采用防、排、堵、储等综合措施进行防洪。

1）挖掘截、排洪沟对外围汇水进行疏导。在充分研究露天采场外围地形地貌资料的基础上，沿露天采场外围及地下开采塌陷范围挖掘排洪沟，拦截露天境界及塌陷区外汇水，减少汇水总量。对于露天境界面积及深度较大的矿山，在露天边坡适当位置挖掘排洪沟，安装排水设备，以减少排水成本。

2）增大覆盖层厚度减小洪峰流量。利用露天剥离及井下掘进产出的岩石增大覆盖层厚度，可对井下洪水增加起较大的缓冲作用。

7.3.2 井下防护措施

井下防护措施包括：

（1）设置合理的储水设施调节洪峰。利用露天坑底及有准备可淹没巷道储水，调节洪峰，减少排水设施投资。

（2）合理计算洪峰流量布置排水设施。根据矿井淹没后可能造成的损失与危害程度确定适宜的防洪计算标准，合理圈定汇水面积，计算洪峰流量，按照储排平衡的原则设计储水设施容积及排水系统的排水能力。井下主排水设施及其供电系统尽可能不布置在最低中段。

（3）设置防水闸门保护重要设施。对与露天底连通井巷、主要运输巷道、井底车场、重要硐室等处设置防水闸门，保证井下作业人员有充分的逃生时间及重要设施及设备不被淹没。

（4）设置储水水仓。在设计、建设中，井下设置临时储水水仓，储水水仓可以利用废旧巷道，或暂时闲置的硐室、平巷工程；对于分期开采的矿井，可以提前将后期开采需要的工程提前收工，作为前期开采的储水水仓。

（5）做好雨季的预报，建立防排水专门机构，专人管理，进行防洪的各项观测及组织工作。掌握未来天气动向特别是出现大雨或暴雨天气较为准确时间，以便使矿山做好防洪准备工作。完善坑内外通信系统，一旦突降暴雨、坑内排水系统故障或出现其他危险状况，保证井下各作业点人员及时撤离。

7.4 露天转地下开采应急水仓

矿井地下水害是地下矿山开采时面临的五大工程地质灾害之一。近年来，矿山突水灾害已经严重危害到矿山安全生产及生命财产的安全，并已经达到了危害社会稳定的程度。

露天转地下开采后，露天采场大面积汇水极易突入地下采场，造成淹井灾害事故。2011年7月16日，山东潍坊正东铁矿由于露天采场积聚大量雨水，突冒井下造成严重水害事故，致21人被困，造成了人员生命、国家财产的严重损失，引起了全社会的严重关注，并给社会安定带来了巨大的隐患。

露天转地下开采应急水仓正是根据露天转地下开采矿体埋藏深、露天汇水面积大、地下采场突水大（根据国内矿山突水统计，一般 $1500 \sim 3000 \mathrm{m}^3/\mathrm{h}$）的特点，针对矿山突发水害后，地下空间容易迅速被淹，工人逃生几率小的问题而提出的。应急水仓的建立将为露天转地下开采矿山提供足够多的应急时间进行处理，不至于引起作业人员的被淹被困，为矿山应急救援提供足够的时间（至少 8h 以上时间）。避免矿山类似灾害事件的再次发生，保障矿山安全。

7.4.1 应急水仓的概念

应急水仓是指在矿井正常生产水平之下，利用空场法开采局部矿体并形成相应的空区后，在井下发生透（突）水时，在该空区内将其涌出的非正常涌水通过穿脉等通道全部汇流至此存储，以缓解井下透（突）水时水位上升的一种大型硐室系统。应急水仓是结合矿石开采的过程，利用矿石开挖后的空区作为应急水仓，不用专门开挖硐室，在形成期间将采出适当的矿石产品，为矿山形成初期效益，不需要矿山另行投资建设。

7.4.2 应急水仓应达到的效果

露天转地下开采矿山井下透（突）水水源按补给水源类型可分为有限水源（露天坑汇水、大气降水等）和无限水源（地下暗河、地表水源等）两类。应急水仓不但应对有限水源透水事故的抢险应急能力有显著的效果，而且应为矿山在发生无限水源型灾害时争取到宝贵的自救时间，以达到避免人员被淹被困的效果。

根据矿山透水事故的案例分析及统计，一般透水量为 $800 \sim 1500 \mathrm{m}^3/\mathrm{h}$。应急水仓与井下主要巷道全部连通，其体积需要达到能够存储数小时（按照 8h 考虑）以上的灾害透水量，其容积应为 10000 ~ 20000m³（有条件矿山可以考虑 30000 ~ 50000m³）；当井下发生透（突）水事故时，非正常涌水能够迅速通过巷道汇集进入应急水仓，避免因透（突）水后暂时水位的上升而威胁到井下生产作业人员，为应急救援争取数小时以上的宝贵时间，井下被困人员被救出的几率将会大大提高，尽可能地避免由透水灾害事故而造成人员的伤亡。

7.4.3 应急水仓基本原理及实施方案

7.4.3.1 应急水仓基本原理

对于露天转地下大水矿床开采，设计初期就应将应急水仓作为设计的一部分，在露天转地下过渡期首采区段底部设置一个应急中段，应急水仓布置在应急中段水平，具体的位置根据矿体的赋存状态等因素进行选取，一般是布置在矿体的边界部位或者是单独的零星矿体地段。当转入地下深部开采后，应急水仓可布置在多中段开拓时的最下中段、上向开采时的最下部位置等。不管在什么位置，应急水仓必须位于主要生产作业位置的下方，并且是以首先开采矿体后形成的空区为场所，当矿山发生透水事件时，所涌入的水将不断流入作业水平的下方水仓，该水仓具有足够大的容量后，可以满足一定时间的透水量存储，从而使矿山有足够多的应急处理及人员逃生时间。

应急水仓基本原理是在矿山投入生产前，在作业水平的下部位置利用空场法局部开采矿体而形成足够大的空区（或者组合空区群），利用该空区作为矿山在透水时非正常涌水的临时存放地，从而达到避灾的目的。

7.4.3.2 应急水仓实施方案

A 建设应急水仓的条件

（1）应急水仓地段。应急水仓应考虑设置在井田边界靠近风井部位，这样既可以减小应急水仓对于上部矿体开采的影响，也有利于水流汇集时排气和透（突）后水仓内的水外排。

（2）应急水仓的稳定性。应急水仓容积大，必须保证其服务期间的稳定，其方法视矿体赋存条件、矿山开拓方案、采矿方法等具体条件确定，开采前应进行专门的设计论证。稳定性保证方法主要涉及空区本身结构、采矿方法的选择以及不稳定地段的支护等。一般其开采的矿柱参数应比正常开采时留设的相对保守、采高尽量降低，以保障空区存在的稳定性；对于局部不稳定地段可以采用切顶、锚索、喷浆等方法进行支护。

B 应急水仓形成方案

根据矿山矿床赋存情况及矿山开拓与采矿方法的不同，应急水仓形成的方案可以有多种形式，最基本的有以下四类。

（1）露天转地下过渡期首采区段开采。在首采区段底部设置一个应急中段，中段高度30 ~ 40m。应急中段内布置两步骤回采矿房与矿柱，矿房、矿柱参数相同。先回采矿房，矿柱只做采切工程。回采结束后的矿房作为应急水仓，应急水仓顶柱内布置泄水通气小井。单个应急水仓通过切割巷道连通，形成应急水仓群，应急水仓群容积按照不低于矿山4 ~ 6h 突水量设置（也可更大）。正常排水系统通过应急中段盲斜井与首采区段最低开采水平运输巷道连通，应急中段巷道内安装两道防水门，应急水仓中的水通过矿山生产主排水系统排出（图7 - 3），过渡期回采结束后，应急水仓下移至矿山开采最低生产中段。

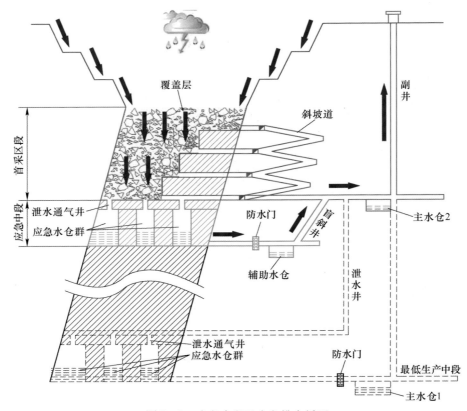

图 7-3 应急中段及应急排水循环

（2）多中段开采。当矿山转入地下深部开采后，开拓有两个或两个以上的中段，并且采用自上而下的开采顺序作业时，可以将最下部的中段局部先行开采，并形成足够大的采空区，该采空区可以作为本矿山的应急水仓使用。

（3）上向充填开采。当矿山采用由下而上的上向分层开采时（一般大水矿山多采用本采矿法），主体矿部分可以在最下部的中段留一定高度暂时不开采，而在局部利用空场法开采并形成相应的空区，作为应急水仓使用（图 7-4）。

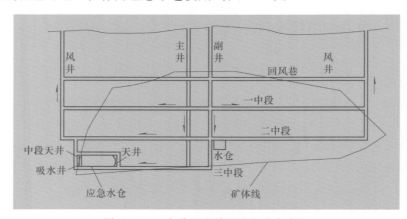

图 7-4 上向分层充填法应急水仓布置

（4）零星（边角）矿体开采。当矿床存在（一般均存在）开拓之下或者之外的零星和边角矿体时，在最低开拓水平之下位置利用盲斜（竖）井开拓形成一套小生产系统，将边界部位矿体或零星矿体采空留下的空区（群）作为应急水仓（图7-5）。

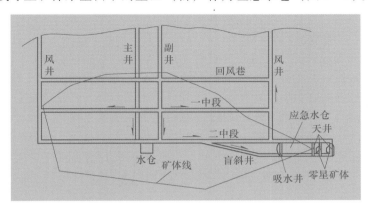

图7-5 零星边角矿体应急水仓布置

C 应急过程

a 事故后的再排水

突水事故发生后，该应急水仓已经被所突出的水注满，有效地延缓了井下水位的上升，保障了井下作业人员的安全撤离。其后矿山应根据现场情形将应急水仓内的水外排，以作为下次再突水的应急使用。

b 设置位置要求

应急水仓的位置选择需要考虑几个因素：（1）主要作业水平之下；（2）矿体分布；（3）矿山开采顺序；（4）矿床开拓及中段布置情况；（5）矿岩石稳定性；（6）需要配套的工程建设量。

由于应急水仓要求的容积大并且要求其稳定，因此，利用开采矿体后遗留的稳定空区最为合适，设置位置应在矿体边界部位且该处岩体工程地质条件较好，并且要接近风井或者其他井筒，有利于应急水仓内的积水外排。

7.4.3.3 应具有的容量及缓解时间

根据国内井下突水事故的统计，矿山井下突水事故的总突水量一般为几千至几十万立方米，透水速度为 $800 \sim 1500 m^3/h$，若为争取8h以上的避灾时间，所需要的最小应急水仓容量应为 $12000m^3$，才可有效缓解透（突）水后的水位上升，延长上部中段工作人员的逃生时间。

综合以往事故及各相应矿山的实际突水可能水量，一般当应急水仓的容量达到 $20000m^3$ 以上时，可以为矿山最少争取到10h以上的应急避灾时间，从而大大降低井下突水灾害造成的人员伤亡概率，避免透水灾害造成的人员伤亡。

在实际开采过程中，为了形成矿山初期效益，矿山一般会尽可能多地开采部分矿石，其实际可形成的空区将远远超过 $20000m^3$，可以达到 $30000 \sim 50000m^3$，为矿山避灾准备足够多的应急处理时间。

7.4.4 应急水仓形式与建设投入

应急水仓的建设应与矿山主体工程同步建设，并要求在矿山投产之前形成，以充分保障矿床开采的安全。

7.4.4.1 应急水仓形式

井下应急水仓建设空间大，可做成大断面巷道形式或者组合空区形式。主要是要求形成的空间要保持稳定，体现的形式主要就是空间尽量小、多，贯通性良好。

7.4.4.2 应急水仓建设投入

应急水仓形成的最大的特点是结合矿石开采的过程，利用矿石开挖同时形成的。其建设不是矿山的无效投入，是在产生经济效益的基础上衍生形成的，在形成过程中也为矿山形成产品及经济效益。在具备一定矿量的情况下，矿山为投入开采该部分矿石需要投入的开拓、采准、切割等工程与所采出的矿石效益相比，产出大于投入。对于局部系统工程则有时需要将之后的工程进行适当提前建设，总体是效益大于投入。此外，总结各类矿山透（突）水事故带来的后果，生命损失不可挽回，经济损失几百万几千万甚至数亿元，对于大水矿山建设应急水仓，将事故防患于未然，技术上是完全可行的，而且经济上也是合理的。

7.4.4.3 相关配套措施

应急水仓的功能是在矿山发生透水事故时，将透出的水及时引到应急水仓进行临时存放，并在事故之后可以被再行排出以恢复矿山生产。为此，需要进行相应的配套建设。

（1）巷道坡度。在应急水仓的上部入口水平，设计时要考虑到巷道长度与坡度的关系，有时为了保障正常生产的排水和重车下坡的巷道坡度，需要 0.3% ~0.5% 的向主井下坡的坡度，但当应急水仓距离主井较远时，要求设计坡度应低于正常巷道坡度，可设计为 0.1% ~0.2%，甚至无坡度，以利于透水后的水顺利进入应急水仓，其余运输巷道坡度按正常设计。

（2）结构形式（多空区组成）、水仓本身稳定性保障。应急水仓要求的体积较大，单空间类型稳定性很难保障，应设计为空区组合型，空区的贯通性应良好，而且设计的采高应根据具体的岩体工程地质条件进行论证，采矿后空区内应留有矿柱或者人工矿柱，不稳定部位要进行有效支护。

（3）排水。透水事故发生后，井下巷道全部被淹，救援工作首先利用大功率潜水泵将井筒内的水位降至底部中段运输巷道，然后利用应急水仓的吸水井将水仓内水排至地表。

（4）排泥。水仓只做应急使用，平时不蓄水，不需要设计专门的排泥系统。透（突）水事故发生后，待水排干，泥沙和碎石等采用机械方式或人工方式进行清理。应急水仓利用的是采矿留下的空区，地面环境较差，水仓面积较大，大部分利用机械清理，可选择耙斗或者装载机配合矿车。

（5）透气排压与容量的全部利用。透（突）水事故发生后，涌出的水汇集至应急水仓后，其水位高度会与主、副井内的水位持平。应急水仓的最高标高和底部中段运输巷道底板持平，其容量能够全部利用。应急水仓的上下中段运输巷道间布置有各类天井，天井在上中段平巷与风井连通，水汇流入应急水仓时可以透气排压。

（6）形成适配的安全闸门。在矿山发生透水时，可能在水仓水平位置存在少量的运输或者信号人员作业，则需要在其与水仓之间设置防水闸门，以达到安全防护的效果。

（7）水位监测系统。为了准确对水位变化进行监控，有效组织事故救援，在应急水仓内应布置专门的水位监测系统，及时掌握水位变化及可利用容量。

8 矿山地质灾害治理与生态恢复

露天转地下开采的矿山都存在如何改善矿山地质环境现状与生态恢复的问题，以消除矿山地质灾害的影响，构建一个和谐、生态环境友好的矿山。矿山经过多年的露天开采，矿山地质环境、生态环境已破坏。露天深凹采坑以及排土场的地质环境问题尤为突出，采场边坡稳定性问题、采场底部覆盖层的厚度不够、排土场自然堆放等一系列地质环境问题亟待解决；矿山开采同时也对生态环境造成了极大破坏，大量树木林地不复存在、排土场水土流失严重。

近半个世纪以来，世界发达国家对矿山破坏地治理非常重视，在对矿山破坏地的研究中主要对生态恢复理论、生态恢复方法、生物措施、环保教育、资金保障、法规与政策、改造与利用、环境与可持续发展等进行了研究。

因国家法律的强制作用及其科研工作的进展，美国矿区环境保护和治理成绩显著。美国 Indiana 煤炭生产协会 1918 年就自发地在煤矸石堆上进行种植试验，在矿区种植作物、矸石山植树造林和利用电厂粉煤灰改良土壤等方面做了很多工作，积累了大量经验。

在俄罗斯，整个生态恢复工程包括工程技术修复和生物技术修复两个基本阶段。工程技术修复就是针对被破坏土地的开发种类而进行整地，包括场地平整、坡地改造，用于农田的沃土覆盖、土壤改良、道路建设等。生物技术修复包括一系列修复被破坏土地的肥力，造林绿化，并将其返回农、林，创立适宜于人类生存活动的综合措施。

澳大利亚矿山生态恢复的显著特点之一是采用综合模式进行。多专业联合投入是澳大利亚矿区生态恢复的一个显著特点，矿区开发带来的影响是多方面的，它的解决远非矿业自身能够完成。因此，矿区生态恢复是涉及地质、矿冶、测量、物理、化学、环境、生态、农艺、经济学，甚至医学、社会学等多学科多专业，正是多专业的联合投入，使得这样一个复杂的、综合性强的矿区生态恢复工作得以成功地发展。其精良的设计依据的基础正是各专业的研究成果。高科技指导和支持也是澳大利亚矿区生态恢复的一个显著特点。高科技成果为矿区生态恢复提供了各类食品、设备，使生态恢复工程实施得以加速、顺利进行。

德国早在 20 世纪 20 年代初就开始对露天开采褐煤区进行绿化。刚开始主要是对各种树木在采矿破坏地的适应性进行研究，在第二阶段突出了树种的多样性和树种的混交，最后根据不同的采矿破坏地分类进行植被修复。20 世纪 90 年代，德国的著名科特布斯矿山更新项目，在进行技术改造和生态恢复的同时尝试了艺术创作的途径。此时，生态学的思想和对环境的普遍关注渗透到景观设计领域，在工业景观设计中，废弃设施的再利用、资源的循环使用、对自然再生植被的保护等都体现了这一点。德国在对工矿厂区内的林地、水域及休闲用地建设时，就充分考虑其休闲的功能的建设，如作为公园、运动场地、露宿营地、研究和观察自然生态用地等。注重人文景观及其关联的娱乐休闲产业，满足了人们对娱乐休闲场所的需求，工业之后的景观设计表现出人们对多元化的设计的追求，对历史价值,基本伦理价值、传统文化价值的尊重。

20 世纪 50~70 年代,北美、欧洲和中国开展了工程与生物措施相结合的环境修复和治理工程,对场地上的土壤、水文、植被和破坏方式及社会状况进行分析,然后将各种因素综合考虑,确定矿区的改造计划和采用的工程技术手段,以常规改造技术为主。1975 年在美国召开了"受损生态系统的恢复"国际研讨会,探讨了受损生态系统修复的一些机理和方法,并号召科学家们注意搜集受损生态系统科学数据和资料,开展技术措施的研究,建立国家间的研究计划。1983 年,在美国召开了"干扰与生态系统"的国际研讨会,探讨了干扰对生态系统各个层次的影响。1996 年国际生态工程会议在北京召开,会议对生态恢复的理论、技术和方法进行了讨论。

我国对矿山破坏地生态恢复的研究起步于 20 世纪 80 年代,90 年代以后才初步形成一定的规模,研究领域主要集中在煤矿破坏地和有色金属尾矿库植被覆盖等。胡振棋(1995)首次从学科建设角度,论述了土地复垦学、土地复垦若干问题的探讨、土地复垦学在环境科学中的地位和作用等。徐嵩龄(1995)在我国首次赋予了矿区土地复垦的理论基础,即恢复生态学。赵景逵(1999)明确提出中国的矿区土地复垦实质上是一种意义更为深远的"矿区生态重建"。研究的机构主要有中国科学院生态环境中心、中国环境科学研究院、中国林业科学研究院、北京师范大学、中国矿业大学等。相继有 50 余个科研单位、高校及工矿企业承担了不同类型的课题 40 余项,其中国家自然基金、国家重点攻关课题 10 余项,如"准格尔煤田开发对生态环境影响及治理对策的研究"、"安太堡露天煤矿破坏地复垦系统工程的研究及其开发示范"(山西省生物研究所、山西农业大学等,1991~1995),"矿区资源开发中生态、经济、社会协调发展模式研究"(国家环保局武汉环境保护研究院等,1996),"我国煤矿开发后生态环境综合整治可行性总体方案与试验示范前期研究"(中科院地理研究所,1996)等。据不完全统计,20 世纪 80 年代以来,全国有关部门先后制定了与矿区土地复垦、水土保持、环境保护有关的法律、法规和规章 30 余部。在我国相继召开了数次与矿区土地复垦、生态重建相关的重要会议,如退化土地的整治与管理国际会议(香港,1996),矿区环境管理生态重建的理论与方法专题研讨会(广州,1996),生态工程国际会议(北京,1996),土壤—人类—环境相互影响国际学术讨论会(南京,1997),矿区生态重建与环境管理研究网络筹备会议(北京,1997),第六次全国土地复垦与生态重建学术讨论会(太原,1999)等。

进入 21 世纪,对矿山破坏地的改造方式从单纯的生态复绿进入综合治理阶段,根据实际情况将废弃矿山开发改造成工业用地、耕地、旅游景观和旅游用地、仓储用地、养殖用地、军事用地或矿山公园。如苍南矾矿在 2005 年被确定为浙江省文物保护单位,通过地质环境治理与生态恢复,成为新的旅游景观。江苏省盱眙县利用城南杨大山 6 处废弃采石场建成集会议、休闲、娱乐于一体,可容纳 4 万人的全国最大的山地广场(都梁广场)及山顶观景台,给当地百姓提供一处登高望远、健身休闲的好场所。

随着对铁矿石需求的日益增长以及露天资源的枯竭,国内许多矿山已经进入或者正准备进行露天转地下开采。在露天转地下开采矿山进行地质环境治理技术与生态恢复技术方面,除石人沟铁矿南世卿教授《露天转地下矿山地质环境治理与生态恢复规划研究》(该文论述了矿山地质现状,根据露天转地下开采的特点,提出了矿山地质环境与生态恢复的宏观的规划思路与方法)一文外,未见其他学者在这方面进行过研究。

国内大型露天转地下开采矿山生态环境状况如下：

（1）武钢大冶铁矿。大冶铁矿地形北高南低，西高东低，四面环山。北面为铁山侵入体白雉山山脉。最高峰为四峰山，海拔487m，高山南坡平均海拔220m。矿区南部为风化残丘，海拔约100m。矿区位于高山与残丘之间的东西向狭长地带，海拔40～60m。大冶东露天已经形成的深凹露天坑东西长约2400m，南北宽约1000m。狮子山矿段露天坑底标高为－48m，现已回填到±0m形成转载场；尖山矿段从30号勘探线起往东，坑底梯次下降到露天坑底。露天坑北帮标高一般170～270m，南帮86～200m。露天边坡角一般38°～43°，局部到53°，边坡高度230～430m。矿山露天采场生态环境状况如图8－1所示。

图8－1　大冶铁矿露天采场生态环境现状图

（2）河北钢铁集团石人沟铁矿。石人沟铁矿位于遵化市市区的西北部（直距10km），兴旺寨乡境内。石人沟铁矿于1975年7月建成投产，是一个采选联合企业，矿山设计规模150万吨/a，矿山最终产品为单一铁精矿。矿山开始采用露天法开采，已形成露天采矿场长2500m，排土场高达120m。矿山露天采场生态环境状况如图8－2所示。

图8－2　石人沟铁矿露天采场生态环境现状图

矿山共同的生态环境问题是：

（1）地下开采引发露天采场边坡台阶新的地质灾害，特别是采场局部台阶的亚稳定性，影响台阶坡面的植被恢复。

（2）高陡边坡和较缓边坡共同存在，且坡面基本都为岩石，生态恢复覆土植被困难。

（3）排土场为岩块以及散粒结构堆积而成，易风化，有机质含量低，十分不利于植被生长。

8.1 矿山地质环境影响评估

8.1.1 露天转地下开采地质灾害种类

8.1.1.1 滑坡

滑坡、崩塌可摧毁矿山设施，造成人员伤亡、毁坏厂房，使矿山停工停产，造成重大损失。

滑坡形成的机理可理解为斜坡上所有点变形和变位的连续交替，由此而出现滑坡及其位移的发生，并导致最终结果，即斜坡达到新的平衡状态。

通常，滑坡的形成过程分为：

（1）斜坡组成要素或其彼此间的联系发生变化（错动、弯曲、倾斜、扭转、揉皱）。

（2）黏性或塑性流，其组成岩石的颗粒彼此相对变化，但不破坏岩石的整体性（层流型运动）。

（3）由于作用在岩石上面的应力与强度不相适应而产生脆性破坏，这一过程以岩石的整体性破坏而告终。当然，岩石破坏还有另外一些方式，如水动力破坏、由化学淋滤而造成的破坏等。

（4）机械变位，由于破坏而分离的岩层或斜坡上沿单体下伏岩层的滑动（可以沿单一滑面发生，或由一系列摩擦面所切过的最终厚度的滑动带里的不同变形和变位结果而发生）。

对于某一滑坡体而言，上述列举的变形和位移方式可以同时在不同部位表现出来，也可彼此逐渐交替。

露天转地下开采过程中滑坡形成的原因主要有：

（1）地形地貌特征有利于滑坡发生。

（2）气象、水文地质条件有利于滑坡发生。充沛的降雨，冲刷岩体张裂隙，使裂隙扩张，岩层软化为易滑动的软弱结构面；地下水位的变化、裂隙水压变化也是滑坡发生的诱发因素。

（3）地震等自然灾害活动的影响。

（4）露天和地下回采时的相互影响（如大爆破、各种机械振动等），加剧边坡的失稳而产生滑动。

（5）强降雨（暴雨）的触发。短历时暴雨是滑坡发生的直接诱发因素。

8.1.1.2 井下泥石流

A 泥石流形成条件

泥石流的形成必备三个条件：

（1）要有充足的固体碎屑物质。固体碎屑物质是泥石流发生的基础之一，通常决定于地质构造、岩性、地震、新构造运动和不良的地质现象。

在地质构造复杂、断裂褶皱发育、新构运动强烈和地震烈度高的地区，岩体破裂严重，稳定性差，极易风化、剥蚀，为泥石流提供了固体物质。在泥岩、页岩、粉砂岩分布区，岩石容易分散和滑动；岩浆岩等坚硬岩分布区，会风化成巨砾，成为稀性泥石流的物质来源。在新构造运动活动和地震强烈区，不仅破坏了岩体完整性、稳定性，形成碎屑物质，而且还有激发泥石流的作用。不良的地质作用包括崩坍（冰崩、雪崩、岩崩、土崩）、滑坡、坍方、岩屑流、面石堆等，是固体碎屑物质的直接来源，也可直接转变为泥石流。

没有大量的岩石破坏产物，就不可能形成泥石流。充足的固体碎屑物质，是形成泥石流的必备条件。

（2）要有充足的水源。水体对松散碎屑物质起有片蚀作用，或使松散碎屑物质沿河床产生运移和移动。松散碎屑物质一旦与水体相结合，并在河床内产生移动，则水体即可搬运松散碎屑物质，确保松散碎屑物质做常规流那样的运动。要是没有相当数量的水体，就只能产生一般的坡地重力现象（岩堆、崩塌和滑坡等），而不是泥石流。

降雨、冰雪融化、地下水、湖库溃决等都可形成泥石流，其中，最多的是降雨发生的泥石流。

没有水体，就不可能形成泥石流。充足的水源补给，也是形成泥石流的必备条件。

（3）要有切割强烈的山地地形。山地地形一旦遭强烈切割，地形坡度、坡地坡度和河床纵坡就均很陡峻，确保水土质浆体做快速同步运动，因而山地地形决定着泥石流现象的规模与动力状态。为此，泥石流现象在山区最为典型。在切割微弱的平原区，虽然风化壳也遭强烈破坏（尤其暴雨期间和冰雪融化季节），但地形坡度不足以形成泥石流。可以说，没有山地地形，就不可能形成泥石流现象。山地地形是形成泥石流现象的必要条件。

由此可见，泥石流的形成主要取决于地质因素、水文气象因素和地貌因素。然而，除这三个因素外，其他许多因素对泥石流现象的形成也有一定的影响，有时甚至起有决定性的作用。这些因素包括植物因素、土壤土体因素、水文地质因素和人为因素（人类的经济活动）。比如，人类不合理的社会经济活动，如开矿弃渣、修路切坡、砍伐森林、陡坡开垦和过度放牧等，都能促使泥石流的形成与发展。

B　露天转地下矿山泥石流形成条件

当露天转地下开采采用崩落法时，崩落范围贯通地表后，地表泥石和水极易从崩落通道涌入地下而形成泥石流，根据泥石流的形成的三个条件，泥石流的形成与覆盖层颗粒组成有很大的关系。覆盖岩层即为岩土材料的自然或人为堆积体，属典型散体介质，其主要组分为岩石。影响岩体渗透性的主要内在因素有岩石孔隙率、岩石内部裂纹的方向及形态密度、岩石裂隙的分形维数，外在因素主要有岩石材料内部的应力应变状态、孔隙压力等。而实际上覆盖岩层无论在粒度组成、功能用途及材料特性等方面均与完整岩土体、水利与道路等基础工程中研究的岩土体材料相差很大。覆盖岩层是崩落采矿的关键，就露天转地下开采矿山覆盖层的水渗透特性，覆盖层有以下几个主要的特点：（1）覆盖层的构成主要是自然或强制崩落的上、下盘（包括露天边坡）或回填至露天坑内的岩石，其崩落的覆盖层组分主要为形态各异、随机分布、不均匀性大的较大颗粒岩石，粉状含量很少；回填的岩石颗粒相对较小，分布比较均匀，粉状含量比崩落的相对要多，一般情况下，露天转地下崩落开采的覆盖层由于露天开采期岩土体的剥离，黏性土质一般均很少；（2）覆盖层与地表贯通，大气降雨可通过覆盖层直接渗入井下；（3）按土的分类，将粒径大于200mm的颗粒超过全重50%的碎石土称为块石，可见覆盖层基本均为土类中的块石；（4）在采取一定截水等措施的情况下，进入覆盖层内的水主要是露天坑受水面积内的雨水，除了露天坡脚处受露天边坡汇水而导致入渗量较大外，其他区段受水量相等；（5）在特殊的高陡地形条件或回填入大量粉状岩石或黏性土体的情况下，在暴雨季节有形成泥石流的条件。

中钢集团马鞍山矿山研究院有限公司曾进行过覆盖层水渗透特性试验，观察分析放矿过程中覆盖层界面的变化情况，得出了覆盖层散体移动的变化曲线和渗透系数的变化曲线。发现在覆盖层中200mm以下（粉状）颗粒含量达到75%时，覆盖层具有一定隔水的能力，总结出泥石流形成的三个必备条件：（1）有通道，如陡峭、便于集水集物的地形；（2）有丰富的松散固体物质，如黏性土和岩石碎屑的存在；（3）短时间内有大量水的来源及诱发因素（如持续暴雨、采矿扰动等）。在大量雨水的汇集与突然冲击下，矿山井下有形成泥石流的可能。

8.1.1.3 地表塌陷

露天转地下开采地面塌陷是由于矿山转入地下开采后形成了采空区，采空区上覆岩体在自重和上覆岩土体的压力作用下，产生向下的弯曲与移动，当顶板岩层内部形成的张拉应力超过岩层的抗拉强度极限时，直接顶板发生断裂、垮塌、冒落，接着上覆岩层相继向下弯曲、移动，随着采空范围的扩大，受移动的岩层也不断扩大，从而在地表形成塌陷。在缓倾条件下的上覆岩土体大致可形成三个带，即冒落带、裂隙带和弯曲变形带，这三个带的界限一般不明显，也不一定同时出现。金属矿山地下开挖必然引起岩层变形与移动，其变形速度、影响范围、发生与发展时间受众多因素的影响，如采矿方法、矿体赋存条件（地质条件、岩土物理力学性质、矿层倾角）、开采的深度、厚度、宽度、采场结构尺寸、开采速度和顺序，以及开采的时空关系等，金属矿山开采后地表的移动变形函数可表示为：

$$D_r = F(H, L, M, T_H, E, J, C, \varphi, \mu, \gamma, \omega, \cdots) \tag{8-1}$$

式中　D_r——开采后地表的实际移动量；

　　　H——实际开采或开挖深度；

　　　L——采区的实际开采宽度；

　　　M——矿块的实际开挖厚度（或矿层厚度）；

　　　T_H——水平构造应力；

　　　E——采区上覆岩体的弹性模量；

　　　J——采区矿层上覆岩体节理裂隙影响系数（无量纲量）；

　　　C——矿层上覆岩体的黏聚力；

　　　φ——矿层上覆岩体的内摩擦角；

　　　μ——矿层上覆岩体的泊松比；

　　　γ——介质的密度；

　　　ω——地下水影响系数。

在塌陷发生的沉陷盆地中心部位以垂向下沉为主，水平位移、倾斜位移量较少，形成沉陷盆地；在盆地边缘及外缘裂隙拉伸带则以倾斜位移和水平位移变形为主，可能出现地表裂缝、漏斗状塌陷坑，进而在露天开采区域引发边坡失稳，产生崩塌、滑坡等。

分析采矿引起的地表移动范围的方法主要有以下几种：（1）工程类比法，金属矿山常用的一种经验性方法；（2）理论分析法，包括上盘渐进崩落理论、上下盘渐进断裂理论、松动区引起地表岩层移动理论、构造应力控制矿山地表岩层移动理论、矿山岩体采动影响与控制工程学理论、概化随机介质理论，其中上盘渐进崩落理论和上下盘渐进断裂理论适用于露天转地下用崩落法回采的矿山；（3）数值分析方法，能对地表变形破坏的定量评价，已广泛应用于地表移动机理研究中。根据国内外目前研究现状，控制地表塌陷与变形的开采技术措施主要为充填开采。充填开采包括工作面充填开采、冒落空硐充填开采和离层带充填开采。充填包括风力充填、尾砂胶结充填和矸石充填等。充填法开采可以减少地表塌陷范围，减沉效果好，但它的不足是需在建立专门的充填系统，并需要有足够的充填材料来源，设备投资大，工艺复杂。

地表塌陷对生态环境的破坏主要包括以下几个方面：

（1）对土地资源的破坏。地表塌陷引起一系列的地表变形和破坏，首先表现为对土地资源的破坏，特别是对耕地的破坏，同时造成地表水损失，加剧土地干旱。

（2）对水资源的破坏。塌陷导致地表水渗漏，破坏地下储水结构，改变水文循环系统，引起泉水、河流干枯，地下水水位下降或上升。地面的下沉，还可诱发原露天采场的滑坡、塌陷。此外由于地面污水的渗入，造成对地下水水质的污染。

（3）对植物资源的破坏。首先，塌陷区地表裂缝处植物生长环境被破坏，植被明显稀少，塌陷坑深度为2m以上，出现地表塌陷导致植物根系拉断，枯萎死亡；其次，地表张口裂缝、塌陷漏斗、塌陷盆地造成地面大量土层松散，加剧水土流失，破坏植物生长环境，如不加以治理甚至招致植被大面积死亡，加剧风蚀和沙漠化。塌陷破坏了地下水体，降低了地下水位，使植物的生长明显受到影响，甚至死亡，改变了原有的生态系统。

（4）加剧水土流失。露天转地下的矿山地下开采对应的地表是露天采场，地表塌陷的形成改变了原地面形态，诱发露天采场的崩塌、滑坡；塌陷坑若形成于沟谷两侧，且走向与沟谷平行，必然使沟谷进一步下沉和拓宽，而槽状塌陷坑本身也是一种特殊的沟道，流水侵蚀会不断加剧其发育；塌陷发生的特殊区域会出现垮坝引起的山洪、水库渗漏现象。

（5）危及地面的建筑物。由于地下的局部采空，形成地表塌陷，从而使天然的地貌发生变化，使地面倾斜，形成"大坑"。地表塌陷下沉，严重危及地面的建筑物，致使房屋出现裂缝，成为"危房"，直接影响居民的生活甚至危及生命。

8.1.2 采矿活动对生态环境的破坏

8.1.2.1 地形、景观破坏

经过多年的露天开采，露天转地下开采的矿山形成了凹陷的露天采场。露天采场破坏了山体，形成采坑、岩石壁；排土场大量废石堆积成山，极大地破坏了该区域的地形与景观，原有绿色植被荡然无存，远望整个山体一片残缺，满目疮痍。

8.1.2.2 土壤破坏

采矿活动对土壤的影响主要是引起土壤侵蚀。土壤侵蚀一般是指在风和水的作用下，土壤或岩石物质被磨损、剥蚀或溶解，并从地表脱离的一系列过程，包括风化、溶解、侵蚀和搬运等。在自然状态下，纯粹由自然因素引起的地表侵蚀过程，速度非常缓慢，表现很不显著，并常和自然土壤形成过程处于相对平衡状态。但采矿活动如大面积的剥离、清理地面，搬运土、石、矿渣堆积物等，都会加速和扩大自然因素作用引起的土壤破坏和土体物质的移动、流失。

土壤侵蚀的原因：造成土壤侵蚀的原因常见的是分解和搬运土壤的水。在雨水的冲击作用下，土壤颗粒产生移动，在暴雨作用时尤为明显。

土壤侵蚀的危害：土地退化、沉积在具备生长力的土壤上、破坏水生群落、携带其他污染物（如杀虫剂、除草剂、重金属等）。

采矿活动对土壤的影响除了产生土壤侵蚀外，还能造成土壤污染、土壤酸化等。对金属矿的开采可致使更多的重金属进入土壤，由于土壤的吸附、配合、沉淀和阻留等作用，绝大多数重金属都残留、积累在土壤中，这样就造成了土壤污染。

8.1.2.3 对水环境的影响

（1）采场对水环境的影响。矿山露天开采在矿区形成一个大的凹陷坑，形成坑内积水；在转入地下开采后，会导致地下水位下降。

（2）排土场对水环境的影响。随着时间的推移，雨水的淋漓以及风化作用的影响，剥离岩石会逐渐分解，导致其中有害物质及重金属等会随水流入地下水体，造成地下水的污染，给周围居民的生产以及生活带来不便。

8.1.2.4 植被破坏

矿山森林植被的破坏主要是由于矿山工业场地的建设、废石堆放、开山修路、露天采矿剥离引起的。土壤作为供给植物生长发育所必需的水、肥、气、热的主要源泉，也是营养元素不断循环、不断更新的场所。矿山的建设和生产改变了土地养分的初始条件，从而使植被生长量下降。植物作为生态系统的生产者，它的破坏使得矿山土地及其临近地区的生物生存条件破坏，生物量减少，生态系统结构受损、功能及稳定性下降，引起水土流失和沙漠化。

8.1.2.5 物种多样性破坏

长期进行大面积采矿活动对植被的毁坏使植物物种减少，种属退化，生物多样性受到威胁；此外，由于采矿的噪声使林区失去宁静的环境，导致众多鸟类和野生动物逃离，野生动物的生存环境不断恶化。

8.1.2.6 环境污染

开山采矿在爆破与破碎的过程中产生的噪声导致严重的噪声污染；而开采过程中产生的粉尘也导致了周边的空气污染；部分采矿场位于饮用水源保护区内，开采过程中产生的化学与物理污染物对水质产生了一定影响，造成了水污染。

8.2 矿山地质灾害治理技术

矿山由露天转入地下开采，主要的地质环境问题有：露天坑底汇水引发淹井、露天采矿对山体的挖损破坏，露天采场边帮崩塌、滑落，露天采场坑底覆盖层厚度不够引发的地质灾害。

8.2.1 露天采场边坡治理

露天采场边坡治理的任务是消除露天采场边坡体已有或潜在的地质灾害（滑坡、崩塌），为后续露天采场的生态恢复做好基础工作。主要工程措施包括两个方面——治理和防护。

8.2.1.1 滑坡、崩塌危险区域的治理

存在滑坡危险地段的治理方式主要有：锚杆喷射混凝土边坡支护、注浆加固边坡、抗滑桩支护等治理措施。针对露天转地下开采工程的具体实际情况，选择一种或几种方法的组合进行治理。

A 锚杆喷射混凝土加固边坡技术

a 岩质边坡锚喷加固作用机理

锚杆喷射混凝土支护结构主要由三部分组成，即喷层、锚杆、钢筋网。喷层是用喷射机将一定配合比的细石混凝土喷射到开挖坡体的表面而成，具有支撑岩土、卸载、填平补强围岩和覆盖岩土表面、防止岩土松动、分配外力等作用。同时，喷层中钢筋增强了其柔韧性，能减小裂缝的宽度和裂缝的数量，使喷层应力分配均匀，改善其整体性能。

b 锚杆设计

锚喷加固中，锚杆支护起主要作用，喷射混凝土作用为辅助作用。锚杆具有经济、方便、快捷和便于施工等优点。

锚杆材料：锚杆的材料组成有杆体材料、锚固剂、托板垫板、锚杆螺母、钢带和网。普通锚杆的杆体主要材料是圆钢及螺纹钢。管材是制作缝管式锚杆、楔管式锚杆、内注浆锚杆等杆体的主要材料。锚固剂包括树脂类锚固剂和快硬水泥类锚固剂。

锚杆选型：锚杆的类型多种多样，按其不同的杆体材料的划分有木锚杆、竹锚杆、金属锚杆、玻璃纤维锚杆以及其他材料的锚杆。按其锚固方式可分为机械锚固、黏结式锚固、摩擦式锚固等。根据锚固的地层，锚杆又可分为土层锚杆和岩层锚杆。土层锚杆是将锚杆锚固在伸入稳定土层内部的钻孔中，岩层锚杆是将锚杆锚固在稳定的岩层钻孔中。土层锚杆的钻孔深度应超过边坡支护的滑动面，且必须锚固在稳定的土层中；岩层锚杆则必须穿过强风化层，锚固在稳定的岩层中。

在岩质边坡加固工程中，通常采用黏结式灌浆型预应力锚杆。穿过边坡滑动面的预应力锚杆，外端固定于坡面，内端锚固于滑动面以内的稳定岩体中。锚杆所施加的预应力主动地改变了边坡岩体的受力状态和滑动面上力的条件，既提高了岩体的整体性，又增加了滑面上的抗滑力。

锚杆设计：按照《建筑边坡工程技术规范》（GB 50330—2002）的规定进行。

c 喷射混凝土设计

喷射混凝土不仅能单独作为一种加固手段，而且能与锚杆支护紧密结合，是岩土锚固工程的核心技术。对岩质边坡进行加固时，预应力锚杆主要用来加固岩体边坡不稳定滑动体或潜在的滑动体，确保边坡的深层稳定和整体稳定。而岩质边坡中的局部失稳体或表面岩块的塌落，可采用喷射混凝土或挂网喷射混凝土来加固。喷射混凝土能够以较高的强度全面与支护体外部土岩黏结在一起，两者共同起支护作用，极大地提高支护体的抗裂和抗渗能力。预应力锚杆与喷射混凝土或挂网喷射混凝土联合使用，在岩质边坡加固工程中具有良好的适应性。

喷射混凝土的设计强度：我国《锚杆喷射混凝土支护技术规范》（GB 50086—2001）规定：喷射混凝土的强度等级不应低于 C15；重要工程不应低于 C20；喷射混凝土 1 天龄

期的抗压强度不应低于5MPa。

喷射混凝土的容重及弹性模量：喷射混凝土的容重可取2200kg/m³，强度等级C15的喷射混凝土弹性模量为18GPa，C20的为21GPa，C25的为23GPa，C30的为25GPa。

喷射混凝土与围岩的黏结强度：喷射混凝土与围岩的黏结强度为：Ⅰ级、Ⅱ级围岩不应低于0.8MPa，Ⅲ级围岩不应低于0.5MPa。对整体状和块状岩体不应低于0.7MPa，对于碎裂状岩体不应低于0.4MPa。

喷射混凝土支护的厚度：喷射混凝土支护的厚度最小不应低于50mm；最大不宜超过200mm。含水岩层中的喷射混凝土支护的厚度最小不应低于80mm，喷射混凝土的抗渗强度不应低于0.8MPa。

钢筋网喷射混凝土：钢筋网喷射混凝土中的钢筋网宜采用Ⅰ级钢筋，钢筋的直径宜为4~12mm；钢筋间距宜为150~300mm。钢筋网喷射混凝土的支护厚度不应小于100mm，且不宜大于250mm，钢筋保护层厚度不应小于20mm。

B 注浆加固技术

a 注浆加固原理与适用条件

注浆加固技术（图8-3）是用液压或气压把能凝固的浆液注入物体的裂缝或孔隙，以改变注浆对象的物理力学性质，以满足各类边坡工程的需要。注浆加固技术适用于以岩石为主的滑坡、崩塌堆积体、岩溶角砾岩堆积体，以及松动岩体边坡。

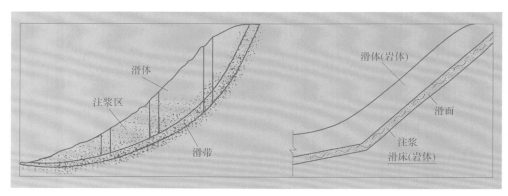

图8-3 注浆加固示意图

注浆加固技术的成败与工程问题、地质特征、注浆材料和压浆技术等直接相关，如果忽视其中的任何一个环节，都可能造成注浆工程的失败。工程问题、地质特征是注浆加固技术的成功的前提，注浆材料和压浆技术是关键。

b 设计内容与设计程序

对边坡进行注浆加固设计，主要内容包括边坡工程地质调查、注浆方案选择、注浆标准的确定、边坡注浆位置的确定、浆液的配方设计、钻孔的布置与注浆压力的确定以及注浆后边坡的稳定性验算等。设计流程如图8-4所示。

C 抗滑桩

a 抗滑桩作用机理

抗滑桩对滑坡体的作用是利用抗滑桩插入滑动面以下的稳定地层对桩的抗力（锚固力）平衡滑动体的推力，增加其稳定性。当滑坡体下滑时受到抗滑桩的阻抗，使桩前滑体

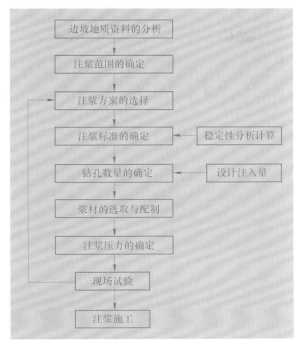

图 8-4 注浆加固设计流程

达到稳定状态。

b 抗滑桩设计的计算步骤

（1）首先弄清滑坡的原因、性质、范围、厚度，分析滑坡的稳定状态和发展趋势。

（2）根据滑坡地质横断面及滑动面处岩、土的抗剪强度指标计算滑坡推力。

（3）根据地形、地质及施工条件等确定设桩的位置和范围。

（4）根据滑坡推力大小、地形及地层性质，拟定桩长、锚固深度、桩截面尺寸及桩间距。

（5）确定桩的计算宽度，并根据滑体的地层性质选定地基系数。

（6）根据选定的地基系数及桩的截面形式、尺寸，计算桩的变形系数及其设计深度，据此判断按刚性桩或弹性桩来设计。

（7）根据桩底的边界条件采用相应的公式计算桩身各截面的变位、内力及侧壁应力等，并计算最大剪力、弯矩及其部位。

（8）校核地基强度。若桩身作用于地基的弹性应力超过地层允许值或者小于其允许值过多时，则应调整桩的埋深（或桩的截面尺寸、桩的间距），重新计算，直至符合要求为止。

（9）根据计算的结果，绘制桩身的剪力图和弯矩图。

（10）对于钢筋混凝土桩，要进行配筋设计。

c 滑坡推力的确定

滑坡推力是抗滑桩所受的主要作用力，通常把抗滑桩的滑坡推力分布形式简化为矩形、梯形或三角形。因为滑坡类型多样、性质复杂，故滑坡推力常常受到多方面因素的影响，还包括水的作用、土压力和地震力及其他外加作用力。工程中计算滑坡推力时需要根据实际情况做出相应的假设。

d 抗滑桩桩身内力计算

根据抗滑桩桩周岩、土的性质及其松散程度，抗滑桩按其属性可以分为刚性桩和弹性桩。抗滑桩按其锚固深度不同，其桩底支承方式可分为自由支承、铰支承和固定支承。抗滑桩桩身内力计算方式方法很多，主要有 k 法、m 法、c 法等，在工程中抗滑桩的设计需要根据桩周岩土性质选择合适的计算方法。

8.2.1.2 矿山高陡边坡的防护——TBS 技术的应用

TBS 技术（厚层基材喷射植被护坡技术）就是运用专用设备将含有植物种子的有机种植基材喷射到坡面，使坡面迅速恢复自然植被的边坡生态治理技术。该技术特别适用于石质硬岩、风化岩、土壤较少的软岩以及土壤硬度较大的边坡，尤其适于不宜植生的恶劣地质环境，对保护生态环境、迅速恢复自然植被、提高边坡绿化覆盖率有重要而明显的作用。

A TBS 技术基本构造

TBS 技术基本构造由工具式锚杆、复合材料网、厚层基材三大部分组成。

（1）锚杆。锚杆用于深层稳定或深层不稳定的边坡，其主要作用是将复合材料网锚固在坡面上。同时还有加固不稳定边坡的作用，根据岩石坡面破碎状况，长度为 80~120cm 不等。

（2）复合材料网。根据坡面局部稳定情况及厚层基材的设计厚度确定网的强度，可采用普通铁丝网、镀锌铁丝网或土工网。

（3）厚层基材。厚层基材由绿化基材（GBM）、种植土、混合草种（BPR）三部分组成。

B TBS 技术核心组成

绿化基材由有机质、肥料、保水剂、固粒剂、稳定剂、酸度调节剂、消毒剂等按一定比例混合而成。

绿化基材的主要作用是提供植物生长所需的合理的物理结构；保证坡面基材混合物的稳定，抵抗雨水的侵蚀；提供植物长期生长所需的平衡养分；保障植物长期生长的水分平衡；与植物共同作用封闭坡面，防止坡面风化剥落。

种植土一般应选择工程地原有的地表种植土，并粉碎风干过 8mm 筛，其主要作用是减少喷射坡面的基材混合物空隙；同绿化基材共同促进喷射混合物团粒结构的形成。混合草种中应参与秸秆和树枝，秸秆和树枝应粉碎至 10~15cm 长。其主要作用是：（1）缓冲，避免因喷枪口的压力过高导致喷射的基材混合物过实；（2）联结、增强基材混合物之间的相互联结，以提高其强度和抗腐蚀性，植被种子应选取复合设计要求的种子，基材混合物是由固体、液体和气体三相物质组成的多孔复合材料，基材混合物的合理分布范围应集中在固相比为 24%~38%，液相比为 44%~58%，气相比为 18%~25%，基材混合物中的有机质和保水剂的含量都影响着有效持水量，一般基材混合物中的有机质的含量不超过 30%。

绿化基材技术指标：有机质不小于 32.0%；腐殖质不小于 10.0；氮、磷、钾（N +

$P_2O + K_2O$）不小于 4.0% ；水分（游离水）不大于 30.0% ；吸水倍率不小于 6.0g/g ；水稳性指数不小于 60.0% ；pH 值 5.5 ~ 7.0 ；细度（ –5mm）不小于 75.0%。

为了达到良好的水土保持和 100% 绿化覆盖率等绿化效果，通常采用冷季型草种和暖季型草种混播，可以在营养补给、抗逆性等方面优势互补，确保四季常青。

C　厚层基材喷播植被护坡技术（TBS 技术）的施工工艺

（1）修筑排水沟。在边坡四周、马道、边坡纵向设置排水沟，以防止流水对基材混合物冲刷。

（2）清理、平整坡面。清除坡面淤积物、浮石、打掉突出岩石，使坡面尽可能平整，再用高压水枪清洗坡面，使坡面有利于植被混凝土和岩石的完全结合，禁止出现反坡。

（3）钻孔。按设计布置锚杆孔位，用风钻钻孔，钻孔深度及孔间距要符合设计要求。

（4）安装锚杆。采用水泥砂浆填充锚杆并捣实，锚杆下料应在设计值 ±2cm 以内，此长度不包含锚杆弯勾长度，锚杆规格应按照具体的设计要求，锚杆应高出坡面 6cm 以上，锚杆弯勾长度不小于 15cm ，水泥砂浆饱满度不小于 90%。

（5）铺设固定复合网。铺设固定复合网的目的是增强护坡强度、形成加筋植被混合物。首先在坡面上安装钢筋锚杆，然后按设计要求将高强土工网挂在锚杆上，调平拉紧，在边坡平台处采用浆砌片石压边，确保土工网稳定。网间的搭接宽度不小于 5cm ，并每隔 30cm 用铁丝绑扎。

（6）拌和绿化基材混合物。根据搅拌机大小，按上述确定的植被绿化基材的配合比计量拌和。基材混合物的搅拌时间不小于 1min 。喷射前将粉碎过筛的干燥土壤、腐殖质和含有速效肥、长效肥、黏结剂、保水剂、稳定剂的基材混合搅拌，喷射至坡面。在面层喷射层拌料时加入混合种子。

（7）上料喷射绿化基材。采用人工的上料方式，把拌和均匀的基材混合物倒入混凝土喷射机，根据坡面情况调整喷枪口与岩面的距离，应尽可能正面喷射，避免仰喷，凹凸部分及死角要充分注意。喷射应分两次进行，首先喷射不含种子的基材混合物，然后喷射含种子的基材混合物，含种子的喷层厚度控制在 2cm 左右。喷射时加水量应保持植被混凝土不流不散。

（8）覆盖无纺布。在面层喷射层完成后，覆盖 $28g/m^2$ 无纺布保墒，营造种子快速发芽环境。

8.2.2　地面塌陷区的治理

矿山由露天转入地下开采后，大面积开采造成地下矿层采空，矿层上部的岩层失去支撑，平衡条件被破坏，随之产生弯曲、塌落，以致发展到地表下沉变形，形成地表沉陷。地表变形开始形成凹地，随着采空区的不断扩大，凹地不断发展成凹陷盆地，造成水土流失、环境污染和土地荒芜等，形成对生态环境的破坏。因此，矿山开采全部结束后，必须对地面塌陷区进行治理，消除潜在的地质灾害。地面塌陷区治理措施有以下几种：

（1）疏排法治理。疏排法治理就是根据塌陷地的水文条件，建立合理的疏排系统，将地表积水排出。与此同时，开挖降渍沟，将潜水位逐渐降至临界水位条件，达到土地重新利用恢复耕种为主要目的的方法。此种方法适于地下水位不太高的塌陷区，利于大范围恢复耕地资源。当前，疏排法已广泛应用于高潜水位平原矿区，其具体措施主要是修建健全疏排水沟体系与平整土地。

（2）挖深垫浅治理法。挖深垫浅治理法就是通过挖深沉陷量大的区域获得土方，充填抬高下沉量小的区域，达到平整后土地和挖深部分都能充分利用，达到农业种植和水产养殖并举的目的。挖深垫浅法是改造利用塌陷积水区、季节性塌陷积水区的最佳方法，适宜于地下水位较高、地面出现常年积水的塌陷区。

（3）充填治理法。充填治理法就是用某种材料充填塌陷区，如露天矿剥离物、井下基建废石、城市垃圾和江河湖泥等，以达到土地复垦利用目的。回填区主要用于建筑用地、休闲娱乐、绿化用地、种植等为目的的应用，值得注意的是，应用此方法时必须对充填材料进行充分的论证，以免导致二次污染的出现。

（4）围堰分割法。围堰分割法就是针对大面积塌陷积水区采用废石回填筑埂的方法，将原来塌陷形成的大面积水域分割成若干小水面，便于放养和捕捞，以提高经济效益。这种方法是积水深、面积大的区域塌陷地复垦为养殖用地的最佳方法，不但可减少土方投入，同时，也能对受采矿影响区域的生态环境起到有效的改善作用。

（5）动态预复垦技术。动态预复垦技术就是在地表破坏发生之前或已发生但未稳定之前，采取合理的措施对未来将要形成的破坏土地进行治理，如利用废石充填动态塌陷区改造成建设用地。由于该项技术针对的是未稳定的土地，因此其后续不确定性因素较多，还需深入研究。

总之，塌陷地治理是一个多工序的系统工程。在治理过程中，应该充分考虑治理带来的环境影响，避免造成新的水土流失与土壤退化等不利影响，把保障土地的可持续利用与改善生态环境作为重要方向和目标，同时采矿塌陷地的治理与土地复垦治理、矿山地质环境恢复治理、农业结构调整以及交通、水利等其他相关工程结合起来，依据土地利用总体规划和矿产资源规划，在对采矿塌陷地进行适宜性评价的基础上，进行土地综合整治规划，达到宜耕则耕、宜林则林、宜渔则渔等目的，让采矿塌陷地的农业向多元产业方向发展。

8.3 生态环境恢复策略研究

针对露天转地下开采矿山对生态环境的破坏，尝试建立一个生态恢复策略流程（图8-5），设计时需要把握三个关键过程：一是核心价值观的确立；二是多专业技术的支撑；三是管理与维护机制的构建。上述三点对于矿山生态恢复项目的成功与否非常关键。

8.3.1 基本原则——核心价值观的确立

8.3.1.1 可持续发展的生态价值观

在可持续发展战略全球化的大背景下，确立可持续发展的生态价值观对于矿山破坏地的改造恢复显得尤为重要。

在可持续发展的生态价值观下进行矿山改造，必须注意以下几点：（1）要恢复场地的自然生态过程，使得场地能够逐渐走向自然发展、生态自我恢复的过程；（2）要注重场地能量的循环、废弃物的自我维持和再利用；（3）要尽量尊重场地上的生态特征，最小的干预场地，同时注重野生动植物的保护等。

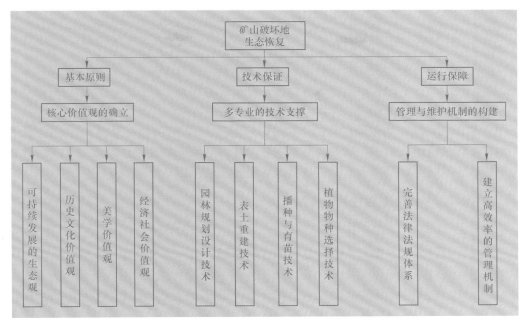

图 8 – 5　生态环境恢复策略流程

8.3.1.2　历史文化价值观

矿业遗产是人类文化遗产的一部分，其蕴藏的历史文化价值不可低估。现代生态设计的理念，有助于我们用科学的方法挖掘场地本身具有的历史文化价值，使其得到传承。建立历史文化价值观，需要把握以下几点：（1）对矿业场地所传承的历史文化信息的重视。矿山破坏地记录了矿业技术的发展历程以及历史技术信息，反映社会历史和政治发展。矿业历史的物质遗存不仅再现了工业时代的矿业技术和矿业生产的场景，同时为我们提供了包括居住、生活方式和其他相关的社会历史信息。（2）对矿业建筑和构筑物的重视。矿业建筑和矿业景观同样作为见证，承载着矿业文明和标示人类技术发展的历程，同时印证人与自然关系的深刻变化。

历史文化价值观的确立，为矿山破坏地的改造拓宽了思路。在生态恢复设计过程中，对于矿山一草一木的处理都体现了传承文化的理念。

8.3.1.3　美学价值观

随着生态主义的发展和后现代美学思想的渗入，人们对矿山破坏地的态度发生了变化，这一特殊景观类型的改造路径也得到了拓展。在此背景下，确立可持续发展的美学价值观十分重要。

从可持续发展的美学价值观的角度重新审视矿山破坏地，主要把握以下几点：（1）用生态伦理的观点去观察和认知场地上的废弃物，赋予其文化内涵，实现"变废为宝"；（2）主动发现自然生态过程的"美"。例如，场地中丰富的野生动植物活动和草木的枯荣可以用来展现自然的画面。很多作品中对场地野生植被的保护正是这一思想的应用。

8.3.1.4　经济社会价值观

矿山破坏地作为一种独特的土地类型，其蕴含的巨大的经济社会价值有待得到人们的挖掘、开发与利用。为此，需要把握以下两点：

（1）矿业遗产作为一种资源可以转化为真实的经济价值。如矿业建筑物和构筑物由于本身特殊的结构特点具有可灵活使用的潜力，可以进行多种功能的改造利用；通过工业旅游的方式或者工业街区艺术家的入驻可以带来矿业遗产的商业开发；从生态循环的角度考虑，改造再利用的投资远远小于拆除重建，部分废弃的场地、厂房、设备、材料等在现代处理方法中成为可循环再利用的资源，可以节约大量资本。

（2）矿山破坏地作为工业过程的产物可以带给人们真实的教育意义。矿山破坏地见证了工业发展的负面消极影响，是人类肆意贪婪掠夺自然资源的代价体现。通过保留改造矿山的一些遗留景观可以提高人们保护环境、珍惜资源的意识。

8.3.2 技术保证——多专业技术的支撑

8.3.2.1 园林规划设计技术

园林规划设计技术在矿山生态恢复中的应用包括：

（1）露天采场的改造和再利用。露天闭坑后的采场是采矿活动后留下的人为遗迹。在对露天采场改造的多年探索中，规划设计师积累了很多的方法，如图8-6所示。从储存物品到改造成博物馆、档案馆，再到进行旅游开发、坑塘养殖、复垦再利用等，露天采场改造的方法也日益多元化。这些因地制宜的方法使得露天采场这一原本废弃的资源地重获价值。对于露天转地下开采的矿山，露天采场往往是在地下开采的移动范围以内，故露天采场大多数是作为矿山的废石填埋场所。

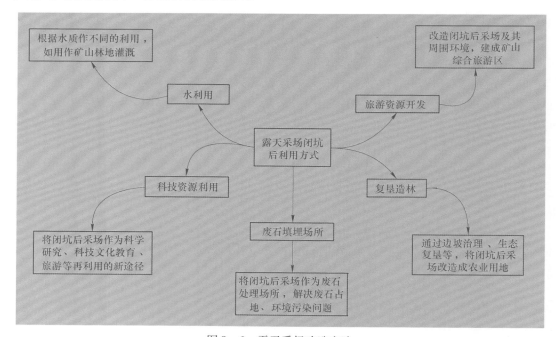

图8-6 露天采场改造方法

（2）废弃矿业设施的处理。废弃矿业设施包括场地中废弃的建（构）筑物、设备等，如果将其全部拆除，需要花费大量的资金。因此，规划设计师通常将其全部或者部分保留，使其成为场地元素的一部分。一般说来，主要采取下面几种处理方式：

1）整体保留。全部保留原状，包括地面、地下构筑物、设备设施、道路网络、功能分区等全部承袭下来，仅仅对景观中有负面影响的部分进行恢复。这种处理方法多用于在城市居住区的矿山破坏地的改造当中。

2）部分保留。留下原有废弃工业景观的片断，使其成为矿区的标志性景观。保留的片断可以是具有典型意义的、代表场地性格特征的工业景观，如废弃的露天采场、裸崖等，也可以是有历史价值的工业建筑或质量好的老建筑。

3）构件保留。保留建筑物、构筑物的一部分，如墙、基础、框架等构件，从这些构件中可以看到曾经的工业景观。

4）废弃物的再利用。对待矿山破坏地上的废材废料，主要有两种处理方式：一是就地取材，使工业废料成为独特的景观设计材料；二是对废料一次加工后再利用，如钢板熔化后铸成设施，砖或石头破碎后当作混凝土骨料，建筑拆除后的瓦砾当作场地的填充材料等。

（3）工业生产后地表痕迹的处理。工业生产在自然界中留下了斑斑痕迹，如废弃的矿渣、石块等。在处理时，很多设计师并不试图掩盖或消灭这些痕迹，而是尊重场地特征，采用了保留、艺术加工等处理方式，将场地上独特的地表痕迹保留下来。这其中，以大地艺术家的作品最为突出。大地艺术家对自然和生态的关注，在矿山破坏地这块特殊的场地中被鲜明的彰显出来。

（4）污染物的处理。矿山破坏地存在多种矿业污染物，如重金属污染物。场地的污染净化是矿山生态恢复的基础，主要采用的方式有：

1）完全移除法。完全移除法适用于污染较轻的土壤。通常对受到污染的表土和其他污染严重的有毒有害物质完全移除，而深层土壤和其他污染程度较清的土壤，通过其他方法加以处理。

2）掩埋覆盖法。对于污染程度较深的土壤，设计师一般会通过各种生物技术的方法，对土壤进行改良。常规做法是换土或者覆土。在污染土壤的上面，覆盖一层沥青，然后再铺置新土，并且通过排水设施，收集排放地表的径流，避免因为雨水的渗透，造成污染扩散。

3）自然保留法。如果矿山破坏地对环境的负面影响因素较小，或者在矿山破坏地上已经开始了新的生态自我恢复，这种矿山破坏地可以继续弃置。在一些适当的环境区域内，保留污染物，允许它们继续自然恢复，既减少投入，又保留了场地的多样性和纪念性。

（5）植物景观设计。植物作为生态景观的造景元素，在矿山破坏地规划设计中占据着重要地位。一方面，植物可作为改良土壤、修复环境的先锋；另一方面，植物对建筑、构筑物等硬质景观具有柔化协调、空间造景的功能。

8.3.2.2 表土重建技术

采矿活动对矿区土地的破坏，使土地不具备正常土壤的基本结构和肥力，甚至土壤生物（包括微生物）也不复存在。在这种极端裸地，植物的自然生长定居和生态系统的原生演替过程极其缓慢。据学者研究，在天然状态没有外来干扰条件下，土层经过 100 年才增加 10mm；废弃的露天铁矿地上出现木本植物定居，最快要 5 年之后，再经过 20～50 年这些树木的冠层盖度可达 14%～35%。所以，必须经过一些人为的技术措施，才能使得破坏的土地能够较快地恢复肥力。

A 施用改良剂

用于改良矿业破坏土地土壤的材料极其广泛，表土、化学肥料、有机废弃物、绿肥、固氮植物都可用于破坏土地的改良。不同的改良物质都有独特的作用，现分述如下。

a 化学改良物

（1）添加营养物质提高土壤肥力。大部分矿山破坏土地缺乏氮、磷等营养物质，限制了植物生长，解决这类问题的办法是添加肥料或利用豆科植物的固氮能力来提高土壤肥力。矿山破坏土地施肥可以补充作物所需的养分。但是速效的肥料极易被淋溶，因此不能够一次性的使用肥料，而需要少量、多次的施肥来补充土壤的肥分。对于使用豆科植物的固氮能力来提高氮肥的利用率，需要采取一些辅助措施。如施加磷肥、调节过酸或过碱等对破坏土地基质进行改良及人工补种一些豆科植物以扩大其种群优势。

（2）施加含 Ca^{2+} 化合物缓解重金属毒性。当溶液中的一种离子浓度提高时，则可观察到植物对其他离子吸收增多或减少，当一种离子抑制另一种离子的吸收时，则可认为两者之间产生拮抗作用。Ca^{2+} 就具有此作用，许多重金属离子的毒性就是由于 Ca^{2+} 的存在而趋于缓和。已有实验证明，Ca^{2+} 存在显著降低植物对重金属的吸收，因此，可以在破坏土地（排土场、尾矿库）中施加 $CaSO_4$ 或 $CaCO_3$ 等以解决 Ca^{2+} 含量低的问题。

b 施用石灰等物质调节土壤 pH 值

矿山开采过程中，基质的结构和功能几乎完全丧失，有些酸性或碱性的矿物质在开采和生态恢复过程中会影响表层土壤的酸碱性，因此，破坏土地基质的酸碱性问题是基质改良的关键问题之一。土壤的 pH 值不仅会影响植物品种的选择和植物的生长、影响土壤养分的活性，从而影响植物的生长发育，甚至杀死土壤中的动物和微生物，使食物链断裂，破坏生态系统。当矿山破坏土地表面局部区域存在这种危害时，可以利用化学方法进行处理。对于酸性土壤一般采用以下材料进行改良：

（1）生石灰。生石灰中和土壤酸性的能力很强，可以在短期内矫正土壤酸度。生石灰易吸水，是石灰材料中碱性最强的一种，除中和土壤酸性外，兼有杀虫和土壤消毒的功效。

（2）熟石灰。由生石灰吸湿或加水处理而成，其主要成分是氢氧化钙。熟石灰呈强碱性反应，比较容易溶解，是我国普遍施用的一种石灰材料。它中和土壤的性能比生石灰弱，较石灰石强。

（3）石灰石。石灰石的主要成分是碳酸钙，溶解度较小，中和土壤酸性的能力比较弱，但与土壤中各种酸作用后，会逐渐增加其溶解度，因此后效较长。石灰改良 pH 值的同时，还可以收到改土和增产的双重效果。

对于碱性土壤常用石膏、硫黄和硫酸改善其性状。利用石膏中的钙离子取代土壤中的钠离子，可以改善土壤结构，增加水的渗透和土壤孔隙度，从而降低土壤的板结程度，土壤中的盐分也会在淋溶的作用下减少。石膏的施加量应视碱度和含盐量而定，一般以 5t/hm^2 就足以处理表层土壤板结状况。

c 施加有机物质

有机肥料不仅含有作物生长和发育所必需的各种营养元素，而且可以改良土壤物理性质。有机肥料种类很多，大体分为两类：一类作为生物活性有机肥料，如动物粪便、人粪尿、鸟粪、污水污泥等；另一类为生物惰性有机肥料，如泥炭和泥炭类物质及其与各种矿质添加剂的混合物。它们都作为阴阳离子的有效吸附剂，提高土壤的缓冲能力，降低土壤中盐分的浓度。加入的有机质还可以螯合或者配合部分重金属离子，缓解其毒性，提高基质持水保肥的能力，这种施用有机肥料的方法是使用固体废弃物来治理破坏土地的土壤结构，既达到了废物利用，又收到了良好的环境和经济效益。事实上，有机改良物的改良效果优于化学肥料。作物的秸秆也被用作破坏土地的覆盖物，这可改善表面的温度状况，并有助于维持一定的湿度，有利于种子萌发和幼苗的生长。秸秆还田还能改善土壤的物理结构，有利于微生物的生长，固定和保存氮素养分，促进基质养分的转化。

常用土壤改良物的基本性质见表8-1。

表8-1　常用土壤改良物的基本性质　　　　　　　　　（%）

改良物	N	P	K	有机质	可能的影响
猪圈肥	0.2	0.1	0.3	3	含水量高
家禽粪肥	2.3	0.9	1.6	68	氮的含量较高
风干的污水污泥	2.0	0.3	0.2	45	可能含有害金属，且含水量高
泥炭	0.1	0.005	0.002	50	含有钙
种蘑菇的废料	2.8	0.2	0.8	95	含碳量高
生活垃圾	0.5	0.2	0.36	5	极为混杂
草秆	0.5	0.1	0.8	95	C/N 反向比

B　表土转换

严重污染的区域在复垦整理时需要大量的客土来进行铺垫。海州露天煤矿矿区东部是医巫闾山的边缘，在0.5~2km内有丰富的客土，从近几年城郊农民造地在此地取土的情况看，能满足农作物的生长，据采样化验测定结果，客土为黄土状母质发育的棕壤，其养分含量和质地适于作为耕地和林地的客土。海州露天煤矿排土场土地复垦土壤可以从该处运入铺垫。另外，根据走访调查查明，在距排土场5km处和10km处分别有荒地和荒山，表土层很厚，取土后不影响将来土地的使用，从而为复垦工程打下了良好的基础。

C　微生物修复

微生物修复是指利用微生物的生命代谢活动减少土壤环境中有毒有害物的浓度或使其完全无害化，从而使受污染的土壤环境能够部分或完全地恢复到原始状态的过程。微生物修复在水污染治理方面的应用已有几十年的历史，而微生物修复用于土壤污染的治理，则是方兴未艾的事。修复技术包括添加营养、接种外源降解菌、生物通气、土地处理、堆肥式处理等。常用的菌肥有：

（1）根瘤菌肥料。形成根瘤菌，固定空气中的氮素并转变成植物可利用的氮素化合物。

（2）叶面固氮菌肥。附着在植物叶面上能够固定空气中的氮素并供植物利用的一种细菌肥料。

（3）磷细菌肥料。含有能强烈分解有机或无机磷化合物的磷细菌的微生物制品，它在释放有效磷的同时，还能促进土壤中自生固氮菌和消化细菌的活动，并分泌激素类物质，有利于增产。

（4）钾细菌肥料。含有能分解长石、云母等硅酸盐及磷灰石的好气性细菌的制品，能够把这些矿物中的难溶性钾、磷养料转化为植物可以吸收的状态，并有一定的防病作用。

D　植物修复

植物修复是利用植物的独特功能，可和根际微生物协同作用，从而可以发挥更大的效能。植物修复是利用植被原位处理污染土壤和沉积物的方法。植物修复的成本较低，是物理化学修复系统的替代方法。植物修复有以下三种方法：

（1）植物提取。植物吸收积累污染物，植物收获后再进行处理。收获后可以进行热处理、微生物处理和化学处理。

（2）植物降解。植物及其相关的微生物区系将污染物转化为无毒物质。

（3）植物稳定化。植物在同土壤的共同作用下，将污染物固定，以减少其对生物与环境的危害。

E　动物修复

土壤动物在改良土壤结构、增加土壤肥力和分解枯枝落叶层促进营养物质的循环等方面有着重要的作用，同时，作为生态系统不可缺少的成分，土壤动物扮演着消费者和分解者的重要角色。因此，在矿山破坏地生态恢复中若能引进一些有益的土壤动物，将能使重建的系统功能更加完善，加快生态恢复的进程。矿山破坏地土壤动物群根据其大小可分为大、中、小三类动物群。

F　最佳覆土厚度

复垦种植分为覆土种植和不覆土种植两种形式。覆土与不覆土相比，复垦初期作物或树木易于成活，环境能较快得到改善，但费用较高。不覆土形式的使用有一定条件，必须有足够厚度的矸石风化层以及适合的树种。

实践证明，覆土厚度增加至一定值，作物产量不再增加或增加量很小，而覆土费用却随覆土厚度的增加直线上升，因此，根据费用效益分析方法，可按最大效益确定最佳覆土厚度

$$\max = \sum_{i=1}^{n} (E - C_a)(1 + i)^{-t} - C_0 \qquad (8-2)$$

式中　E——复垦土地单位面积年收益，元/a；

$\quad\quad C_a$——复垦土地单位面积年管理或经营费用，元/a；

$\quad\quad C_0$——单位面积覆土费用，$C_0 = kh$，k 为单位厚度单位面积的覆土费用，h 为覆土厚度，元/a；

$\quad\quad i$——基准收益率；

$\quad\quad t$——计算期，a。

式（8-2）可直观地用图8-7表示。

8.3.2.3　播种与育苗技术

采矿破坏土地生态恢复技术的核心是恢复植被。只有恢复植被才能改善采矿破坏土地的生态环境质量，从某种意义上说，前几节所论述的技术是为植被恢复作准备；另一方面，只有恢复植被，才能巩固工程技术的成果。

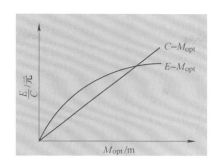

图 8 - 7　最佳覆土厚度的确定

E—单位面积年收益；C—单位面积覆土费用；M_{opt}—最佳覆土厚度

使植物能快速成活的有效方法之一是人工播种。人工播种是在植物生长季节将高质量的种子有规律地播入土壤，以保证高发芽率和成活率，有些地方也可以采用移栽的方法。

（1）撒播。撒播是将种子直接撒到土壤表面，而不直接用土壤覆盖的方法，所用的工具一般有吹种机、水力播种机、手播。撒播的优点是能灵活地适应播种地区的地形，条播通常不适用地面起伏不平、陡峭的地形，或地表土壤中含有大量石块的地区，而撒播则可克服这些问题，撒播的不足之处是播种率通常是条播的两倍。

（2）条播与穴播。条播机利用轮盘将种子撒落到垄沟内，在地形条件允许的情况下，条播优于撒播，因为条播是将种子有规律地撒到土壤中，同时盖以适当深度的泥土，要根据种子和立地的不同类型选择不同设备，条播机应有分离的容器，分别盛装大小不同的种子，也应有搅拌器，防止种子沉淀到槽底。穴播是在土壤条件好的地方点播，穴中点播的种子不能埋得过深，以免影响发芽率。

（3）袋苗移栽与插条。袋苗移栽可以减少运输和栽种时根系的损伤，大大提高移栽后的成活率。在具备立地条件之处，生物特性允许的土中可以采用插条移枝法，国外全光雾插育苗技术非常成熟并得到广泛的应用，其插条成活率较高，是一般苗床培养插条能力的几十倍。袋苗移栽和插条的壮苗标准一般是：植株整齐、健壮、高粗均匀、颜色正常、无病虫害、无机械损伤，它们也同样要求适当的时机，一般在雨季最好。

播种季节：恰当的播种时间是植被恢复成功的关键，要遵循的一条基本原则是在一年中最大降雨来临之前播种。

不同的土地用途要求的最大坡度见表 8 - 2。

表 8 - 2　不同的土地用途要求的最大坡度

降雨集中时间以及其后特征	播种时机	备　注
春夏两季	四月中旬播种	
早春（我国东南部）	冷季播种	
初春	中春到早夏	
秋季	晚夏播种	
土壤湿度允许的情况下	冷季种和豆科种一般在晚夏和早秋播种	
降水主要以雪的形式存在	第一次严霜之后立即进行秋播	种子到春天环境才破土

8.3.2.4 植物物种选择技术

A 植被重建的目标和基本原则

在地形整治完工以后，就应快速恢复植被，从而可有效地控制水土流失，改善矿山生态环境，同时恢复土地的生产力。由于破坏土地自然生态条件较差，仅靠自然恢复植被达到生态平衡，需要很长时间，是一个非常缓慢的过程，并且植物种数也很少，不能达到防风固土、土地复原的作用。重建植被的主要目标不仅是恢复植被的生态环境，而且是一个高水平、融合了环境、经济、生态效益，比原始生态环境更高层次、更高水平、人地协调可持续发展的生态系统。

植被建设的基本原则是因地制宜，因害设防，宜林则林，宜草则草。合理选择树种，合理优化配置复垦土地，保护和改善生态环境，形成草灌乔，带片网相结合的植物生态结构。

B 先锋植物、适宜树种的选择

石人沟铁矿已经开采了多年，排土场占用了大量的土地。经排土场现场取样分析出排土场土壤中有重金属污染，并且缺乏氮肥；因此，应该采取措施治理污染和提高土壤肥力，最好的办法就是先期种植先锋植物以减少土壤中重金属含量，减少污染；同时也要种植固氮植物提高土壤肥力。

C 选择先锋植物和适宜树种的主要依据

选择适生植物是植被重建的关键措施之一。如根据石人沟铁矿破坏土地的地理位置和当地的气候条件，总结出先锋植物应当具有以下特征：

(1) 适应土壤贫瘠的恶劣环境中生长，具有抗性强，抗旱、抗寒、抗瘠薄、抗病虫害等优良特性。

(2) 生长、繁殖能力强，最好能具有固氮能力，提高土壤中氮元素含量。要求实现短期内大面积覆盖。

(3) 根系发达，萌芽能力强，能够有效地固结土壤，防止水土流失，在复垦工程的早期阶段尤其重要。

(4) 播种、栽植容易，成活率高。

8.3.3 运行保障——管理与维护机制的构建

矿山破坏地的改造受到内外部多种因素的影响。为保证矿山破坏地生态恢复项目的实施，保证矿山资源的永续存在、开发利用，对规划的实施应采取一定的保障措施。

8.3.3.1 完善法律法规体系

长期以来，我国矿山生态环境管理十分薄弱，矿山生态环境保护的法律法规亟待健全。矿山生态环境保护和景观开发的规划应该走向制度化道路。明确矿山企业开发利用矿产资源的权利和保护生态环境的责任，理清管理部门的职责，避免出现个别企业和个人在开发资源中受益，而广大群众和当地政府为生态环境保护买单的现象。

同时，制定以矿山生态规划为核心的法规规章体系，对矿山生态恢复的发展研究、规划设计、项目建设、运营操作、管理监督、法律责任进行法制管理，做到有法可依、有章可循。

8.3.3.2 建立高效率的管理机制

在矿山破坏地的经营建设中，建立包括政府监督、公众监督、媒体监督、专家监督和国际监督，共同监督的社会监督机制，更好地促进矿山生态恢复的开发经营。对在核心区范围内的开发建设与经营活动必须实行统一的"准入制"。由政府实行统一管理审批，只有符合法定条件的单位经审批后才允许进入，以确保各项保护措施落实，并严格按照法定策划与规划设计实施。

同时，做好矿山人才培养工作。为提高矿山生态恢复区管理机构的管理水平和业务素质，应引进和培养一批高素质、高水平的管理人员和技术人员，这样才能保证生态规划建设的顺利进行和蓬勃发展。

9 国内外露天转地下开采实例

9.1 国外露天转地下开采实例

国外在这一领域开展工作较早，涉及的矿山有金属矿、非金属矿和煤矿等，如瑞典 Kiruna（基鲁纳）铁矿、俄罗斯盖斯克铜矿、加拿大 Kidd Creek（基德格里克）铜矿、芬兰皮哈萨尔米铁矿、南非 Koffiefotein（科菲丰坦）金刚石矿、澳大利亚的蒙特利尔铜矿等。上述矿山根据地质、资源、生产、环境和经济等因素不同的情况，就合理确定露天开采的极限深度、露天开采向地下开采过渡时期的产量衔接、露天坑底盆的顶柱与缓冲层、露天开采的开拓系统与地下开采的开拓系统衔接、露天开采的边坡管理与残柱回采、坑内通风与防排水系统等主要问题进行了大量研究，提供了有益的借鉴。国外露天转地下开采的矿山生产情况见表 9-1。

表 9-1 国外部分露天转地下开采矿山生产情况

矿山名称	生产规模/万吨·a^{-1}	地下开拓方式	地下采矿方法	过渡期年限
瑞典 Kiruna 铁矿	1200 ~ 2400	竖井 + 斜坡道	阶段崩落法	1952 ~ 1962
俄罗斯盖斯克铜矿		竖井	空场嗣后充填法	联合开采
加拿大 Kidd Creek 铜矿	400 ~ 700	竖井 + 斜坡道	分段空场嗣后充填法	1969 ~ 1976
俄罗斯克里沃罗格矿区	1000	竖井 + 斜坡道	有底柱阶段崩落法	联合开采

9.1.1 瑞典 Kiruna 铁矿

Kiruna 铁矿是一个拥有 100 年开采历史的矿山，该矿发现于 17 世纪中叶，由于当时交通不便，矿石含磷量较高，未进行大规模开采，到 1899 年发明了碱性贝式冶炼法和铁路通车后，于 1910 年开始进行大规模露天开采，地下开采从 1952 年开工建设，1960 年地下开采开始生产，1962 年 10 月露天开采结束，全部转入地下开采，是目前世界上最大的地下矿山之一。

该矿为沉积矿床，矿体呈板状，走向长约 4500m，矿体厚度 28 ~ 200m，平均厚度 85m，倾角 50° ~ 70°，已探明深度达 2000m。储量 18 亿吨，铁矿石品位 55% ~ 72%。矿体上盘为石英斑岩，下盘为正长石，均为坚硬稳固岩石。矿石单轴抗压强度为 115 ~ 190MPa，围岩单轴抗压强度为 90 ~ 430MPa。矿体上部围岩（约 +900m 以上）RQD 平均为 50%，下部围岩约 75% ~ 80%。

9.1.1.1 露天开采

Kiruna 铁矿于 20 世纪 50 年代转入地下开采时，露天采场在从北至南的山坡上，形成一条长3000m，宽480m的深沟，露天矿最终开采深度-230m。深部露天采出的矿石用30t自卸汽车运至溜井，经过破碎后，再通过计量装置装入矿车，沿平硐运至选矿厂，废石用铁路运输，先运至罐笼井，再下放至平硐水平，直接运至废石场。

9.1.1.2　地下开采

Kiruna铁矿转入地下开采后，崩落上盘围岩作为覆盖层，采用下行式开采顺序，首采阶段为-275m水平。

采用竖井和斜坡道开拓，矿石和废石用竖井箕斗提升；人员、设备、材料及部分废石则采用无轨设备通过斜坡道运送。

A　提升系统

该矿采用分段接力提升方式（图9-1）。以-775m深度为界，0～-775m为上部提升系统，竖井直通地表；-775～-1365m为下部提升系统（2013年之前装矿点设在主运输水平-1045m以下，2013年以后设置-1365m以下），为盲竖井。

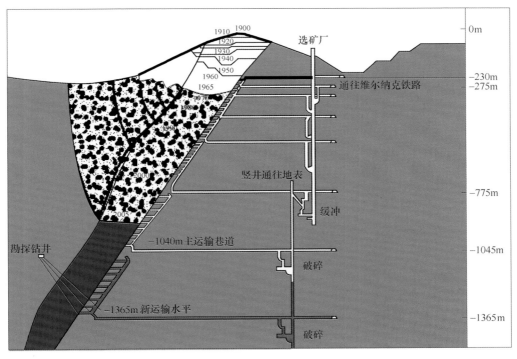

图9-1　Kiruna铁矿露天转地下开拓提升系统

上部提升系统共包括7条主井，其中3条双箕斗井配置φ3.25×4多绳摩擦轮塔式提升机，4条单箕斗井配置φ3.25×6多绳摩擦轮塔式提升机。提升系统均采用直流传动，电动机功率为4300kW，提升速度17m/s，提升高度802m。双箕斗系统箕斗有效载重24t，提升能力920t/h；单箕斗系统箕斗有效载重40t，提升能力820t/h。

下部提升系统共包括5条盲竖井，全部采用双箕斗提升方式，配置φ3.25×6多绳摩擦轮塔式提升机，提升机均采用交直交传动，电动机功率为5600kW，提升速度17m/s，提升高度705m，箕斗自重36.7t，提升能力1300t/h。

井下每年掘进废石量200万吨，用一个专用的箕斗井提升。废石井位于矿体下盘北部的山顶上，废石提升至地表后通过胶带机输送至露天坑和塌陷区。

20世纪60年代初开凿了无轨斜坡道，工人乘大客车下井。主斜坡道位于矿体北部下盘，硐口在工业厂区附近，标高+230m，坡度为10%，双车道路面，断面尺寸为8m×5m。除主斜坡道外，从辅助水平到运输水平，从运输水平到破碎机硐室、箕斗装矿硐室，都有专用的斜坡道。沿矿体走向每隔500m，从辅助水平向上开凿采区斜坡道，与各开采分段连接。采区斜坡道位于矿体下盘，一般为螺旋形布置，断面6m×5m，坡度12.5%或14.3%，路面大多为沥青路面。

B 井下运输系统

1999年中期，Kiruna铁矿的运输水平从-775m转移到了-1045m，矿石运输系统的运输能力为2800万吨/a（原矿），使用无人驾驶列车运，该水平将持续生产到2018年。

矿山分为8个采区，每个采区都有一组溜井和通风系统，共有32条放矿溜井，沿矿体布置成8个溜井组，列车把矿石从溜井运到4台旋回破碎机站，破碎机排矿口100mm。在破碎站下部箕斗装矿水平，矿石被分配给4个竖井系统，然后提升到-775m水平的破碎矿仓。矿石在该水平被分配给上部明竖井的系统，然后由箕斗提升到地表的矿石加工厂。

C 采矿方法

Kiruna铁矿采用无底柱分段崩落法，采矿阶段标高分别为-275m、-320m、-420m、-540m、-740m、-775m、-1045m。主要出矿阶段-1045m阶段于1997年开始生产，-1175m阶段正在进行开拓，规划有-1365m阶段。

沿脉采准巷道布置于矿体下盘，一般高度为6~7m；切割巷道穿脉布置，一般高度为5~6m，间距25m，分段高度28m。回采炮孔自穿脉巷道向上呈扇形分布，孔径116mm，每组炮孔约12~16个，孔深超过25m，排距3m，一般自穿脉巷道打至上盘围岩。每次爆破矿量约8000~15000t，矿石用25t铲运机卸入溜井。矿石经溜井口放入26t底卸式矿车，经井下破碎站用圆锥破碎机加工至50mm以下，经竖井箕斗提至地面。

Kiruna铁矿在20世纪90年代之前主要采用中深孔爆破，孔深控制在12~16m，凿岩设备采用气动式凿岩台车。进入90年代，矿山改进了采掘设备，改用液压式凿岩台车凿深孔，钻孔深度达到22m，并发展到28m，钻孔直径也由76mm发展到115mm（图9-2和表9-2），生产效率大大提高。由于凿岩设备从气动凿岩机到液压凿岩机的更新换代，且孔径和孔深的加大，给矿山带来很大的效益，从1983年到1993年的10年间产量增加了67%，劳动生产率提高了3倍。但随着凿岩孔径和孔深的继续增大，原有的Cop4050重型液压凿岩机（使用管式钻杆）虽然能耗低、钻孔效率高，但孔深35m以上时，炮孔偏斜率不易控制。为解决矛盾，矿山又装备了Wassara水力潜孔冲击器的Simba W469型遥控钻车，该钻车将液压凿岩机的节能高效与气动潜孔钻机的无接杆处的能量损失、炮孔精度好的优点结合起来。与重型液压凿岩机相比，它随孔深增加凿速不降低，保证了钻孔精度，降低了钻杆费用。它比气动潜孔冲击式钻机除大量节省能源外，钻速也是气动的2.5~3倍，且1名操作工可遥控3台钻车，减少了人员，大大提高了劳动生产率。

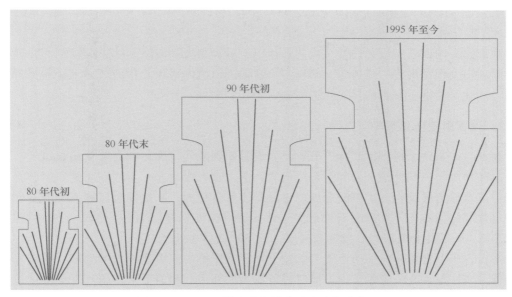

图 9 - 2 Kiruna 铁矿分段崩落采矿法炮孔布置

表 9 - 2 **Kiruna 铁矿凿岩参数变化与生产效率**

项目名称	20 世纪 80 年代初期	20 世纪 80 年代中期	20 世纪 80 年代末期	20 世纪 90 年代前期	20 世纪 90 年代后期	目前
分段高×间距 /m×m	12×11	12×16.5	22×16.5	27×25	28.5×25	30×25
炮孔直径/mm	57	76	76	115	115	165
每排炮孔崩矿量/t	1080	2300	3800	9300	10500	15000
每米炮孔崩矿量/t	9	15.5	17.3	22.2	24.7	33.0
凿岩设备	Simba323 气动钻车、气动凿岩机	Simba H222 液压钻车、Cop1238 液压凿岩机	Simba H450 液压钻车	Simba H450 液压钻车、Cop4050 液压凿岩机	Simba W469 遥控液压钻车配 Wassara 水力潜孔冲击器	
年产量/万吨	1120	1580	1870	1870	2000	2300
劳动生产率 /t·(人·a)⁻¹	1975	3800	5700	5900	6400	35000

D 矿山装备水平

（1）掘进凿岩。Kiruna 铁矿掘进设备使用 Atlas Boomer H - 353 S 凿岩台车和 Tamrok Para 凿岩台车，能钻凿 5m 和 3.8m 长的炮孔。所有这些台车都配有 3 臂，并配有控制水平和垂直角度的装置（Bever 或 T - Cad）。Atlas 台车用于在矿石中凿岩，Tamrok 台车用于岩石中。

（2）采矿凿岩。采矿凿岩使用遥控的 Atlas Copco Simba 凿岩台车，每个台车配有 1 台水力驱动的 Wassara 型潜孔冲击器，水压 18.8MPa。凿岩台车按自动模式打完一排扇形炮孔后，人工把台车移动到新地点并校准后重新工作。

（3）铲运。Kiruna 铁矿装矿使用大型铲运机。其中，Toro2500E 型 10m³ 电动铲运机，装运能力 25t；650D（柴油）型铲运机，装运能力 16t；500E/501E 型铲运机，装运能力 14t。

E 工艺特点

深部露天的矿石用溜井通过坑内巷道运出，减少露天剥离量和缩短运输距离。地下用竖井斜坡道开拓，凿岩、装运等无轨设备可直接进出坑内采场工作面。井下运输提升全部实现自动化，使地下开采的机械化提高到一个新的水平。

9.1.2 俄罗斯盖斯克铜矿

盖斯克矿是一个黄铜矿矿床，其含矿岩层是受到强烈片理化和石英化钠长斑岩、凝灰岩及凝灰角砾岩、基性凝灰岩和混合凝灰岩。围岩是辉绿玢岩、层状泥质凝灰岩和凝灰角砾岩。辉绿玢岩硬度大，矿体边界处的辉绿玢岩非常稳固。其他围岩遭到强烈蚀变，以致绢云母化和绿泥石化，并破裂至松散黏土状。蚀变泥质岩厚度为 1~15m，还有厚度为几厘米至 2.5m 的蚀变泥质岩，或形成夹层，或产于矿体中。

露天开采深部矿体时，生产能力急剧下降，为保持矿山生产能力的均衡，研究采用胶结充填采矿法保证在一个垂直面上同时进行露天深部作业和地下采矿生产。露天转地下开采初期，预留 100m 厚的境界顶柱将露天矿和地下矿隔开，但随着开采工作的推进，这一境界顶柱最终由胶结充填的人工矿柱代替。

地下开采采用竖井开拓，一期工程设一个箕斗井和一个罐笼井，南北两翼布置通风井，开拓至 -440m 水平，阶段高度 60m。为使矿床尽快投产，先进行地下开采，同时进行露天矿的剥离工作。-260~-170m 中段的矿房回采结束后，进行干式充填，此时露天矿开始采矿。由于设计采用崩落法回收矿柱，因此在露天矿采完之前停止了地下开采。后来改用混凝土对矿房进行充填。后期，矿房和矿柱的回采直接改为胶结充填。这样，露天和地下开采才得以同时进行，如图 9-3 和图 9-4 所示。

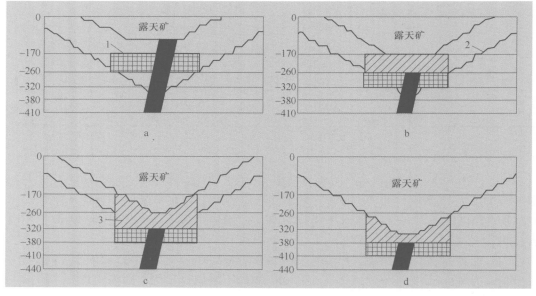

图 9-3 盖斯克铜矿露天与地下开采规划
1—矿柱；2—露天最终境界；3—人工矿柱

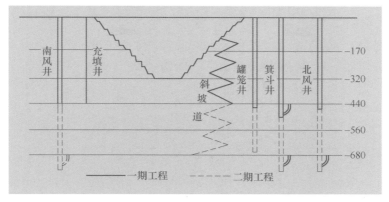

图9-4 盖斯克铜矿露天与地下开拓系统

一期开采露天和地下矿之间预留的境界顶柱，随着回采工作向深部的发展，这个自然矿柱已被回采，并在原处形成了一个胶结充填体。

该矿通过研究，在矿业界最先制定了胶结充填的强度标准，保证在充填体下能够安全的进行采矿作业，又进一步研究了充填体的强度特性，得以有根据的确定露天矿和地下矿之间人工境界顶柱的最佳尺寸。通过考虑动静载荷作用，计算出露天矿和地下矿之间的人工境界顶柱厚度不小于60m，在这一厚度条件下，就不需要采取专门措施来降低爆破影响或限制爆破规模。

在联合法开采中，掌握地下采矿法的初始阶段主要任务是制备和使用充填料，以便能用回采矿房的采矿法回采矿柱，并能采用相同的矿房参数，达到相同的生产能力。

充填料配比原设计为（$1m^3$ 充填料）：水泥40kg；水淬高炉渣360kg；水360L；黏土杂质含量不大于16%的沙1260kg。由于使用这种沙制备的充填料没有塑性，在充填管道中容易堵塞，故对充填料配比进行了调整，将沙中黏土杂质含量调整到30%～40%，用后者制备的充填料，充填体更密实，韧性更好，在规定的时间内达到标准强度5MPa，甚至更大。

该矿研究确定了胶结充填体的强度标准，保证在充填体下能安全地进行采矿作业，并依据胶结充填体的强度特性，确定露天矿和地下矿之间人工境界顶柱的最佳尺寸，用静动载荷原理计算出人工境界顶柱的稳定厚度不小于60m。

9.1.3 加拿大 Kidd Creek 矿

加拿大 Kidd Creek 矿是世界上最大的火山成矿的块状硫化矿床之一。矿体长约500m，宽30～170m，倾角约80°，矿石围岩均属稳固。1964年发现该矿床，1966年末投产，1967年2月达到10000t/d的设计生产能力，1972年生产原矿362万吨，1973年开始逐步过渡到地下开采，1976年露天开采全部结束。地下矿设计能力14000t/d，采用竖井—斜坡道开拓。主要采用分段空场嗣后充填法开采。

Kidd Creek 矿露天矿设计总剥采比为2.58∶1，初期剥采比为4∶1。道路宽30.48m（100ft），坡度10%。台阶高度12.2m（40ft），南段布置8个台阶、总高度97.5m（320ft），北段布置19个台阶、总高度295.7m（970ft），总边坡角53°。上部爆破量大时，最小抵抗线为 6.7m（22ft），炮孔间距 8.5m（28ft）。设计服务年限 10 年；最低开采至地下 -219m。

露天开采后期，为保持矿山生产能力，对深部矿体进行地下开采研究，在不影响露天生产情况下，采用如下露天转地下开采方案（图 9 - 5）：

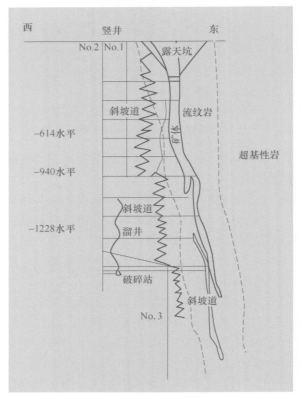

图 9 - 5　基德克里克矿开拓系统图

No.1 竖井——期工程竖井；No.2、No.3 竖井—二期、三期工程竖井

（1）矿区被黏土和沼泽覆盖，露天爆破可能造成危害，新采矿设施场地需重新选择，新建设施距露天矿西帮 215m。

（2）对已有建筑物和仓库进行改造和扩建而用于地下开采；在已有露天矿矿仓的基岩上建造两个混凝土结构的 5000t 矿仓，对铁路稍加修改，将露天矿仓与地下矿仓合并使用；在竖井附近新建仓库、办公室、空压机房和发电厂。

（3）逐步缩小露采生产能力，提前进行地下回采试验，当井下开采的提升、破碎设施一旦完成，即转入地下开采。

（4）新建竖井位于矿体下盘，距露天矿约 125m，井筒直径 8m，深 940m，中段高度 122m。竖井采用多绳摩擦式提升机提升，装备两个 27.5t 的箕斗配钢丝绳罐道，另有双层主罐笼（5.4m×2.4m）配平衡锤，还配置了一个小辅助罐笼；此外，还安装了用全钢制作的梯子间；装载矿仓设置在 -878m 水平。

（5）为了更快进入矿体和连接所有中段，从露天矿西坡 -25m 处向下掘进了一条主斜坡道，一直延伸到 -940m 的井底，总长 6447m，比竖井提前 18 个月进行 -245m 中段以上的矿体采准。斜坡道宽 5.3m、高 3m，坡度 17%，通行最宽设备时人行道宽度为 1.5m。

（6）及早施工充填系统，以便用于井下采空区充填和更大限度的回收矿柱。

Kidd Creek 矿地下开采采用深孔崩矿的房柱采矿法嗣后充填采矿法，是继澳大利亚芒特艾萨特之后世界上第二大胶结充填的矿山，回收率高达 97%。

生产凿岩采用四台英格索兰公司生产的 CMMI 钻机、三台 Mission 钻机和两台 Cubex5200 钻机，每台钻机都装备了潜孔冲击器。80% 的钻孔直径达到 114mm，孔深 37m，其余钻孔直径 140mm，孔深 46m。

井下运输由 14 台 Toro400、7 台 Toro501D 和 6 台 Wagner ST8A 铲运机以及 Jel、Wagner、Tamrock EJC 汽车组成。Toro501D 铲运机铲斗容积 5.7m³，铲运能力 14t，采用 6V 92TA DDEC 柴油发动机作动力，这是此类型发动机首次应用于井下，具有操作简单、噪声低、污染小的优点。

9.1.4 俄罗斯克里沃罗格矿区

金属矿床露天开采的主要消极后果是占用农田和事后复田，如果继续保持增加露天采矿量的趋势，那么征用农业用地的速度将会增高，这不仅会恶化矿区的生态环境，而且各露天矿的经验也表明会急剧提高采矿成本。克里沃罗格矿区在研究矿石原料基地的发展问题时，考虑用露天地下联合法开采。

克里沃罗格矿区论证了最接近自然稳定的回采矿房最优参数和周边形状，得出矿房高度和宽度可加大 25%～30%，相应地增加了矿房储量和回采强度。研究湿式磁选尾矿加硬岩碎石的充填材料特性，确定各种充填料组分的物理力学特性，提出留倾斜隔离矿柱的矿房采矿法的初步结构，用有限元法确定了回采矿房和倾斜房间隔离矿柱的最优参数，可保证矿块矿量回收率达 73%。对脱泥尾砂水砂充填矿房采矿法的用破碎的剥离废石与选矿厂尾矿混合物嗣后充填采空区的矿房法回采 70% 的矿量时的地采生产能力的计算结果表明，整个矿床的年开采强度可从 30～35t/m² 提高到 60～70t/m²。

当在一个垂直面上同时进行露天和地下联合开采时，采用崩落采矿法既要遵循能保证露天作业安全，在考虑投入开采的矿床有效面积的情况下，又要遵循露天和地下采矿作业相互关联的发展顺序。为了保持安全台段的尺寸不变，用下式确定露天和地下的开采规模：

$$\frac{A_1}{A_2} = \frac{n s_1 k_1 \gamma_1}{s_2 k_2 \gamma_2}$$

式中　n——同时作业的阶段数；

　s_1，s_2——分别为投入地下开采和露天开采的矿床有效面积，m²；

　k_1，k_2——分别为露天和地下法的回采率，%；

　γ_1，γ_2——分别为露天和地下法开采的矿石密度，t/m³。

当必须加速地下矿投产时，为了开采露天矿工作帮下部的矿石，提出了一种地下采矿上向与露天采矿下向联合回采方法。

露天与地下联合开采对一个矿床来说，在开采范围内，将矿床垂直划分成上、中、下三层，上层用露天开采，下层用地下开采，中间层也称过渡层或过渡带，既可用露天工艺开拓、回采，也可以用地下工艺开拓、采准、回采，或两者兼而有之。这种联合采矿工艺适用于矿床规模大、质量好，地表允许崩落的矿山。

露天坑底最后一个台阶穿爆后矿石经地下运输系统运到地表，如图9-6所示。

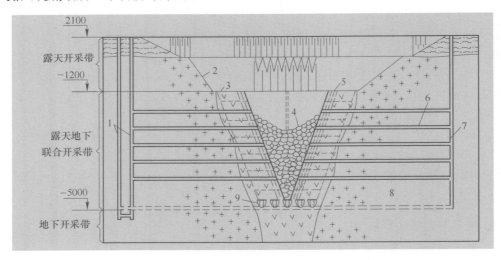

图9-6 矿床联合开采示意图

1—箕斗提升井；2—露天开采带的最终境界；3—露天地下联合开采带最终边界；
4—崩落矿石；5—炮孔；6—分段凿岩巷道；7—通风井；8—集矿运输水平；9—放矿巷道

将过渡层划分成若干分段，掘进分段凿岩巷道与提升井和通风井相连，从露天采场底部和分段巷道钻凿下向深孔，开采工艺为分梯段挤压崩矿，孔网参数综合考虑分段高度、出矿漏斗尺寸和矿石块度等因素确定，崩下的矿石从集矿平巷运出。采空区用作剥离废石场或尾矿库。

这样的联合采矿工艺开采过渡层，露天境界不再扩帮，大大减少了剥离量；又由于采空区用作生产废料场，对矿区自然环境的破坏范围得以缩小。这种联合采矿工艺方法的关键是准确确定上、中、下三层开采时间顺序，即过渡层开始作业时间、穿爆质量、振动出矿机的能力。

9.2 国内露天转地下开采实例

我国从20世纪70年代开始露天转入地下开采，如凤凰山铁矿、冶山铁矿、漓渚铁矿、白银折腰山铜矿等矿山，为了提高产量，探索积累了一些经验，如产量衔接、缓冲层形成、残矿开采、采矿方法和开拓系统的合理选定等，而对露天转地下采矿的安全保障和工艺参数等关键技术，研究只处在理论探讨阶段。

从21世纪初开始，矿业经济持续快速发展，国有大型矿山企业逐步开始露天转地下开采实践，国家层面上的露天转地下开采关键技术与装备研究才系统深入。技术成果支撑了一批国有大型老露天矿山转地下开采持续发展。国内露天转地下开采的矿山生产情况见表9-3。

表9-3 国内部分露天转地下开采矿山生产情况

矿山名称	生产规模/万吨·a⁻¹	地下开拓方式	地下采矿方法	过渡期年限/年
海南联合矿业北一采区	220~260	竖井+斜坡道	无底柱分段崩落法	2012~2016
河北钢铁石人沟铁矿	130~200	竖井+斜坡道	空场采矿法、无底柱分段崩落法	2001~2007

矿山名称	生产规模/万吨·a⁻¹	地下开拓方式	地下采矿方法	过渡期年限/年
太钢峨口铁矿	750	平硐 + 斜坡道	无底柱分段崩落法	
首钢杏山铁矿	150 ~ 300	平硐 + 溜井	无底柱分段崩落法	2005 ~ 2007
鞍钢眼前山铁矿	250 ~ 500	竖井 + 斜坡道	无底柱分段崩落法	2012 ~ 2017

9.2.1 海南联合矿业北一采区

9.2.1.1 矿山概况

海南联合矿业北一采区位于海南省西部的昌江黎族自治县石碌镇境内。北一采区为一座露天生产采场，是海南矿业联合有限公司铁矿石的主要生产基地，是我国仅有的大型露天富矿。露天采场自 1957 年开始投产，2012 年开始转地下开采。

北一采区主要为一套浅海潟湖相沉积岩系，并经受了程度较浅的区域变质和接触变质作用，后经沉积作用形成的铁矿床。矿体顶底板围岩主要为白云岩、透辉石透闪石灰岩以及含铁千枚岩、绢云母石英片岩等。北一采区赋存有三层矿体，从上至下由 I 、 II 、 III 层矿组成。其中 I 层矿规模最大、矿石质量最好，其次为 III 层矿，第 II 层矿矿石质量最差。铁矿体东西长 2570m，地表出露长 1150m，水平投影宽 350m，最大展开宽 800m，矿体赋存原最大垂直厚度约 430m。矿体走向 VI 线以西为东西向，VI 线以东为 S60°E。矿体自 E4线以东倾伏地下为盲矿体，倾伏角 VI 线以西 10°，VI 线以东 42°左右。总体构造为一向斜构造，矿体赋存于北一向斜与伴随围岩同步褶曲，北翼矿体倾角 60° ~ 80°，南翼 45° ~ 60°。矿体赋存标高 540 ~ -380m。典型勘探线（E6）剖面如图 9 - 7 所示。

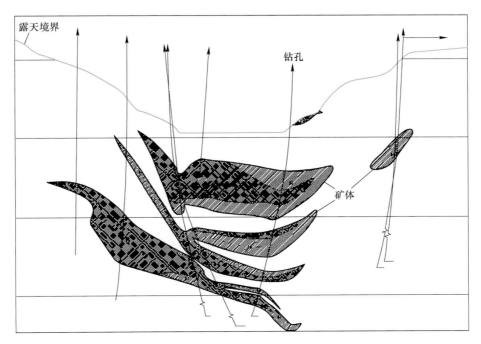

图 9 - 7　北一典型勘探线（E6）剖面图

北一采区露天境界台阶高度为 12m，露天底标高 0m，封闭圈标高 +168m。采场运矿系统采用汽车直运，矿石采用自卸汽车直接运往 +169m 原矿槽。运岩系统采用汽车—电铲（或振动放矿机）—电机车联合倒装系统。采场共设有两个倒装场，分别设在 +169m 和 +126m。+169m 电铲倒装场设在采场外，负责上部岩石，倒装能力 250 万吨/a；+126m 振动放矿倒装场设在采场内，倒装能力为 400 万吨/a。

9.2.1.2 矿山露天转地下开拓运输方式

A 转地下开采过渡方案

北一采区露天转地下开采过渡期划分为三个部位进行开采：露天采场开采（0m 标高以上）、挂帮矿体开采（0m 标高以上露天境界外）及深部矿体开采（0m 标高以下）。

深部矿体位于露天采场和挂帮矿体的下方，深部开采必须在露天开采和挂帮矿体开采结束后进行。而且在转入深部开采时，为了延缓露天坑内的大气降水迅速汇入坑内，保证坑内开采的安全，必须在露天坑内形成不小于 40m 厚的覆盖层。合理安排上述三个部位矿体开采顺序和规模是保证矿山持续稳产和顺利过渡衔接的重要一环，且挂帮矿体回采时机及露天底覆盖层的形成是其中的关键所在。

挂帮矿体主要赋存在露天采场的东端帮及南边帮的东段，北帮只有少量的挂帮矿体，由于需要保护露天采场的西侧的道路系统及露天截洪沟，将北帮的少量挂帮矿体作为保安矿柱，待后期再回采。这样挂帮矿体只有东端帮和南帮东段，生产规模为 150 万吨/a，挂帮矿体服务年限可至 2016 年。

如果在露天开采结束前，不能及时采完挂帮矿体，势必会制约地下开采规模扩大。并且深部开采还必须在露天坑底 40m 厚的覆盖层形成后进行，如果在露天开采结束后，再采用废石回填，形成覆盖层，需要 6 个月左右才能完成，那么也势必制约规模扩大。因此，应该尽可能在露天生产的同时将挂帮矿体开采完毕和露天坑底覆盖层形成，为实现深部矿体的早日投产并扩大生产规模创造条件。

首先露天开采还能服务至 2014～2016 年，从时间上挂帮矿体开采可以与露天开采同时进行、同时结束。另外，通过改变露天采场的推进方向，在露天采场的东端靠帮并留出150m 距离，这样露天采场东端可以排弃废石，即形成了内排条件，此后随着露天采场的推进，采用内排形式，逐渐形成覆盖层。

北一采场采用挂帮矿体与露天采场同时生产，内排形成覆盖层，露天开采和挂帮开采结束及露天坑底覆盖层形成后转入深部矿体开采。

B 转地下开拓方式

挂帮矿体和深部矿体开采采用一套开拓系统为主副井 + 斜坡道开拓方案。

主井为箕斗井，负责全矿矿石的提升任务，提升规模为 260 万吨/a。主井井筒直径 $\phi 5.0m$，上口标高 +135m，一期最低开拓水平标高 -240m，粉矿清理水平标高 -360m。采用单箕斗配平衡锤提升，提升机为 JKM3.5×6 多绳摩擦式提升机，配用功率为 300kW 直流低速电动机，矿石提升到地表后，由胶带输送机送到选矿厂中碎。

副井为罐笼井，井口标高 +135m，服务至粉矿清理水平，井底标高 -400m。井筒直径为 $\phi 6.5m$。一期生产时，主要担负一期人员、材料、废石提升、粉矿提升任务，同时承担破碎系统及少量采区进风。北一采区各种管缆和部分排水管道布置在副井中。选用 JKM2.8×6 型多绳摩擦提升机，配用 ZD 型直流电动机，电机功率 800kW，电压 660V。单车双层单罐笼，提升 1.2m³ 固定式矿车。

主斜坡道硐口布置在主副井工业场地东北方现有铁路 145m 折返站附近。承担井下开采的大件材料和大型无轨采掘设备运输等任务。主斜坡道兼顾北一远景储量开采，并作为北一采区深部开采的第二安全出口。

主进风井布置在露天采场的北帮 +169m 平台上，承担进风及部分排水任务。井筒直径 φ4.5m，上口标高 +169m，一期基建至 -120m 水平。进风井内安装排水管道，设梯子间。主回风井布置在南矿采场 +286m 水平，承担全矿的回风任务。井筒直径 φ5.5m，上口标高 +286m，一期基建至 -120m 水平。

开拓系统如图 9-8 所示。

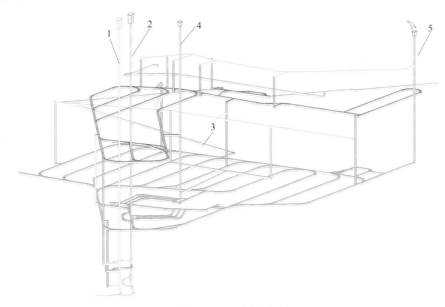

图 9-8 开拓系统图

1—主井；2—副井；3—斜坡道；4—主进风井；5—主回风井

二期工程开采 -240 ~ -360m 阶段矿体，副井不需要延深，只需要将现有主井、破碎系统、风井、主斜坡道延深即可，可以满足 220 万吨/a 矿石生产规模要求。新掘一条电梯井到粉矿清理水平，承担粉矿提升任务。

C 井下运输

阶段水平运输采用有轨运输方式，轨距 900mm，43kg/m 钢轨，1/6 道岔。采用 14t 电机车牵引 6m³ 底侧卸式矿车运输矿石、废石，阶段水平开拓采用 14t 电机车牵引 1.2m³ 固定式矿车运输，材料采用 14t 电机车牵引运输。

9.2.1.3 矿山露天转地下开采方案

A 采矿方法

北一采区露天转地下开采采用无底柱分段崩落法采矿，其结构参数选取为 12m×14m。

（1）采准、切割。平巷掘进采用 Boomer281 型掘进台车凿岩；天溜井掘进采用 YSP-45 型凿岩机凿岩；1 台 ST-3.5 柴油铲运机出渣。

（2）回采凿岩。凿岩爆破在回采进路内进行，凿岩采用 Simba H252 型采矿台车在分层回采进路巷道内打扇形炮孔，炮孔直径 76mm，炮孔排距 2.0m，孔底距 1.8～2.0m。

（3）装药爆破。采用 2 号岩石炸药或乳化粒状炸药、BQF - 100 装药器装药。采用导爆管、导爆索和非电毫秒雷管，分段微差爆破。

（4）矿石运搬。采用 EST - 3.5 电动铲运机出矿。

（5）回采率及废石混入率。矿石回采率为 82%，废石混入率为 18%。

B 覆盖层的形成

北一采区露天转地下开采必需形成不小于 40m 厚覆盖层，用以防洪和井下无底柱分段崩落法开采的废石垫层。

在露天采场的北侧靠近东端部位掘沟，并往南帮推进，形成南西向斜向推进，在第 5 年末，露天采场的东端部分靠到最终帮，并形成内排条件。在第 6～9 年间，随着露天采场的推进，采用内排形式，逐渐形成覆盖层。

9.2.1.4 露天转地下产能衔接及效果分析

挂帮矿体于 2009 年年初开始基建施工，基建时间为 3 年，2012 年投产，规模为 60 万吨/a，2013 年挂帮开采达产 150 万吨/a，2016 年初挂帮开采结束，此时露天生产已结束，覆盖层已经形成，然后转入深部矿体开采。深部开采 2016 年投产并达产，2038 年一期开采结束，转入二期生产。地下开采服务 27 年（不含基建期），220 万吨/a 生产规模稳产 22 年。北一采区逐年开采产量见表 9 - 4，逐年开采产量发展曲线如图 9 - 9 所示。

表 9 - 4 北一采区逐年开采产量 （万吨）

矿体位置	2007 年	2008 年	2009 年	2010 年	2011 年	2012 年	2013 年	2014 年	2015 年	2016 年	2017～2037 年	2038 年
露天采场	400	400	400	390	370	330	240	240	162			
挂帮矿体					10	60	150	150	150	22.09		
深部矿体										197.91	220	71.6
总 计	400	400	400	390	380	390	390	390	312	220	220	71.6

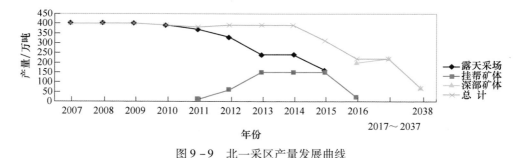

图 9 - 9 北一采区产量发展曲线

北一采区露天转地下开采过渡期分三部分进行，上部挂帮矿体开采对露天开采末期产能的减少进行了有效的补充，保证了露天转地下产能的平稳过渡；还为矿山整体转入地下开采赢得了时间。

9.2.2 河北钢铁集团石人沟铁矿

9.2.2.1 矿山概况

石人沟铁矿于 1975 年 7 月建成投产，是一个采选联合企业，矿山设计规模 150 万吨/a，矿山最终产品为单一铁精矿。矿山露天开采已结束，形成露天采矿场长 2500m；在南区进行内排土，排土场高达 120m。

石人沟铁矿为一规模巨大的磁铁石英岩矿床，矿床走向长 3600m。矿床由 $M_0 \sim M_4$ 五个矿体组成，M_2 为主矿体，其次为 M_1 矿体，两者占总矿量的 80% 以上。M_1 矿体走向长 2560m，倾斜延深 20 ~ 300m，矿体厚度 4 ~ 70m，倾角 35°~65°；M_2 矿体走向长 3000m，倾斜延深 910m，矿体厚度 4 ~ 40m，倾角 50°~70°。石人沟铁矿典型勘探线（14）剖面如图 9 – 10 所示。

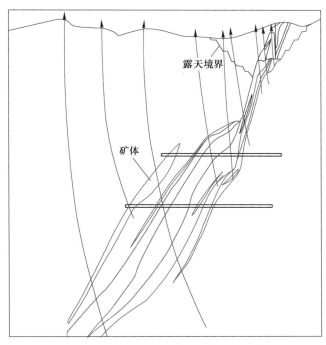

图 9 – 10　石人沟铁矿典型勘探线（14）剖面图

9.2.2.2　露天转地下开拓方式

石人沟铁矿于 2001 年开始分三期转入地下开采：

（1）一期。一期开采范围为南区 0 ~ – 120m 水平、16 线以南，全长 1400m，生产规模为 60 万吨/a，于 2001 年 7 月开工建设。采用竖井开拓，建有主、副井和南风井各一条。

主井采用 2JK – 3/20E 型单绳双筒提升机，提升容器 3.2m³ 翻转式双箕斗，竖井净直径 4.5m，井底标高 – 180m，井深 274.9m，井筒采用钢绳罐道。副井采用 2JK – 2.5/20E 单绳双筒提升机，提升 2 号单层双罐笼，井筒直径 5m，井深 291m，副井内布设管缆线并兼作进风井。南风井直径 3.5m，井深 132m。

一期主、副井完成 – 60m 中段的矿石提升任务后应停止使用。

（2）二期。二期开采范围为北区 – 16 ~ – 60m 水平、16 ~ 5 线间，全长 1200m，生产规模为 70 万吨/a，于 2003 年开工建设。采用斜井开拓，建有主斜井、措施井、北风井各一条。

（3）三期。三期开采以 −60 ～ −300m 中段为主，并包含 −60m 中段一、二期的矿房间柱、境界矿柱及边坡下残留矿柱回收，生产规模为 200 万吨/a。三期工程采用新建主井、副井、辅助斜坡道开拓方案。利用一、二期形成的南、北风井（延深）作为回风井。

三期主井井筒直径 5.0m，井底标高 −432m，井深 506.5m。采用 14m³ 多绳底卸式单箕斗提升，提升机为 JKM −3.5×6（Ⅲ）E 型多绳提升机，功率 2000kW。三期主井负担井下全部矿石和废石的提升任务，提升量分别为 200 万吨/a 和 36 万吨/a。

三期副井井筒直径 5.5m，井口标高 +99m，井底标高 −370m，井深 469m。采用 3 号双层单罐笼，提升机为 JKM −2.25×4（Ⅰ）E 型多绳摩擦轮落地式提升机。井筒内布置 10 条排水管及其他全部管缆。

辅助斜坡道断面 14.88m²，坡度 15%，从地表掘至 −300m 中段，在 −60m 以下分为南北区各设 1 条采区斜坡道。

井下主运输平巷采用窄轨铁路运输，采用 900mm 轨距，38kg/m 轨重，5 号道岔。运输平巷原则采用下盘脉外单轨巷加装矿穿脉平巷的方式。−60m 中段采用 10t 电机车牵引 2m³ 曲轨侧卸矿车运矿石，0.7m³ 翻斗矿车运废石。−180m 中段采用 14t 电机车双机牵引 6m³ 底卸式矿车运矿石和废石。

石人沟铁矿三期工程开拓系统纵投影图如图 9 − 11 所示。

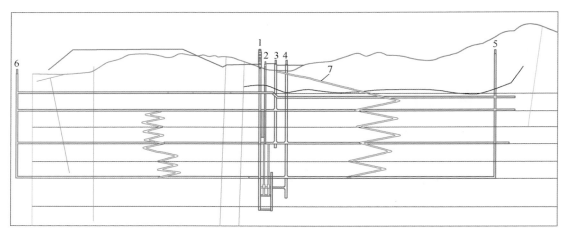

图 9 − 11 石人沟铁矿三期工程开拓系统纵投影图

1—三期主井；2——一期主井；3——一期副井；4—三期副井；5—北风井；6—南风井；7—斜坡道

9.2.2.3 露天转地下开采方案

A 采矿方法

a −60m 以上各中段

南区及北区矿体厚度较薄地段采用浅孔留矿采矿法。北区厚矿体地段为了提高开采强度，增加矿房出矿能力，采用深孔或中深孔落矿，铲运机在底部出矿的空场采矿法。

无底柱分段崩落采矿法结构参数一般为 15m × 20m。

（1）采准、切割。平巷掘进采用 AXERAD05 − 126（H）型掘进台车凿岩；天溜井掘进采用 PGD − 4 型爬罐配 YSP − 45 型凿岩机凿岩；TORO 007 型柴油铲运机配 EJC522 型坑内卡车出渣。

（2）回采凿岩。凿岩爆破在回采进路内进行，凿岩选用 Solo709 型或 Simba253 型单臂采矿凿岩台车凿上向扇形中深孔，炮孔直径 80mm（设备适用炮孔直径 64～102mm），炮孔排距 1.5～2m，前倾角 80°～90°，边孔角 45°～60°，孔底距 3～4m。

（3）装药爆破。采用 Charmec6135XCR 型装药车装药，炸药采用铵油和 2 号岩石散装炸药，非电起爆系统双路起爆，一次爆破 1～2 排孔。

（4）矿石运搬。采用 TORO 400E 型 4m³ 电动铲运机出矿。

（5）回采率及废石混入率。矿石回采率为 80.44%，废石混入率为 19.56%。

b －60m 以下中段

采用无底柱分段崩落采矿法回采厚度 8m 以上的中厚及厚矿体，采用浅孔留矿法回收厚度 8m 以下的薄矿脉。

B 覆盖层形成

无底柱分段崩落采矿法开采的矿块在覆盖层下放矿，崩落 －60m 中段空场法的顶底柱和间柱作为 －180m 中段最上部 －75m 分段的覆盖层，矿柱崩落后的总厚度小于分段高度的两倍时，上部分段回采时采用松动出矿，每次爆破后只出爆破矿量的 1/3，以补充覆盖层。覆盖层厚度大于分段高度的两倍以后，采用正常放矿方式。

9.2.2.4 矿山露天转地下产能衔接及效果分析

石人沟铁矿采用被动方式转入地下开采，即露天开采全部结束后转入地下，地下开拓系统与上部露天开拓工程无任何关联。

露天转地下开采分为三期，其中一、二期为过渡期，到三期达产，才真正实现露天转地下开采，地下开采产能达到或超过露天开采。一、二期地下开采采用空场采矿法，装备水平较低，采矿生产能力 130 万吨/a；三期地下开采主要采用无底柱分段崩落采矿法，装备水平较高，采矿生产能力 200 万吨/a。三期工程建设与一、二期之间采用统一规划、开拓运输系统互通互用、三期工程独立建设、矿石产量均衡发展平稳过渡的方案。

石人沟铁矿逐年开采产量见表 9－5，逐年开采产量发展曲线如图 9－12 所示。

表 9－5 石人沟铁矿逐年开采产量 （万吨）

矿体位置	2002 年	2003 年	2004 年	2005 年	2006 年	2007 年	2008 年	2009 年	2010 年	2011 年	2012 年	2013～2032 年
露 采	120	50	20	20								
地一期		15	45	60	60	60	60	60	60	3		
地二期			20	50	70	70	70	30				
地三期							9	80	140	197	200	200
总 计	120	65	85	130	130	130	139	170	200	200	200	200

矿山由一、二期地下开采转至三期地下开采矿石产量逐年增加。实现矿石产量的平稳过渡以开拓运输系统、采矿方法的适时转换和过渡为基础。从矿山的具体情况看，三期工程 1 号斜坡道建成后，可以改进一、二期地下开采的采矿方法，采用无轨采矿设备出矿，减少井下采矿工人，提高劳动生产率，确保一、二期地下开采达产和稳产；一、二期主副竖井延深后，三期排水系统竣工投入使用，可以进行崩落采矿方法的实验研究；三期主竖井竣工后，三期开拓运输系统全面建成投入使用，采矿方法过渡到以崩落采矿法为主，矿山产量可逐年增加，最终达到 200 万吨/a 的生产规模。

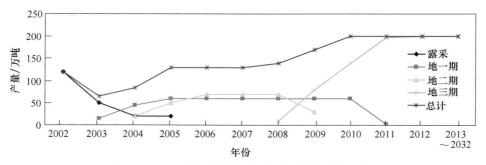

图 9-12 石人沟铁矿逐年开采产量发展曲线图

9.2.3 太钢集团峨口铁矿

9.2.3.1 矿山概况

峨口铁矿是集采矿、选矿、球团为一体的联合企业，是太钢主要矿石原料基地之一。该矿从 1970 年开始复建到 1977 年 7 月建成投产，30 多年来累计采出矿石上亿吨。

矿体主要分布 1528m 以上，出露最高标高为 2190m（南区 16 线、18 线），底板最低标高为 1350m（北区 12 线），底板埋深 0 ~ 500m。矿床受赋矿层位和多期次褶皱构造控制，赋存于山羊坪复向斜的南、北褶皱带内。

峨口铁矿含矿层按其产出部位分为下、中、上三个铁矿层，由老至新依次为 Fe_1 层、Fe_2 层、Fe_3 层。主矿体赋存于上层含矿层（Fe_3 层）。中、下含矿层（Fe_1、Fe_2）相距较近，常合并成一层，故统称为中下含矿层（Fe_{1+2} 层）。Fe_3 矿体是矿山开采的主矿体。矿层走向为 50° ~ 110° 倾向南南东或北北西，倾角为 12° ~ 70°，呈来回褶曲，波状起伏频繁的层状、似层状产出，矿层产状有缓、陡、直立及倒转的变化，严格受矿区褶皱构造的控制。峨口铁矿典型勘探线剖面如图 9-13 和图 9-14 所示。

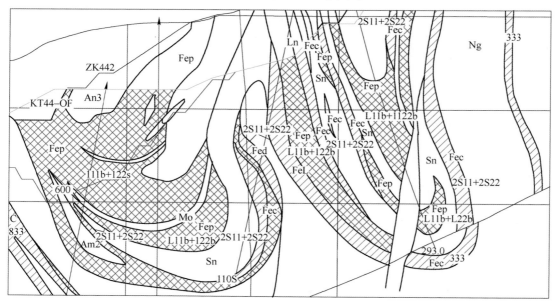

a

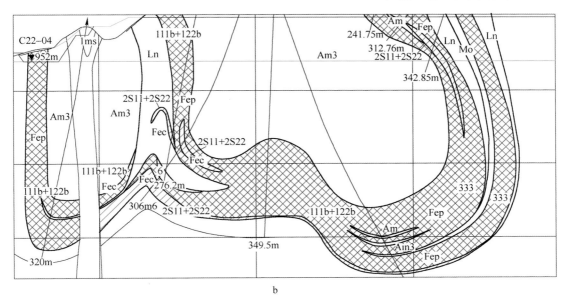

b

图 9 - 13　典型剖面图

（a）南东采区 44 线；（b）南西采区 22 线

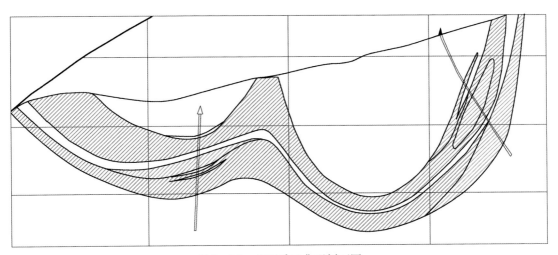

图 9 - 14　北西采区典型剖面图

　　矿山露天采场以山羊坪背斜为界划分为南、北两区。南区以 38 号勘探线为界划分为南东、南西采场，北区以 32 号勘探线为界划为北东、北西采场。截至 2012 年年初，生产的露天采场有南东、南西、北东三个露天采场，北西露天采场进行基建剥离。

　　矿山南西露天采场的西端部 + 1840m 以上挂帮矿体先行进行小规模地下开采试验，目前正在开采 + 2092m 水平矿体，采用结构参数为 12m × 15m（分段高度 × 进路间距）无底柱分段崩落采矿法。

　　峨口铁矿现有南东、南西、北东、北西共四个露天采场。

　　（1）南东采场。采用汽车—公路开拓运输系统。采场总出入沟标高 + 1660m，位于采场的东北端，靠近选矿厂粗破碎一侧。采场内道路采用螺旋线按照顺时针方向布置。采场内采出的矿石通过汽车直接运往选矿厂破碎站。采场境界最高标高 +1925m，露天底标高 +1552m，采场封闭圈标高 +1660m。

（2）南西采场。矿石运输方式为汽车—溜井（南溜井）—破碎机—平硐胶带机。矿岩运输道路的总出入沟口位于采场北帮，标高 +1708m。溜井井筒直径 $\phi6m$，为采场降段溜井，最终降段标高为 +1768m，溜井下方为破碎系统，内设 1500 × 2100 破碎机一台。在距离破碎机 100m 处设转载站，向南东在采场南帮设一转载胶带机平硐。平硐胶带机向南东延伸至第二转载站，然后方向改向北东延伸，与选矿厂粗破碎口相连。采出的矿石通过汽车运至采场内溜井，破碎后矿石通过胶带机运输至选矿厂粗破碎口。采场境界最高标高 +2170m，露天底标高 +1612m，采场封闭圈标高 +1660m。

（3）北东采场。矿石运输方式为汽车—溜井—井下破碎—胶带机。运输道路的总出入沟口位于采场南帮。北溜井直径 $\phi6m$，为采场降段溜井，最终降段标高为 1540m，溜井下口标高为 +1500m。井下破碎设 1 台 1500 × 2100 颚式破碎机，斜井内矿石胶带机带宽为 1.2m，斜井下口标高 +1500m，井口标高 +1620m。采场内采出的矿石通过汽车运至采场内溜井，破碎后矿石通过胶带机运输至选矿厂粗破碎口。采场境界最高标高 +1816m，露天底标高为 +1516m，封闭圈标高为 +1576m。

（4）北西采场。矿石运输方式为汽车—溜井（北 2 号溜井）—井下破碎—胶带机。+1648m 标高以上北部矿体已经随北东采场一起采出，主要矿体尚未开采，采场南帮 +1708m 标高以上已经形成高差 100m 左右的高陡边坡。

峨口铁矿露天开拓系统如图 9 - 15 所示。

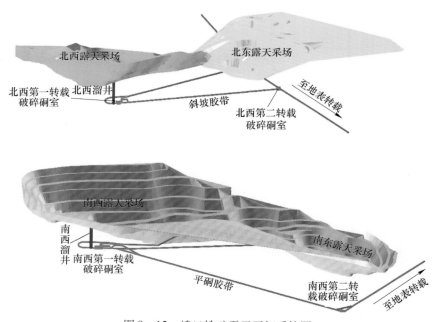

图 9 - 15　峨口铁矿露天开拓系统图

9.2.3.2　露天转地下开拓运输方式

A　分区划分

峨口铁矿露天转地下开采开拓系统分为南西西挂帮采区开拓系统和地下采区开拓系统。

南西西挂帮采区开拓系统又分为北翼 +1972 ~ +1846m、南翼 +2092 ~ +2020m、南翼 +2020 ~ +1972m 三个阶段开拓系统。

地下采区主要开采南东、南西和北西露天境界外的铁矿资源，其开拓系统分为上段及下段两个大的开拓系统，具体如下：

（1）南东地下采区划分为两个阶段：上阶段 +1846 ~ +1738m，阶段高度 108m；下阶段 +1738 ~ +1504m，阶段高度 234m。生产规模为 200 万吨/a。

（2）南西地下采区划分为两个阶段：上阶段 +1972 ~ +1738m，阶段高度 234m；下阶段 +1738 ~ +1504m，阶段高度 234m。生产规模为 350 万吨/a。

（3）北西地下采区划分为两个阶段：上阶段 +1714 ~ +1570m，阶段高度 144m；下阶段 +1570 ~ +1462m，阶段高度 108m。生产规模为 200 万吨/a。

B 开拓方式

a 南西西挂帮采区开拓系统

南西西挂帮采区采用平硐、斜坡道联合开拓系统。

（1）北翼 +1972 ~ +1846m 阶段开拓系统。该阶段运输水平为 +1840m。利用已有 +1924m 平硐作为辅助水平，进行该阶段天、溜井的施工。各分层与地表相通，承担各分层回风任务。

在该阶段矿体西南端部开凿一条盲进风井与 +1840m 运输水平、各开采分层相通。盲进风井直径 $\phi4m$，上口标高 +1972m，下口标高 +1840m。承担该阶段采场进风任务，兼作第二安全出口。

采场矿石经过采区溜井下放至运输水平，由 10t 井下矿用卡车通过 +1840m 运输水平运至选矿厂。

（2）南翼 +2092 ~ +2020m 阶段开拓系统。该阶段运输水平为 +1840m，倒段运输水平兼进风水平为 +2020m。利用已有 +2020m 平硐，主要承担该阶段排水、进风和矿石的倒装运输。各分层与地表相通，承担各分层回风任务。

在该阶段矿体西南端部开凿一条盲进风井与 +2020m 倒段运输水平、各开采分层相通。盲进风井直径 $\phi4m$，上口标高 +2092m，下口标高 +2020m。承担该阶段采场进风任务，兼作第二安全出口。

采场矿石经过采区溜井下放至倒段运输水平，采用坑内卡车卸入主矿石溜井，由 10t 井下矿用卡车通过 +1840m 运输水平运至选矿厂。

（3）南翼 +2020 ~ +1972m 阶段开拓系统。该阶段运输水平为 +1840m，倒段运输水平兼进风水平为 +1972m。通过 +2020m 平硐和采区斜坡道在 +1972m 水平开凿 +1972m 平硐，主要承担该阶段排水、进风和矿石的倒装运输。各分层与地表相通，承担各分层回风任务。

在该阶段矿体西南端部开凿一条盲进风井与 +1972m 倒段运输水平、各开采分层相通。盲进风井直径 $\phi4m$，上口标高 +2020m，下口标高 +1972m。承担该阶段采场进风任务，兼作第二安全出口。

采场矿石经过采区溜井下放至 +1972m 倒段运输水平，采用坑内卡车卸入主矿石溜井，由 10t 井下矿用卡车通过 +1840m 运输水平运至选矿厂。

南西西挂帮采区开拓系统如图 9-16 所示。

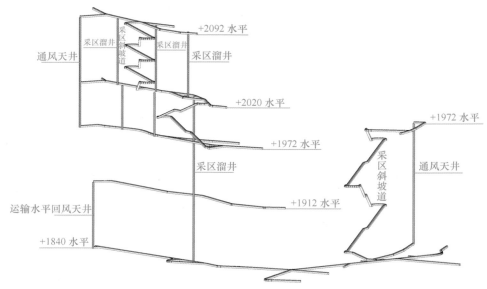

图 9 – 16　南西西挂帮采区开拓系统图

b　地下采区开拓系统

（1）上段开拓系统。充分利用了矿山现有开拓系统，即南西露天采场和北西露天采场现有矿石运输系统。在 +1738m 水平设置一个阶段运输水平；北西地下采区初期利用现有北西露天采场破碎胶带系统，在 +1570m 水平设置一个阶段运输水平。

南东地下采区上阶段为 +1846 ~ +1738m，该采区运输水平为 +1738m，进风水平为 +1774m。

南西地下采区 +1738m 阶段采用胶带平硐、斜坡道联合开拓系统。南西地下采区上阶段为 +1972 ~ +1738m，该采区运输水平为 +1738m，进风水平为 +1756m，回风水平为 +1972m。

北西地下采区 +1570m 阶段采用胶带斜井、斜坡道联合开拓系统。北西地下采区上阶段为 +1714 ~ +1570m，该采区运输水平为 +1570m，进风水平为 +1588m，回风水平为 +1714m。

上段采场矿石经过采区溜井下放至运输水平，采用 20t 电机车牵引 8 辆 10m³ 底侧卸式矿车卸入主矿石溜井，破碎后，经现有北西露天采场破碎胶带系统运至选矿厂。

（2）下段开拓系统。下段开拓系统采用新建胶带斜井、主斜坡道联合开拓，矿石集中运输方案。三个地下采区的矿石分别经运输水平运至主溜井，破碎后，由新建胶带系统运到地表现有转运站，经过现有北区胶带通廊运至选矿厂。现有胶带系统经调速后可完成能力。

开拓系统如图 9 – 17 和图 9 – 18 所示。

（3）井下运输。

1）矿岩主运输系统。主运输水平采用 20t 电机车，单机牵引 8 辆 10m³ 底卸式矿车。回采、采准矿石由铲运机直接卸至采区溜井内，经振动放矿装入矿车中，由电机车牵引至主溜井，由主溜井下放至破碎硐室。破碎后的矿石由现有南北区矿石运输系统或新建斜井胶带系统提升至地表至选矿厂。采准的岩石在铲运机联络巷内利用 LH307 柴油铲运机，直接装入 10t 井下卡车，利用井下卡车运至地表废石场或废弃露天坑内。

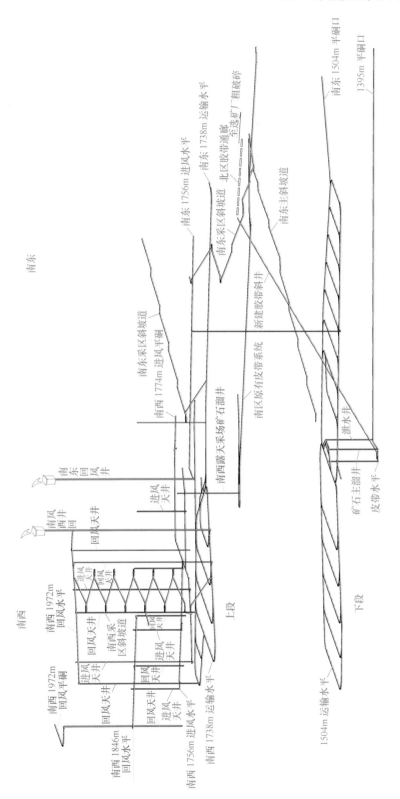

图 9-17 南东、南西地下采区开拓系统图

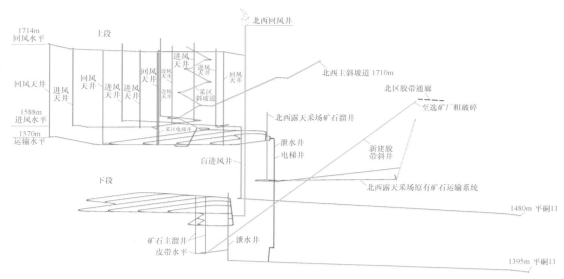

图 9 - 18　北西地下采区开拓系统图

2）新水平准备运输系统。井下岩石主要为新水平开拓的岩石，新水平的岩石由 14t 电机车牵引 1.2m³ 曲轨侧卸式矿车，经各地下采区运输水平出平硐口运至地表，由汽车倒装排弃至地表废石场或废弃露天坑内。

3）辅助运输系统：井下人员、材料采用有轨运输系统和无轨运输系统运输。有轨运输系统经平硐至运输水平，通过运输水平运至各地下采区电梯井，由电梯井送到各分层。无轨运输系统利用多功能服务车，通过主斜坡道、采区斜坡道进入井下，进入各分层后通过铲运机联络巷至工作面。

9.2.3.3　露天转地下开采方案（地下采区）

A　采矿方法

（1）采准、切割。采准、切割工作主要是掘进回采进路、联络巷、切割天井及切割平巷等工程，其中平巷掘进采用 Boomer282 型掘进台车凿岩。切割井掘进采用 YSP - 45 型凿岩机凿岩。采准工作采用 LH307 柴油铲运机出渣。

峨口铁矿露天转地下开采（挂帮及地下采区）采用无底柱分段崩落法，结构参数为 18m×20m。

（2）凿岩。凿岩采用 SANDVIK DL310 - 7 采矿台车。先在回采进路的端部掘切割平巷和切割井，以切割井为自由面，沿切割平巷形成切割立槽，再在回采进路中使用采矿台车打扇形中深孔，以切割立槽为自由面，沿回采进路方向分次爆破矿体，并在矿石覆盖层下由铲运机出矿。

（3）装药爆破。除孔底末端及起爆药包采用硝铵炸药外，其余均采用铵油炸药，采用 GIAMEC211 装药车装药。采用导爆管、导爆索和非电毫秒雷管分段微差爆破。

（4）矿石运搬。矿石运搬采用 LH514E 电动铲运机。采用 TM15HD 型碎石台车进行二次破碎工作。

（5）回采率及废石混入率。矿石回采率为 82%，废石混入率为 18%。

B 覆盖层的形成

a 露天坑底覆盖层的形成

为防止露天境界内降水大量涌入井下造成淹井事故，并满足井下防冻的需要，露天底至少需40m厚覆盖层。

北西露天采场垫层在北西露天开采结束后，从附近废石场取废石形成；南西露天采场西端帮垫层在2016年可以通过北西露天采场废石内排形成；南东露天采场垫层，可通过北西露天采场废石内排形成。

b 无底柱分段崩落法矿石覆盖层的形成

受露天境界影响，挂帮矿体每个分段靠近露天境界部位矿体都应留做覆盖层。覆盖层的厚度应大于20m，采用中深孔爆破方式对覆盖层矿体进行爆破，只放出本分层崩矿量的1/3，其余作为矿石覆盖层。

9.2.3.4 矿山露天转地下产能衔接及效果分析

峨口铁矿露天转地下开采工程稳产过渡的关键制约因素有三个：一是各露天采场和地下采区能否安全生产，互不影响；二是能否稳产过渡；三是全矿稳产时间要长。

A 产能衔接及平稳过渡

峨口铁矿露天转地下开采过程中，为保证产能平稳过渡，采取了以下措施：

（1）调整南东露天采场开采能力，南东露天采场尽量与南西露天采场同时结束，南东地下采区开采在南西露天采场结束后开始，保证南西露天采场安全生产。

（2）调整南西露天采场开采计划，将南西西挂帮采区完全采用无底柱分段崩落法，加快南西西挂帮采区矿体开采。

（3）减缓北西露天采场开采。

加大南西露天采场生产能力至350万吨/a，减小南东露天采场生产能力至200万吨/a，使南西露天采场和南东露天采场基本同时结束；当南西西帮挂采区北翼矿体具备开采条件时，就进行回采，北翼超前南翼进行回采，尽早使该采区达到最大生产能力；北西露天采场减缓开采，配合南区各采区使矿山总产能平稳过渡。

峨口铁矿各采场逐年开采产量见表9-6，逐年开采产量发展曲线如图9-19所示。

表9-6 峨口铁矿各露天采场、地下采区逐年产量 　　　　　　（万吨）

年 份	露 天				南西西挂帮	地 下			合计
	北东	北西	南西	南东		南西	南东	北西	
2011	40	0	40	35	10				125
2012	132.84	52.16	350	150	65				750
2013		105	350	200	95				750
2014		95	350	200	105				750
2015		85	350	200	115				750
2016		35	350	200	165				750
2017		90	300	150		210			750
2018		220.39	200	79.61		210	40		750

年 份	露 天				南西 西挂帮	地 下			合计
	北东	北西	南西	南东		南西	南东	北西	
2019		332.06	117.94			230	70		750
2020		380				250	120		750
2021		330				250	140	30	750
2022		240				300	140	70	750
2023		179.1				300	170.9	100	750
2024 ~ 2041						350	200	200	750
2042						350	133.82	200	683.82
2043						137.31		200	337.31
2044								166.79	166.79

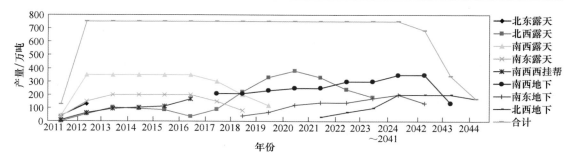

图 9 – 19 峨口铁矿逐年开采产量发展曲线

B 效果评价

峨口铁矿露天转地下开拓系统充分利用露天采场现有的运输系统，减少了工程量，节省了投资，实现了露天工程与地下开拓系统建设（上段）的一体化。采取的各项措施使南东地下采区在南西露天采场结束后再进行回采，避免南东地下采区威胁到南西露天采场，矿山各地下采区和露天采场互不干扰，安全生产；南西西挂帮采区北翼矿体尽早回采，尽早实现该采区最大生产能力，使该采区对整个矿山稳产过渡的调节作用发挥到极限，减小了其他采区稳产过渡压力，提高了整个矿山稳产过渡的灵活性。

9.2.4 首钢矿业杏山铁矿

9.2.4.1 矿山概况

首钢矿业公司杏山铁矿位于河北省迁安市木厂口镇境内，2005 年开始露天转地下开采，2007 年露天开采结束。

矿床面积 1.8km²，属燕山支脉南麓，低山丘陵地貌，区内地势总体为西北、西南高、南东低。矿区位于燕山沉降带中部迁安隆起西缘的褶皱带中。矿床顶底板围岩主要为石榴黑云斜长片麻岩和混合花岗岩等。矿区地质图如图 9 – 20 所示。

杏山铁矿露天开采台阶高度 12m，采场最高标高为 +305m，最低标高为 –33m，封闭圈标高 +117m。采用汽车开拓运输方式，运输线路呈折返式布置。采出矿石运至采场外倒装料台后，经准轨电机车运至大石河选矿厂。

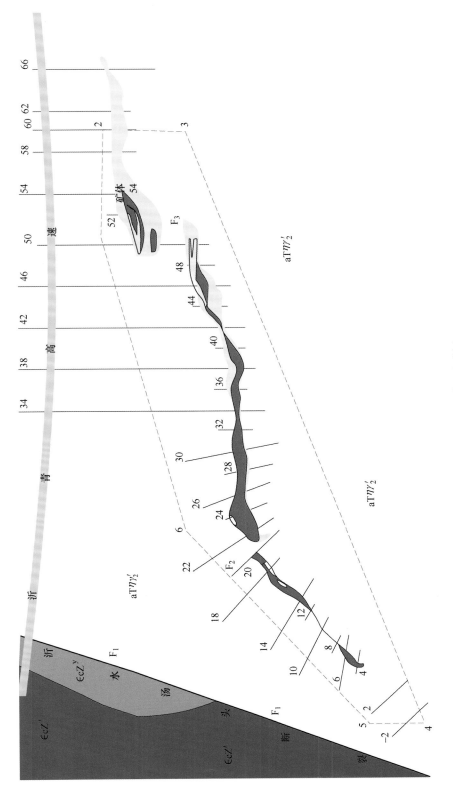

图 9-20 矿区地质图

9.2.4.2 露天转地下开拓

A 露天转地下开采衔接方案

杏山铁矿露天转地下开采过渡分为三个阶段：（1）露天境界内结存矿体的生产与挂帮矿体开采；（2）挂帮矿体开采；（3）深部矿体开采。由于露天采场空间狭小，生产时间短，安全隐患大，因此露天采场生产期间不具备为挂帮矿体开拓、采准提供施工的条件，只有露天开采结束后才可开采挂帮矿体。深部矿体位于露天采场和挂帮矿体的下方，深部开采必须在露天开采和挂帮矿体开采结束后进行。

杏山铁矿转地下开采工程前期准备工作起步较晚，2004 年开始设计时露天采场只能服务 1.5 年左右，矿山面临停产过渡。为此，必须把挂帮矿体开采作为持续生产的接续环节，既充分回收挂帮矿体资源，又保证矿山生产连续性。

根据露天采场现状，充分利用露天现有开拓系统进行挂帮矿体开拓，挂帮矿体采用平硐—溜井开拓系统，利用露天运输道路进行运输。在露天采场内靠近挂帮矿体的宽平台处掘进斜坡道，作为挂帮矿体采准和进风的通道。挂帮矿体的回风充分利用深部矿体的西风井，有利于转深部矿体开采过渡，待地下开拓系统建成后，−30m 分段回采矿石可通过溜井下放到深部矿体开采的第一个运输水平，通过深部开拓系统提升到地表，挂帮矿体的开拓系统停止使用。

B 露天转地下开拓方式

a 挂帮矿体开采

挂帮矿体前两年生产规模为 65 万吨/a，第 3 年利用深部矿体生产的大型采掘设备，生产规模为 180 万吨/a。挂帮矿体开拓方式采用平硐 + 斜坡道开拓方案。挂帮矿体开拓系统如图 9 - 21 所示。

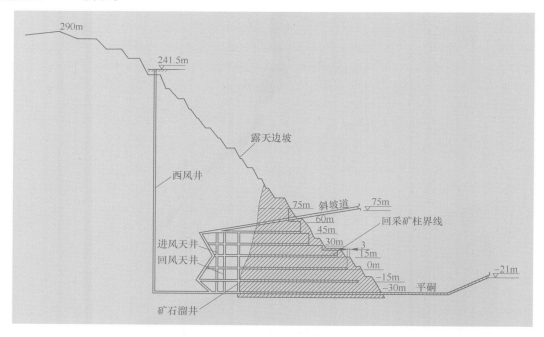

图 9 - 21 挂帮矿体开拓系统图

平硐设在 −30m 水平，平硐出口通过一段斜坡道与露天采场 −21m 平台相通。平硐内运输采用 20t 露天矿用汽车，汽车在平硐溜井下口装矿后经 −30m 平硐、斜坡道至 −21m 平台，从原露天线路直接运出地表，矿石运至采场外的倒装料台，废石运至排土场。

斜坡道硐口设在露天采场下盘 +75m 标高回头弯道处，掘进至第二个回采分段 +15m 标高，作为无轨设备进入挂帮矿体采场通道并进行基建采准，随着开采水平的下降，逐分段延深，并与采场通风天井一起作为挂帮矿体开采进风通道。

b 深部矿体地下开采开拓系统

深部矿体生产规模为 320 万吨/a。深部矿体开拓采用主、副井和主斜坡道联合开拓方案，布置 1 条主井、1 条副井、2 条回风井和 1 条主斜坡道。

主井为箕斗井，担负 320 万吨/a 矿石和 15 万吨/a 废石提升任务，采取矿岩混合提升，地表设置大粒度干选抛尾设施。井筒直径 $\phi 5.5m$，井口标高 +132m，一期井底标高 −480m，服务到 −330m 阶段水平；二期井底标高 −630m，服务到 −480m 阶段水平。安装 1 台 JKM4 × 6 型多绳摩擦轮提升机，采用 $10m^3$ 双箕斗提升矿岩，电动机功率为 4000kW。

副井为罐笼井，担负人员、新水平开拓废石、部分材料、部分设备提升任务。井筒直径 $\phi 6.0m$，井口标高 +132m，井底标高为 −510m，一期服务到主井粉矿清理水平，安装 1 台 JKM2.8 × 6 型多绳摩擦轮提升机，单车双层单罐笼，电动机功率为 1000kW。

主斜坡道硐口布置在露天采场下盘 103.5m 回头弯道处，基建期掘进到 −105m 水平，作为无轨设备进出采场和采场材料下放的通道，兼作进风通道。

东风井为出风井，布置在矿体东端部，井筒直径 $\phi 3.8m$，井底标高 −200m。西风井为出风井，布置在矿体西端部，井筒净直径为 $\phi 4.2m$，井口标高 +241.5m，下口标高为 −30m。

9.2.4.3 矿山露天转地下开采方案

A 采矿方法

杏山铁矿露天转地下开采采用无底柱分段崩落法，挂帮矿体开采结构参数为 15m × 15m，深部开采结构参数为 15m × 20m。

考虑到挂帮矿体转深部矿体开采时存在采矿进路转角 90°问题，将 −15 ~ −30m 分段挂帮矿体采准时作为转深部矿体的过渡分段，这样采矿进路转角调整范围小，减少采矿进路调整的难度。

B 覆盖层和防水垫层的形成

（1）挂帮矿体开采覆盖层的形成。挂帮矿体开采的覆盖层形成由两部分组成，一是采用矿石作为覆盖层；二是在靠近采场边坡的端部保留 10m 左右的端部矿柱，既防止直接将矿石崩入露天采场内，又避免端部边坡的不稳固导致安全事故的发生。开拓工程的硐口要避免采场边坡滑落的滚石威胁。

（2）深部矿体开采的防水垫层的形成。杏山铁矿深部矿体的防水垫层厚度按照不小于 40m 考虑，露天底西端部废石垫层采用露天开采实施内排废石，其他部位垫层采用从采场附近的废石回填方式形成，在挂帮矿体停止生产、深部矿体投产前完成。

9.2.4.4 露天转地下产能衔接及效果分析

挂帮矿体于 2005 年开始基建施工，2007 年投产，规模为 65 万吨/a，2010 年挂帮开采结束，覆盖层已经形成，然后转入深部矿体开采。深部开采 2011 年投产。

挂帮矿体开采以来的生产实践证明，采用的开拓系统、通风系统、采矿方法是合适的，较短时间内保证了矿山产量的连续性。挂帮矿体采用平硐—溜井开拓，充分利用露天采场运输系统，既减少基建工程量和基建投资，又缩短了基建时间、降低了生产成本；通风系统利用深部矿体的西风井，便于转深部开采通风系统过渡；采矿方法采用无底柱分段崩落采矿法，开采强度大，资源回采率高，生产安全，实现了挂帮矿体的安全、高效开采。

9.2.5 鞍钢眼前山铁矿

9.2.5.1 矿山概况

鞍钢眼前山铁矿始建于 1960 年 8 月，采用露天方式开采，生产规模为 250 万吨/a，2012 年露天开采结束。

眼前山铁矿总体走向 270°~300°，由 Fe_1、Fe_2、Fe_3 三个矿体组成，以 Fe_1 矿体为主，在 Fe_1 的矿体底部有一薄层 Fe_P 矿体断续零星分布。Fe_1 矿体东西长 1600m，南北向宽 55~194m，在 F_{m-1} 断裂以西的矿体倾向 NE，倾角 70°~85°，在 F_{m-1} 断裂以东矿体倾向 SW，倾角 74°~86°，局部矿体直立。

眼前山铁矿露天采场上口长 1410m，宽 570~710m，封闭圈标高为 +93m，台阶高度 12m，最终露天境界露天底标高 -183m。露天开采采用铁路、汽车联合开拓。铁路位于采场西端的 -87m 站场，分别向露天采场深部和露天采场南帮引出两条支线。其中向深部延深的支线进入采场后，经北帮、东端帮环绕至采场南帮 +21m 站场，在 +21m 站场设 +21m 电铲倒装场，再由 +21m 站场向北帮引出铁路线路，在北帮 -3m 标高设 -3m 振动放矿倒装场。另外从 -87m 站场向南帮引出的铁路线路，在南帮 -81m 处设置电铲倒装场。

深部矿、岩石由汽车经南帮固定公路，分别运至 +21m 矿石电铲倒装场和 -3m 岩石振动放矿倒装场，再经铁路运往选矿厂破碎车间，岩石运往胡家庙排土场。

9.2.5.2 露天转地下开拓运输方式

A 露天转地下开采过渡方案

为保证眼前山铁矿露天转地下平稳过渡，开拓系统分两个部位进行，分别为挂帮矿体开拓系统和深部开拓系统。过渡期挂帮矿体开采的开拓系统为临时开拓系统，井下开拓系统建成后即停止使用，转入井下开拓系统统一开采。

矿山 2012 年开始进入露天转地下开采过渡期。挂帮矿体根据赋存部位不同，分为西端帮、东端帮和南、北帮矿体。其中，西端帮挂帮矿体是指 XVI~II 线间 -183m 以上矿体，东端帮指 VII~IX +100m 勘探线间 -183m 以上矿体，北帮挂帮矿体指 II~VII 线间 -183m 以上露天境界外北部矿体，南帮挂帮矿体指 II~VII 线间 -183m 以上露天境界外南部矿体。深部矿体是指露天底 -183m 以下 XVI~IX +100m 勘探线间矿体，确定开采深度为 -500m。

深部开拓系统基建期安排为 5~6 年。露天转井下开采过渡期为 2012~2017 年。矿山过渡期主要开采挂帮矿体，过渡期挂帮矿体开采主要由以下几个部分组成：西端帮 +21~ -123m 分层，生产规模 140 万吨/a；东端帮 -69~-141m 分层，生产规模 70 万吨/a；北

帮 – 123 ~ – 141m 分层，生产规模 30 万吨/a。

2018 年，矿山深部开拓系统建成，形成完整的提升系统、运输系统、通风系统等，矿山全面转入井下开采。过渡期西端帮开采至 – 105m 分层、东端帮开采至 – 123m 分层、北帮开采至 – 141m 分层，转入井下开采后各端帮剩余矿体利用深部开拓系统开采，过渡期开拓系统停止使用。

B 开拓系统

a 过渡期开拓系统

（1）西端帮。采用平硐溜井和斜坡道联合开拓方式。– 51m、– 123m 水平作为主运输平硐水平，平硐口均布置在露天宽平台上。主要开采分层为 + 21m、+ 3m、– 15m、– 33m、– 51m、– 69m、– 87m、– 105m，其中 21m 分层用于形成矿石覆盖层，分段高度为 18m。初期 + 21m、+ 3m、– 15m、– 33m 分层矿体利用采区溜井放至 – 51m 运输平硐，经振动放矿将矿石装至井下卡车，由井下卡车将矿石运出地表，再经露天运输线路运至露天矿石倒装场。– 123m 运输平硐建成后，– 51m 运输平硐停止使用，西端帮矿石均放至 – 123m 平硐，利用 – 123m 运输平硐运至地表倒装场。

西端帮 + 3m、– 15m、– 33m、– 87m、– 105m 分层利用采区斜坡道与采场相连，作为人员、材料、设备通道。采区斜坡道口设置在西端帮 + 25m 标高处。+ 21m、– 51m 分层可将铲运机联络道直接与露天平台相通。

由于露天边帮稳定性差，避免井下爆破影响露天边坡形成滚石，各分层矿体与露天境界间需留有 20m 矿柱，作为安全隔离矿柱。矿柱在本分层不进行回采，在开采下分层时可采用松动爆破方式崩落矿石，并将该部分矿石作为下分层矿石覆盖层处理。

（2）东端帮。采用平硐溜井和斜坡道联合开拓方式。在 – 141m 设运输平硐，将 – 141m 水平作为过渡期东端帮矿体开采主运输水平。主要开采分层为 – 69m、– 87m、– 105m、– 123m，其中 – 69m 分层作为形成矿石覆盖层分层，分段高度为 18m，阶段高度为 72m。– 141m 以上矿体经矿石溜井放至 – 141m 主运输平硐，经振动放矿装入井下卡车，由卡车运至地表，再经露天运输系统运至矿石倒装场。

各分层间利用采区斜坡道相连，斜坡道硐口位于露天 – 70m 运输线路附近。斜坡道坡度为 15%。

（3）北帮。北帮矿体赋存较深，首采分层标高为 – 123m。露天采场北帮没有可利用的运输线路与外部相通，无法单独形成开拓系统，因此利用东端帮开拓系统对北帮进行开采。

过渡期北帮开采 – 123m、– 141m 两个分层，其中 – 123m 为形成覆盖层分层，利用东端帮 – 141m 平硐作为北帮运输平硐。– 123m 分层内回采的部分矿石经溜井、振动放矿装入卡车内，经 – 141m 运输平硐运至地表；– 141m 分层内回采的矿石在铲运机装矿硐室内利用铲运机直接装入卡车内，经 – 141m 运输平硐运至地表。– 141m 水平布置 1 个铲运机装矿硐室。

铲运机等无轨设备可通过东端帮采区斜坡道，经东端帮铲运机联络道、采矿进路进入北帮。

过渡期挂帮矿体开采开拓系统纵投影图如图 9 – 22 所示。

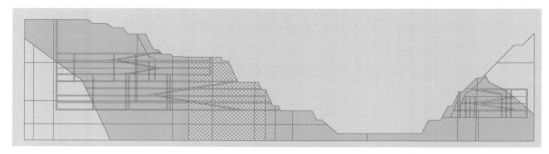

图 9 - 22　过渡期挂帮矿体开采开拓系统纵投影图

　　b　深部开拓系统

　　采用竖井和主斜坡道联合开拓方式。共设置 2 条箕斗主井、1 条罐笼副井、3 条进风井、3 条回风井及 1 条地表主斜坡道。

　　(1) 主井为两条箕斗井,采用矿岩混提方式。每条井提升规模为 420 万吨/a,其中矿石 400 万吨/a,岩石 20 万吨/a。箕斗井均采用载重 32t 底卸式箕斗,双箕斗提升系统。井筒直径 $\phi 6.0m$,井口标高 +121m,井底标高 -693m。提升机为 JKM4.5 ×6 多绳摩擦式提升机,配功率为 5400kW 交流同步电动机。

　　(2) 副井为罐笼井,主要担负人员、部分材料、新水平掘进废石、粉矿提升任务,同时兼做排水、进风井任务。井口标高 +117m,井底标高为 -730.8m,井筒直径为 $\phi 6.5m$。双层双车单罐笼配平衡锤提升系统,提升 1.2m³ 曲轨侧卸式矿车。提升机为 JKM2.8 ×6 型多绳摩擦提升机,配用直流电动机,电动功率 1100kW。井口采用蒸汽预热。

　　(3) 1 号主进风井:在主、副井工业场地附近设置 1 号主进风井,井口标高 +105m,井底标高 -320m,井筒直径为 4.5m。1 号主进风井兼做井下大件设备提升用。

　　(4) 2 号主进风井:在主、副井工业场地附近设置 2 号主进风井,2 号主进风井井筒内敷设井下排水管线,并承担少量人员、材料运输、检修。井口标高 +135m,井底标高 -355m,井筒直径 $\phi 5.5m$。提升系统采用单层双车罐笼配 6.5t 平衡锤提升,提升 0.7m³ 翻转矿车。选用 JKMD2.25 ×4 型多绳摩擦提升机,配直流电动机,功率 458kW。

　　(5) 3 号主进风井:在Ⅶ线附近设置 3 号主进风井,井口标高 +124m,井底标高 -300m,井筒直径 $\phi 6.0m$。

　　(6) 西主回风井:西主回风井上口标高 +92m,下口标高 -320m,井筒直径 $\phi 4.5m$。

　　(7) 东主回风井:西主回风井上口标高 +138m,下口标高 -320m,井筒直径 $\phi 6.0m$。井筒内设梯子间作为第二安全出口。

　　(8) 中央回风井:井上口标高 +112m,下口标高 -320m,井筒直径 $\phi 6.0m$。

　　(9) 主斜坡道:主斜坡道作为大型无轨设备通道,并可作为人员、材料、设备等辅助运输通道。设计在主、副井工业场地设主斜坡道硐口,主斜坡道围绕 1 号主进风井、中央主回风井及 3 号主进风井向下折返。

　　最低开采标高为 -500m,采用阶段高度为 180m。主要开拓运输水平为 -320m、-500m 阶段运输水平。另设 -123m 回风水平、-213m 辅助施工水平、-300m 进风水平及 -566m 破碎水平、-631m 皮带水平、-690m 粉矿清理水平。

深部开拓系统如图9-23所示。

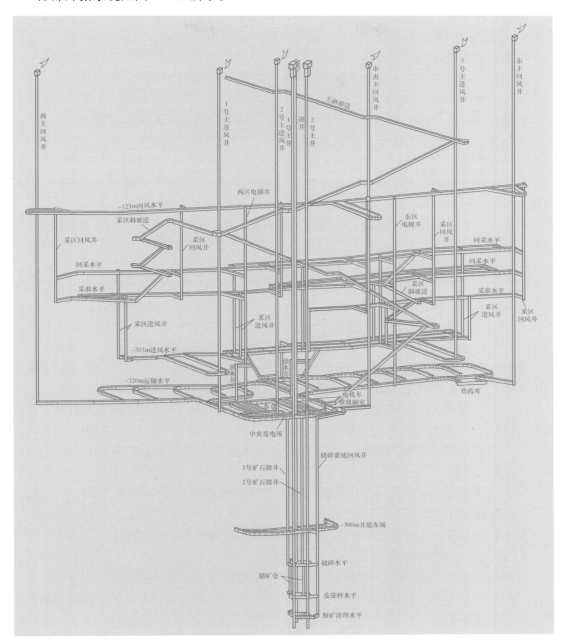

图9-23 深部开拓系统立体图

C 井下运输

a 过渡期井下运输系统

矿石运输系统：运矿设备选择50t级井下卡车。各分层矿石经铲运机运至采区溜井内，通过采区溜井由振动放矿放至井下卡车中，再由井下卡车运至地表81m电铲倒装站。

采准运输系统：采准矿、岩利用3m³柴油铲运机，在铲运机联络巷内，直接装入井下

20～30t级卡车，运至地表81m电铲倒装场。

辅助运输系统：过渡期井下人员、材料均利用多功能服务车进行运输。

b 深部运输系统

井下采用有轨运输。

矿、岩主运输系统：主运输水平采用40t电机车，牵引16辆10m³底卸式矿车。

新水平准备运输系统：新水平准备出岩采用14t电机车，牵引1.2m³曲轨侧卸式矿车。

辅助运输系统：井下人员、材料可通过有轨运输系统和无轨运输系统运输。

9.2.5.3 矿山露天转地下开采方案

A 采矿方法

（1）采准、切割工作。眼前山铁矿露天转地下开采采用无底柱分段崩落法采矿，结构参数为18m×20m。

采准、切割主要是回采进路、联络巷、切割天井及切割平巷等工程。其中平巷掘进采用Boomer282型掘进台车凿岩；切割井掘进采用YSP-45型凿岩机凿岩；采准工作采用LH307柴油铲运机出渣。

（2）凿岩。先在回采进路的端部掘切割平巷和切割井，以切割井为自由面，沿切割平巷形成切割立槽，再在回采进路中使用DL310-7型采矿台车打扇形中深孔，以切割立槽为自由面，沿回采进路方向分次爆破矿体，并在矿石覆盖层下由TORO1400E铲运机分次出矿。

凿岩爆破在回采进路内进行，凿岩采用DL310-7型采矿台车在分段回采进路巷道内打扇形炮孔，炮孔直径80mm，炮孔排距2.0～3.0m，孔底距1.8～2.0m。

（3）装药爆破。除孔底末端及起爆药包采用硝铵炸药外，其余均采用铵油炸药，采用GIAMEC211装药车装药。采用导爆管、导爆索和非电毫秒雷管，分段微差爆破。

（4）矿石运搬。采用TORO-1400E电动铲运机出矿，采用井下TM15HD型碎石台车进行二次破碎工作。

（5）回采率及废石混入率。矿石回采率为85%，废石混入率为15%。

B 覆盖层的形成

覆盖层分为露天底防水垫层和无底柱分段崩落法矿石覆盖层两个部分。

a 露天底防水垫层的形成

露天底覆盖层废石主要通过外运方式解决。采用以下方法形成覆盖层：

（1）露天开采结束后，在东端帮-147m台阶进行废石回填。废石利用眼前山废石场废石和井下基建废石。

（2）露天开采结束后，暂缓南帮矿体开采。利用南帮运输线路采用外运的方式形成其余部分防水垫层。待防水垫层完全形成后，南帮矿体再进行开采。

b 无底柱分段崩落法矿石覆盖层的形成

受露天境界和台阶影响，挂帮矿体每个分段靠近露天境界部位的矿体都应留作覆盖层。覆盖层的厚度应大于分层高度，矿山采用中深孔爆破方式对覆盖层矿体进行爆破，只放出本分层崩矿量的1/3，其余作为矿石覆盖层。

各端帮挂帮矿体首采分层上部，都应留部分矿石作为覆盖层，其中西端帮21m标高以上矿体作为覆盖层，东端帮 -69m 标高以上矿体作为覆盖层，南、北帮 -123m 水平以上矿体作为覆盖层。为确保矿石覆盖层厚度，对西端帮 +3m、东端帮 -87m、北帮 -141m 分层爆破后只出 1/3 矿量，余下的作为覆盖层。如上盘不能自行冒落，应采取强制放顶，确保覆盖层厚度达到分段高度两倍。

-183m 露天底以下覆盖层的形成：在露天开采结束时，采用牙轮钻机对露天底部矿石进行穿孔爆破的方式形成。

生产过程为了防止矿石垫层被放空，出现"天窗"现象。覆盖层厚度不足时，应及时崩落顶板岩石予以补充。

9.2.5.4 露天转地下产能衔接及效果分析

眼前山铁矿露天转地下开拓系统与石人沟铁矿一样，时间结合程度低，地下开采在露天开采完全结束后进行。过渡期挂帮矿体开拓系统和露天开拓系统空间上联系较紧密，空间上矿山露天开采采用汽车—铁路联合开拓，过渡期挂帮矿体开采利用平硐溜井开拓系统，利用露天运输系统。

眼前山铁矿逐年开采产量见表 9-7，逐年开采产量发展曲线如图 9-24 所示。

表 9-7　眼前山铁矿逐年开采产量　　　　　　　　　　　　（万吨）

位置	过渡期（2013~2017 年）					转入井下（深部系统）开采（2018~2041 年）									
	1	2	3	4	5	6	7	8	9	10	11	12	13	14	15~30
西端帮	50	140	180	180	180	180	180	220	220	220	220	220	220	220	220
东端帮	40	70	70	70	70	70	100	120	140	140					
北帮	20	30	30	30	30	70	70	70	70	70					
南帮						20	30	60	60	60					
东区	东帮 + 北帮 + 南帮										450	580	580	580	580
合计	110	240	280	280	280	370	380	490	490	560	670	800	800	800	800

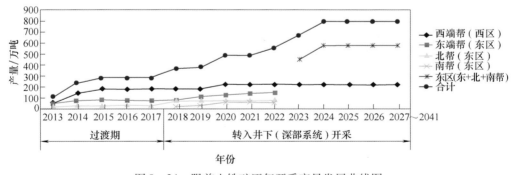

图 9-24　眼前山铁矿逐年开采产量发展曲线图

过渡期开拓系统采用较为独立的系统，不影响井下开拓系统的基建施工。深部开采采用竖井、主斜坡道联合开拓，为独立的开拓系统，井下开拓系统基建工程量较大，采用井下开拓系统与过渡期开拓系统同时施工的方式加快基建工程。并且在不影响过渡期开拓系统的前提下，尽量利用露天运输线路和过渡期开拓平硐作为施工措施口，以加快施工建设速度。另外，过渡期采用的主要采矿设备与转井下开采的设备一致，以方便工人熟悉和操作。

参 考 文 献

[1] 王运敏. 现代采矿手册（上、中、下）[M]. 北京：冶金工业出版社，2012.

[2] 王运敏，汪为平. 露天转地下开采平稳过渡技术体系理论 [J]. 金属矿山，2011（6）.

[3] 秦皇岛冶金设计研究总院. 石人沟铁矿地下开采工程 [R]. 2005.

[4] 沈刚，龚浩源. 崩落采矿法在铜山铜矿的应用 [J]. 采矿技术，2005，5（1）.

[5] 南京凤凰山铁矿. 露天转地下开采持续稳产过渡的实践 [J]. 金属矿山，1976（5）.

[6] 王龚明，任凤玉，张永亮. 大型深凹露天转井下深部开采技术研究 [J]. 中国矿业，2005，14（7）：57～59.

[7] 廖成孟. 大冶铁矿露天转地下回采工艺安全研究 [D]. 武汉：武汉科技大学，2006.

[8] 孙世国，蔡美峰，王思敬，等. 露天转地下开采边坡岩体滑移机制的探讨 [J]. 岩石力学与工程学报，2000，19（1）：126～129.

[9] 刘立平，姜德义. 边坡稳定性分析方法的最新进展 [J]. 重庆大学学报（自然科学版），2000，23（3）：115～118.

[10] BENKO B. Numerieal Modelling of Complex Slope Deformation [C]. Department of Geologieal Science, University of Saskatehewan, Saskatoon, Canada, 1997.

[11] 汪勇. 采空区上方安全顶柱厚度的确定方法 [J]. 矿业快报，2002（2）：17～18.

[12] 乔国刚. 石人沟铁矿露天转地下开采覆盖层合理厚度研究 [D]. 唐山：河北理工大学，2005.

[13] 徐长佑. 露天转地下开采 [M]. 武汉：武汉工业大学出版社，1990.

[14] 芩佑华. 露天转地下开采技术研究 [J]. 中国矿山工程，2009（6）.

[15] 南世卿，唐春安. 露天转地下过渡层开采及处理方案研究 [J]. 矿业快报，2007（1）.

[16] 刘景秀. 深凹露天转地下开采矿山防排水措施的探讨 [J]. 非金属矿，2001，24（4）.

[17] 张广篇. 浅谈露天转地下开采防洪问题 [J]. 有色矿冶，2010，26（4）.

[18] 周春梅，李沛，虞珏，等. 金属矿山地下开采引起地面塌陷的规律 [J]. 武汉工程大学学报，2010，32（1）.

[19] 郭忠林，伍少泽，李利民. 露天矿最终开采深度的优化研究 [J]. 铜业工程，2002（1）.

[20] 古德生，李夕兵，等. 现代金属矿床开采科学技术 [M]. 北京：冶金工业出版社，2006.

[21] 《采矿设计手册》编委会. 采矿设计手册 [M]. 北京：中国建筑工业出版社，1986.

[22] 张化远. 无底柱分段崩落法的覆盖岩层 [J]. 矿山技术，1976（8）.

[23] 王安则. 露天转地下开采的井下防洪问题 [J]. 冶金矿山设计与建设，1994（2）.

[24] 《采矿手册》编委会. 采矿手册（第1～7卷）[M]. 北京：冶金工业出版社，1988.